U0248399

水 闸 与 河 涌

本书编委会 著

中国水利水电出版社
www.waterpub.com.cn

内 容 提 要

　　本书内容以论述水闸与河涌的整治存在问题，探讨了如何进行水闸和河涌的治理，介绍了水闸与河涌的加固处理措施、设计标准及处理措施，研究涉及到众多专业，提供了便于在设计中使用的公式、计算方法、技术资料。介绍了在水闸加固处理中采用的新技术、新方法、新材料、新工艺。

　　本书内容翔实，实用性强，并经工程实践证明，具有很高的参考价值。可供从事水利水电工程工作的规划设计、施工、运行、科研、教学等科技人员参考，也可作为大专院校师生的参考资料和工程案例读物。

图书在版编目（CIP）数据

水闸与河涌 / 《水闸与河涌》编委会著. -- 北京：
中国水利水电出版社，2015.12
ISBN 978-7-5170-3997-6

Ⅰ. ①水… Ⅱ. ①水… Ⅲ. ①水闸－加固②河道整治
Ⅳ. ①TV698.2②TV85

中国版本图书馆CIP数据核字(2015)第321336号

书　　名	**水闸与河涌**
作　　者	本书编委会　著
出版发行	中国水利水电出版社 （北京市海淀区玉渊潭南路1号D座　100038） 网址：www. waterpub. com. cn E－mail：sales@waterpub. com. cn 电话：(010) 68367658（发行部）
经　　售	北京科水图书销售中心（零售） 电话：(010) 88383994、63202643、68545874 全国各地新华书店和相关出版物销售网点
排　　版	中国水利水电出版社微机排版中心
印　　刷	北京纪元彩艺印刷有限公司
规　　格	184mm×260mm　16开本　17.75印张　420千字
版　　次	2015年12月第1版　2015年12月第1次印刷
印　　数	0001—1000册
定　　价	**71.00元**

《水闸与河涌》编写委员会

前　言

河涌是城市的一部分，一个城市的规划是否合理与河涌能否保持生命力息息相关。对城市滨水地区的再开发利用，已成为当代城市复兴与持续发展的焦点之一。

以伦敦的泰晤士河为例，泰晤士河曾在19世纪中期遭到严重污染，之后经过长达100多年的精心治理后，已经成为世界上最洁净的城市河流之一。

河涌的发展客观而真实地反映出人力与自然相互消长的关系。它是城市的灵魂脉络，若脉络不再流通，灵魂趋于僵化，这座城市也将必然渐渐失去活力与清新。

这就是那些曾经把河流滨水区划为道路和工业生产区的城市，如今都在回收这些地段，归还河涌的生命力的原因。

一条河可以盘活一座城市，对于有着众多河网的城市而言，河涌已经成为人们生活的一部分。时光匆匆，见证着河涌命运的变迁。

河涌治理大致可分为五个阶段：第一阶段主要满足防洪排涝的需要，河道堤岸工程采用单一的浆砌石或钢筋混凝土直立式挡土墙。第二阶段增加了河道的亲水性内容，采用复式断面，建设亲水平台。第三阶段开始在亲水、生态方面做文章，尽量降低一级平台高程，修筑滚水堰，保持景观水位。第四阶段引入生态堤理念，采用简单的护脚防冲措施，上部种植花草。突出岭南地区水乡特色。第五阶段是在河道截污的基础上开展综合治理，沟通水网、调水补水。

为实现"水更清"的目标，城市开展了当地的河涌补水和群闸联控工程建设，从而达到河涌水系间连通成活水的目的。

尊重自然规律的辅助治疗是提高成功率的保障，通过对堤岸、景观绿化、截污工程和建闸蓄水等方面的整治，使河涌成为了一条"堤固、岸绿、水秀、景美"的休闲景观带。

水闸工程是国民经济和社会发展的重要基础设施，在防洪、防潮、排涝、供水、灌溉、发电、养殖、生态保护等方面发挥着重要的作用。新涌、深涌水闸需要重新加固处理。因其功能、结构不同，以及建设年代不同，上述两座水闸各有特点，其加固内容和加固方法宜各有特色。二个水闸除险加固的设计方法及处理措施研究，其主要内容包括洪水标准、工程地质勘察、工程任务和规模、水闸加固处理措施、机电及金属结构、施工组织设计、占地处理及移民安置、水土保持设计、环境影响评价、设计概算等方面。

本书随裕芬编写了内容提要，尚磊编写了第1章、第15.11节、第20章、第24章；乔吉平编写了前言、第5章、第25章；高小涛编写了第6章、第7章；何鸿政编写了第8章～第12章；曾文学编写了第21章～第23章、第26章；李志乾编写了第18章、第19章；张党立编写了第2章、第3章；萧燕子编写了第4章；路阳编写了第14章、第15章；刘金凤编写了第13章、第17章、第27章、第28章；何楠编写了第16章；全书由姜苏阳统稿。

为探讨水闸与河涌的整治经验，兹编写本书，以期与同行进行技术交流。本书得到了多位专家的大力支持，在此表示衷心的感谢！由于本书涉及专业众多，编写时间仓促，错误和不当之处，敬请同行专家和广大读者赐教指正。

作者

2015 年 2 月

目　　录

1 水闸与河涌的特色分析

河涌是指用于防洪、排涝、排水、航运的天然河道（珠江干流、流溪河除外）、人工水道、人工湖泊。功能多样：防洪、排涝、排水、航运为主。

在当地，多条河涌近年来污染加剧，变成了排污渠和臭水沟。工厂排放的废水，附近居民的生活污水吞噬着河涌的美丽，流经城市的河涌收纳了城市生活生产污水，涨退潮的时候直接排到珠江干流，河涌污染对珠江水质构成严重威胁。

水本身存在几种循环：一是最小的循环，也就是被城市"新陈代谢"之后，经过治理，再生利用；二是中循环，即下渗到地面以下，蒸发到空中，服务于局部水环境；三是参与全球水圈的大循环。

水系的良好循环有助于河流保持健康，城市里的河涌也不例外。除了必须将纳入的毒素及时排出外，河涌亦需要获得新鲜水源的补给才能保持活力。

"水体循环催生曲港柳岸"：由于构成复杂的河涌体系，相互连通，从而也应允而生了广州独特的水乡文化，俗称"曲港柳岸"。

新涌、深涌水闸均位于内涌和外江的交汇处，通过水闸开闸通水把外江水引入内河涌，河涌属于游荡性河段，河势宽、浅、散、乱、游荡多变，洪水时主流居中，落水时主流位置变化无常，时常造成河道工程出现重大险情。通过对水闸主体、相应的河涌整治及绿化景观工程，可以使内河涌有活水流动，改善水质，可以冲走河涌内的垃圾，恢复河涌自净能力。进行河涌综合治理是增大河涌过流能力的需要，河涌底泥清淤疏浚、生态河堤整治、河堤沿线截污工程和景观节点。通过河道截污、清淤、补水、护岸，岸上绿化、清拆违章建筑等措施，修复河涌生态环境。

通过环境景观建设，紧密结合水闸建筑，丰富二座水闸的可观赏性；充分利用地形条件和竖向坡度现状，争取在最少的地形整治前提下，减少工程造价，同时，创造出丰富多变的绿地空间景观。建生态滨水景观，整治中突出"水秀花香"特色，将建设"秋水良宵"、"醉观百花"、"水岸茶巷"等体现荔湾西关风情和水乡文化的景观节点，再现花地河的自然风光。供行人休憩玩耍。在单纯的绿化植物群中增加小体量的景石，增添趣味性。植物造景发挥当地乡土树种的景观潜质，灌木和乔木高低搭配，做到四季常青，三季有花。

水闸工程是国民经济和社会发展的重要基础设施，在防洪、防潮、排涝、供水、灌溉、发电、养殖、生态保护等方面发挥着重要的作用。我国现有的水闸大部分运行已达30～50年，建筑物接近使用年限，金属结构和机电设备早已超过使用年限。经长期运行，工程老化严重，其安全性及使用功能日益衰退。加上工程管理手段落后，许多水闸的管理经费不足，运行、观测设施简陋，给水闸日常管理工作带来很大困难，无法根本解决病险水闸安全运行问题。另外水体污染加快了水闸结构的老化过程，危及闸体结构安全。目前我国水闸存在的病险种类繁多，从水闸的作用及结构组成来说，主要可分为以下9种病险问题。①防洪标准偏低。防洪标准（挡潮标准）偏低，主要体现在宣泄洪水时，水闸过流能力不足或闸室顶高程不足，单宽流量超过下游河床土质的耐冲能力。②闸室和翼墙存在整体稳定问题。闸室及翼墙的抗滑、抗倾、抗浮安全系数以及基底应力不均匀系数不满足规范要求，沉降、不均匀沉陷超标，导致承载能力不足、基础破坏，影响整体稳定。③闸下消能防冲设施损坏。闸下消能防冲设施损毁严重，不适应设计过闸流量的要求，或闸下未设消能防冲设施，危及主体工程安全。④闸基和两岸渗流破坏。闸基和两岸产生管涌、流土、基础淘空等现象，发生渗透破坏。⑤建筑物结构老化损害严重。混凝土结构设计强度等级低，配筋量不足，碳化、开裂严重，浆砌石砂浆标号低，风化脱落，致使建筑物结构老化破损。⑥闸门锈蚀，启闭设施和电气设施老化。金属闸门和金属结构锈蚀，启闭设施和电气设施老化、失灵或超过安全使用年限，无法正常使用。⑦上下游淤积及闸室磨蚀严重。多泥沙河流上的部分水闸因选址欠佳或引水冲沙设施设计不当，引起水闸上下游河道严重淤积，影响泄水和引水，闸室结构磨蚀现象突出。⑧水闸抗震不满足规范要求。水闸抗震安全不满足规范要求，地震情况下地基可能发生震陷、液化问题，建筑物结构型式和构件不满足抗震要求。⑨管理设施问题。大多数病险水闸存在安全监测设施缺失、管理房年久失修或成为危房、防汛道路损坏、缺乏备用电源和通讯工具等问题，难以满足运行管理需求。

大量病险水闸的存在，已成为防汛工作的心腹之患，只有尽快除险加固，才能保证水闸安全，保障防洪保护区人民生命财产安全，减免洪涝水害给国民经济造成损失。

通过对两个不同类型的中小型病险水闸工程进行了几个方面内容的研究：一是根据新的水文资料，复核水闸规模；二是达标完建尚缺工程设施；三是维修加固已遭破坏工程设施。采取不同方法的除险加固措施设计与处理，通过新技术在大中型水闸除险加固中的应用，使得病险水闸加固工作加固与提高、加固与技术进一步相结合，广泛采用新技术、新方法、新材料、新工艺，力求体现先进性、科学性和经济性，力求在病险水闸治理的工程设计技术方面有所突破。为水闸除险加固改造的设计和施工提供有价值的参考，促进设计水平和工程质量的提高，高效、经济、安全、合理地开展水闸除险加固工作。

针对水闸除险加固工程的特点，介绍除险加固处理措施，为水闸除险加固改造的设计和施工提供有价值的参考，促进设计水平和工程质量的提高，高效、经济、安全、合理地开展水闸除险加固工作。

拆除重建水闸需要进行如下方面的工作：洪水标准复核、工程地质勘察研究、工程任务和规模确定、工程布置及主要建筑物设计、工程等别和建筑物级别、设计标准、工程选址及闸型选择、工程总体布置、水力设计、防渗排水设计、结构设计、地基处理设计、机电及金属结构、工程管理、施工组织设计、占地处理及移民安置、水土保持设计、环境影响评价、设计概算等方面；除险加固闸除上述内容外，还包括水闸混凝土表面缺陷处理、闸身裂缝修复、止水加固处理、观测设施修复等内容。

2 水闸与河涌的水文评价分析

2.1 水文测站及基本资料

2.1.1 水文测站

水文分析依据的主要水文站有西江的高要站和马口站、北江的石角站和三水站、流溪河牛心岭站；潮位站主要有三沙口站、三善滘站和黄埔站等。各站的水位（潮位）、流量资料情况见表2.1-1。

表2.1-1　　　　　　　　各站的水位（潮位）、流量资料情况表

河名	站名	站别	坐标		水位		流量	
			东经	北纬	资料系列/年	n/年数	资料系列/年	n/年数
西江	高要	水文	112°28′	23°03′	1931—1936 1938—2003	72	1951—2003	53
	马口	水文	112°48′	23°07′	1951—2003	53	1952—2003	50
北江	石角	水文	112°57′	23°34′	1951—2003	53	1953—2003	48
	三水	水文	112°50′	23°10′	1900—1938 1946—2003	94	1951—2003	53
流溪河	牛心岭	水文	113°28′	23°26′	1952—2003	52	1952—1964	13
沙湾水道	三沙口	潮位	113°30′	22°54′	1952—2003	52		
蕉门水道	南沙	潮位	113°34′	22°45′	1962—2003	39		
顺德水道	三善滘	潮位	113°17′	22°53′	1952—2003	52		
黄埔水道	黄埔	潮位	113°28′	23°06′	1946—2003	55		
大石水道	大石	潮位			1965—2003	39		
洪奇门	万顷沙西	潮位			1952—2003	52		

2.1.2 基本资料

工程区没有实测流量资料，水文分析计算主要采用广东省水文总站1991年编制的《广东省暴雨径流查算图表》及广东省水文局2003年编制的《广东省暴雨参数等值线图》。《广东省暴雨径流查算图表》已经全国雨洪办审查通过，并于1991年由广东省水利电力厅颁布全省使用；《广东省暴雨参数等值线图》是在1991年版的基础上修编成果，是在原暴雨参数等值线图的基础上，延长资料系列，对分析站点进行补充后重新绘制的，已通过审查并颁布使用。

另外，水利部珠江水利委员会勘测设计研究院完成的《珠江流域主要水文站设计洪水、设计潮位及水位～流量关系复核报告》和《广州～虎门出海水道整治规划报告》成果均已通过水利部水规总院的审查。水利部珠江水利委员会技术咨询中心编制完成的《市桥河水系综合整治规划修编报告》，广东省水利厅 2002 年 6 月颁布实施的《西、北江下游及其三角洲网河河道设计洪潮水面线》（试行）等成果也给本次计算提供了重要依据。

2.2　水文气象特性

2.2.1　气象特性

番禺地区位于北回归线以南，冬无寒冬，夏无酷暑，气候温暖，雨量充沛。在气候区划上属于南亚热带湿润大区闽南—珠江区，海洋对当地气候的调节作用非常明显。

工程所在地属典型的南亚热带海洋性季风气候区，同时受热带气旋（台风）影响，属亚热带季风海洋气候。气候温和潮湿，夏季湿热多雨，冬季温和，光热充足，温差较小，气候宜人。珠江三角洲地区是多雨地区，降雨丰沛，4—9 月为雨季，前期 4—6 月多西南季风，水汽充沛，与南下冷空气相遇，常出现强降雨，后期 7—9 月盛行东南季风，太平洋及南海的热气旋带来大量水汽，形成强风暴雨，10 月至次年 3 月盛行东北风，多为旱季。

根据工程地区附近市桥气象站 1960—2001 年资料统计，该地多年平均气温 21.9℃，最高气温一般出现在 7—8 月，历年最高气温 37.5℃（1969 年 7 月 27 日）；最低气温出现在 12 月至次年 2 月，历年最低气温为 －0.4℃（1967 年 1 月 17 日）。

工程地区多年平均降水量约为 1633mm，最大年降水量 2653mm（1965 年），最小年降水量 1030mm（1963 年）。降水量年内分配极不均匀，汛期 4—9 月降水量占年降水量的 80% 以上，其中又以 5 月、6 月降水量最为集中，非汛期 10 月至次年 3 月降水量占年降水量不足 20%。年降雨日数为 148.6d。历年实测最大 24h 降雨量为 385mm（1958 年 9 月 28 日）。

多年平均蒸发量为 1526mm，最大年蒸发量为 1820.9mm（1971 年），最小年蒸发量 1494.8mm（1997 年）。蒸发量的年际变化不大，但年内变化相对较大，7—8 月蒸发量最大，占年蒸发量的 23% 左右，1—3 月蒸发量较小，占年蒸发量的 15% 左右。

多年平均各月风速为 2.0～2.5m/s，历年最大风速为 24m/s，最大风速风向 SSE，瞬间极大风速为 37.0m/s。该地区冬、春季节以 N、NNW 风向为主，夏、秋季节以 SE、SSE、S 风向为主。

工程地区域空气湿度较大，区域多年平均相对湿度在 80% 左右，其中 6 月平均相对湿度达 88%，春、夏最大相对湿度在 95% 以上，秋、冬季最小相对湿度不足 10%。全年雷暴日数为 86d，各月均有雷暴出现。

工程所在区域的灾害性天气主要为热带气旋，包括热带低压、热带风暴、强热带风暴和台风。热带气旋产生于西太平洋和南海海面，其形成的风暴潮构成该地区最大的自然灾害，其最大风力可达 9 级以上，热带气旋登陆时，造成潮位骤升，并带来暴雨，破坏力极大。据 1951—2000 年 50 年资料统计，在珠江口附近登陆而使本区受到不同程度影响的热带气旋共 59 次，平均每年受热带气旋影响约 1.3 次，7—9 月为其盛行期，占年总次数的

65％左右。热带气旋最早出现时间为 4 月 12 日（1967 年），最迟时间为 12 月 2 日（1974年）。

2.2.2 水文特性

（1）径流。工程所在地位于珠江水系下游河网地区，三大口门（虎门、蕉门、洪奇门）于南面出海。除口门为纯潮区外，其余均为洪潮混合区。西江、北江由西北部及西部流入，东江自东、北部流入，流入境内为平原河流，水势平缓。

据 1959—2000 年资料统计，马口站多年平均径流量为 2322 亿 m^3，三水站多年平均径流量为 450.8 亿 m^3。东江、流溪河的径流量比较小，东江博罗站的多年平均径流量为 234.6 亿 m^3；流溪河牛心岭站多年平均径流量为 15.8 亿 m^3。

本地区年平均径流深为 800mm，径流年内分配不均匀，汛期 4—9 月较多。番禺区内河网交错，呈放射状，属珠江三角洲河网的一部分，河流多数由西北流向东南。东出狮子洋，南入蕉门、洪奇沥。境内河流属于感潮河流，潮流往复流动，枯水期上游径流减少，潮汐作用明显。境内来水量包本地径流、客水径流，过境水量较大，总体可利用的水资源较丰富，但每年枯水季节，因上游径流量减少，咸潮上溯入侵造成危害。

（2）洪水。从本地区的暴雨洪水特性看，由于天气系统的影响，本区暴雨有明显的前后汛期之分。每年 4—6 月为前汛期，降雨以锋面雨为主，暴雨量级不大，局地性很强，时程分配比较集中，年最大暴雨强度往往发生在该时段内。7—8 月为后汛期，受热带天气系统的影响，进入盛夏季节，降雨以台风雨为主，降雨时呈分配较均匀，降雨范围广，总量大。番禺区的洪水主要来自西江、北江和流溪河，因此，区内洪水受流域洪水特性所制约，具有明显的流域特征。洪水由暴雨形成，由于各河系的气候条件不同，洪水发生的时间也不尽一致。一般流溪河洪水出现时间较早，北江次之，西江及东江较迟。

西江洪水涨、落相对较缓，由于集水面积大，洪水峰高、量大、历时长，洪水过程线多为多峰、肥胖型。一次洪水历时平均 36d，最长 68d，最短 10d。据高要站资料统计，实测最大洪峰流量为 52600m^3/s（1998 年 6 月 28 日），调查历史洪水最大流量 54500m^3/s（1915 年 7 月 10 日）。

北江洪水涨落较快，峰型较尖瘦，峰高而量相对较小，洪水过程线多为单峰或双峰型。一次洪水历时平均 14d，最长 32d，最短 6d。据石角站资料统计，实测最大洪峰流量为 1994 年 6 月 19 日的 16700m^3/s，调查历史最大洪水为 1915 年 7 月洪水，洪峰流量 22000m^3/s（归槽流量）。

流溪河洪水涨落较快，峰型尖瘦，洪水过程线多呈单峰型。一次洪水历时平均为 5d，最长为 13d，最短为 2d。据牛心岭资料统计，实测最大洪峰流量为 1957 年 5 月 28 日的 1870m^3/s，调查历史洪水最大流量为 1852 年的 3360m^3/s，最大 7d 洪量为 4.25 亿 m^3（1959 年）。

（3）潮汐特征。番禺区位于珠江三角洲中部网河区，河道属感潮河道，汛期受来自流溪河、北江、西江洪水的影响，又受来自伶仃洋的潮汐作用，洪潮混杂，水流流态复杂。

一年当中，番禺区潮位夏潮高于冬潮，最高最低潮位分别出现在秋分和春分前后，且潮差最大，夏至和冬至潮差最小。径流量和台风对潮位有很大的影响。由于受径流的影响，年最高潮位多出现在汛期，尤其是夏季因热带气旋引发的风潮，常使口门站出现最高潮位，而最低潮位则出现在枯水期。据统计，年最高潮位均发生在 4 月以后，尤以 6 月、7 月为主，但汛后仍会出现年最高潮位。前汛期以洪潮遭遇为主，后汛期以台潮（台洪潮）遭遇居多。台潮分布较均匀，洪潮遭遇多发生在 5—8 月，台洪潮遭遇则集中在 6—8 月，纯潮分布亦较均匀。台潮（台洪潮）遭遇的水位级最高，洪潮遭遇次之，纯潮较低。如 1993 年 9 月 17 日，9316 号台风引发的风暴潮使珠江河口潮位达历史最高记录，三沙口站潮位为 2.43m，黄埔站潮位为 2.38m。最高潮位与最低潮位的最大变幅三沙口站为 4.21m、黄埔站为 4.31m。最高潮与最低潮位之差一般呈从河口向上游递增的趋势。

珠江河口属弱潮型河口，潮差较小，一般仅 1m 左右，最大可达 3m 以上。番禺区多年平均潮差在 1.0～1.6m 之间。三沙口站、三善滘站多年平均潮差分别为 1.49m、0.9m。本区潮差年内变化相对较大，而年际变化不大，汛期潮差略大于枯期潮差。

从潮历时看，一般情况下，平均涨潮历时冬长夏短，而平均落潮历时则相反。无论汛期或枯水期，涨潮历时均较落潮历时短，且涨潮历时沿河上溯呈递减变化，落潮历时则呈递增变化。三沙口站、三善滘站多年平均涨潮历时分别为 5：33、5：00；而多年平均落潮历时分别为 6：56、7：30。主要潮位站的潮位特征见表 2.2-1。

表 2.2-1　　　　　　　　　三沙口站、三善滘站等潮位特征值表

项目		站名	三沙口	大石	南沙	黄埔	三善滘
统计年份			1953—2003	1965—2003	1953—2003	1957—2003	1953—2003
年最高潮位	平均/m		1.86	2.15	1.92	1.92	2.47
	最高/m		2.43	2.59	2.68	2.38	3.99
	出现日期/(年.月.日)		1993.9.17	2001.7.7	1993.9.17	1993.9.17	1998.6.27
年最低潮位	平均/m		−1.60	−1.47	−1.30	−1.35	−0.99
	最低/m		−1.78	−1.66	−1.60	−1.93	−1.22
	出现日期/(年.月.日)		1968.12.22	1971.3.23	1971.3.23	1971.3.23	1969.1.12
多年平均高潮位/m			0.68	0.81	0.63	0.74	0.75
多年平均低潮位/m			−0.81	−0.68	−0.69	−0.88	−0.15

从洪潮遭遇的特点来看，根据实测的同步资料统计（1956—1985 年），马口站、三水站洪峰流量与舢板洲年最高潮位均没有发生遭遇，但西、北江发生较大洪水时，也常是珠江口大潮期。据历史资料统计，20 世纪的 100 年间共有 27 次洪潮相互顶托的情况，其中大洪水与大潮期遭遇的年份有 1915 年、1924 年、1968 年和 1998 年。洪、潮遭遇互相顶托，致使洪水不能畅泄入海，洪（潮）水位升高，且高水位持续时间延长。如 20 世纪 90 年代洪峰量级相同的"94.6"和"98.6"大洪水，三水站洪峰流量同为 16200m³/s（相当于 100 年一遇洪峰流量），"94.6"洪水期珠江河口中潮，"98.6"洪水期是大潮，受外海潮汐的影响，"98.6"洪水期间三沙口站潮位最高潮位比"94.6"洪水期高 0.58m。

2.3　防洪潮水文分析

2.3.1　设计洪水

珠江三角洲地区的洪水组成和设计洪水比较复杂。20 世纪 90 年代以来，广东省水文

局、珠江水利委员会设计院、广东省水电勘测设计院及广东省水利厅等珠江三角洲地区的设计洪水进行了深入的分析研究，此次直接采用其研究成果。

番禺区位于珠江三角洲网河区，有关的上游控制测站有西江马口站、北江三水站、东江博罗站、流溪河牛心岭站等。考虑西、北江上游洪水归槽的影响，西江马口站设计洪水采用珠江水利委员会（以下简称珠委）勘测设计研究院（以下简称设计院）1999 年 5 月编制的《珠江流域主要水文站设计洪水、设计潮位及水位～流量关系复核报告》（该报告于 1999 年 9 月通过水利部水利水电规划设计总院（以下简称水规总院）的审查，水总规 [1999] 29 号）；北江三水站设计洪水采用珠委和广东省水利厅 2000 年 6 月在广州审查通过的广东省水文局、珠委设计研究院计算成果；博罗站采用《广东省东江流域及三角洲防洪规划报告》（广东省水利电力勘测设计研究院，1999 年 10 月）成果；牛心岭站采用《广州市流溪河综合整治规划报告》（广州市水利水电勘测设计研究院，2000 年 5 月）成果。各主要控制站设计洪峰流量成果见表 2.3 - 1。

表 2.3 - 1　　　　　　珠江三角洲地区各主要控制站设计洪峰流量成果表

站　　名	频率为 $P/\%$ 的洪峰流量/(m^3/s)			
	1	2	5	10
马口	48900	46600	43300	41800
三水	16000	15000	13500	12800
博罗	14400	13000	11200	9640
牛心岭	3220	2850	2350	1970

2.3.2　设计潮位

《珠江流域主要水文站设计洪水、设计潮位及水位-流量关系复核报告》（水利部珠江水利委员会勘测设计研究院，1999 年 5 月）计算了工程区域的潮位代表站三沙口站的设计潮位，该成果已通过水利部水规总院的审查（水总规 [1999] 29 号）。在此基础上，将三沙口站和三善滘站设计潮位资料系列延长到 2003 年，对原有成果进行了复核，成果一致。设计潮位设计成果见表 2.3 - 2。

表 2.3 - 2　　　　　　　　番禺区主要站最高潮位设计成果表

站　　名	不同频率/% 的设计潮位/m				
	1	2	5	10	20
三善滘	4.01	3.75	3.40	3.12	2.82
黄埔	2.57	2.47	2.34	2.23	2.10
三沙口	2.52	2.41	2.27	2.15	2.02
万顷沙西	2.65	2.52	2.34	2.20	2.04
南沙	2.69	2.56	2.38	2.23	2.08

2.3.3　设计洪（潮）水面线

（1）设计洪（潮）水面线。广东省水利厅于 2002 年 6 月颁布了《西、北江下游及其三角洲网河河道设计洪潮水面线（试行）》（粤水资 [2002] 40 号文 "关于颁布西、北江下游及其三角洲网河河道设计洪（潮）水面线成果（试行）的通知"）。水利部珠委和广东省水利厅有关部门进行多年的研究，提出的该水面线成果对三角洲网河区考虑了洪水为主、潮水相应以及潮水为主、洪水相应两种洪潮组合，计算了各水道设计洪（潮）水面线，本次直接采用该水位成果。新客站地区陈村水道设计洪（潮）水面线成果见表2.3－3（a）。

表2.3－3（a）　　　　　陈村水道设计洪（潮）水位成果表

断　面	不同频率/%的洪（潮）水位/m							
	0.33	0.50	1	2	3.33	5	10	20
陈村15	3.74	3.62	3.48	3.35	3.25	3.16	2.99	2.73
陈村19	4.24	4.10	3.92	3.76	3.66	3.55	3.36	3.04

陇枕围市桥水道、沙湾水道设计洪（潮）水面线成果见表2.3－3（b）。

表2.3－3（b）　　　陇枕围市桥水道和沙湾水道设计洪（潮）水面线成果表

水　道	断　面	不同频率/%的洪（潮）水位/m		
		0.5	1	2
市桥水道	市桥1	2.90	2.81	2.71
	市桥2	2.81	2.71	2.61
	市桥3	2.79	2.70	2.59
沙湾水道	沙湾1	4.11	3.93	3.77
	沙湾2	3.95	3.78	3.62
	沙湾3	3.45	3.31	3.11
	沙湾4	3.01	2.92	2.85

莲花山水道和市桥水道设计洪（潮）水面线成果见表2.3－3（c）。

表2.3－3（c）　　　　天六涌排涝区外江设计洪（潮）水位成果表

水　道	断面号	不同频率/%的洪（潮）水位/m		
		0.5	1	2
市桥水道	1	2.90	2.81	2.71
	2	2.81	2.71	2.61
	3	2.79	2.7	2.59
	4	2.72	2.62	2.51
莲花山水道	1	2.58	2.48	2.37
	2	2.57	2.47	2.36
	3	2.56	2.46	2.35
	4	2.55	2.45	2.34
	5	2.54	2.44	2.33

陇枕围市桥水道、沙湾水道设计洪（潮）水面线成果见表2.3－3（d）。

表 2.3-3 (d)　　　陇枕围市桥水道和沙湾水道设计洪（潮）水面线成果表

水　道	断　面	不同频率/%的洪（潮）水位/m		
		0.5	1	2
市桥水道	市桥 1	2.90	2.81	2.71
	市桥 2	2.81	2.71	2.61
	市桥 3	2.79	2.70	2.59
沙湾水道	沙湾 1	4.11	3.93	3.77
	沙湾 2	3.95	3.78	3.62
	沙湾 3	3.45	3.31	3.11
	沙湾 4	3.01	2.92	2.85

莲花山水道和狮子洋设计洪（潮）水面线成果见表 2.3-3 (e)。

表 2.3-3 (e)　　　　　　海鸥围外江设计洪（潮）水位成果表

水道	断面号	不同频率/%的洪（潮）水位/m					
		0.5	1	2	5	10	20
狮子洋水道	1	2.58	2.48	2.37	2.24	2.12	1.98
	2	2.57	2.47	2.36	2.23	2.10	1.97
	3	2.56	2.46	2.35	2.22	2.09	1.95
	4	2.54	2.44	2.33	2.19	2.08	1.94
莲花山水道	1	2.58	2.48	2.37	2.24	2.12	1.98
	2	2.57	2.47	2.36	2.23	2.10	1.97
	3	2.56	2.46	2.35	2.22	2.09	1.95
	4	2.55	2.45	2.34	2.21	2.09	1.95
	5	2.54	2.44	2.33	2.19	2.08	1.94

（2）设计防洪（潮）水位。钟村镇排涝区位于石龙围，根据《广东省番禺市江河流域综合规划报告书》和《广州市番禺区水利现代化综合发展规划报告》，规划近期、远期水平年分别为 2010 年和 2020 年。石龙围的近期防洪规划标准为 100 年一遇洪水，远期通过西、北江联合调洪达到 200 年一遇洪水，本次计算按远期考虑，即外江陈村水道防洪标准为 200 年一遇洪水。

工程区涉及的外江水道为陈村水道、市桥水道。外江水闸分别为西海嘴水闸、西码头水闸、韦涌水闸，工程区各外江水闸、泵站的设计防洪（潮）水位，根据工程位置及设计洪潮水面线成果按距离内插计算。屏山闸位于屏山河下游，距离市桥水道交汇口尚有 5.5km，所以屏山闸的外江设计防洪潮水位直接采用《市桥河水系综合整治报告》中屏山闸下的设计水位成果。

另外，韦涌建有韦涌泵站，设计排涝流量 5m³/s，西海嘴现状建有西海嘴泵站，设计排涝流量 15m³/s，根据《广州市番禺区水利现代化规划》，西海嘴泵站拟扩建为设计排涝流量 50m³/s。外江水闸及泵站设计防洪（潮）水位成果见表 2.3-4、表 2.3-5。

表 2.3-4　　　　　钟村镇新客站地区外江水闸设计洪（潮）水位成果表

水闸名称	所在水道	闸门净宽/m	重现期/a	设计洪潮水位/m
西海嘴水闸	陈村水道	8	200	3.53
西码头水闸	陈村水道	2.5	200	3.76
韦涌水闸	陈村水道	3	200	4.10

表 2.3-5　　　　　　　新建外江泵站设计洪（潮）水位成果表

泵站名称	所在水道	排涝流量/(m³/s)	重现期/a（外江/内河）	200年一遇防洪潮水位/m	20年一遇设计排涝水位/m
西海嘴泵站	陈村水道	50	200/20	3.53	2.16
韦涌泵站	陈村水道	5	200/20	4.10	1.76

根据雁洲水闸修建后市桥河不同频率的设计洪（潮）水面线来推算深涌水闸、南郊水闸等位于市桥河的水闸的外江设计水位，防洪（潮）标准按 100 年一遇设计。工程区外江水闸的设计防洪（潮）水位成果见表 2.3-6。

表 2.3-6　　　　陇枕围沙陇运河排涝区外江水闸设计洪（潮）水位成果表

水闸名称	所在水道	闸门净宽/m	重现期/a	设计洪潮水位/m	雁洲水闸修建后洪潮水位/m
岐头水闸	市桥水道	5	200	2.81	2.15
深涌水闸	市桥水道	7	200	2.79	2.14
南郊水闸	市桥水道	6	200	2.78	2.11
大蕴水闸	市桥水道	8	200	2.77	2.09
塘涌水闸	市桥水道	5	200	2.76	2.08
蚬涌北闸	市桥水道	8	200	2.72	2.07
大口涌北闸	市桥水道	5	200	2.71	2.06
沙陇头闸	市桥水道	5	200	2.71	2.05
沙陇尾闸	市桥水道	6	200	2.70	2.04
蟛蜞南闸	市桥水道	4.5	200	2.90	
草河水闸	沙湾水道	4	200	3.12	
孖涌水闸	沙湾水道	5	200	3.19	
大口涌南闸	沙湾水道	5	200	3.20	
参颈水闸	沙湾水道	4	200	3.32	
蚬涌南闸	沙湾水道	5	200	3.38	
下坡水闸	沙湾水道	4	200	3.45	
二塱水闸	沙湾水道	4	200	3.50	
大塱水闸	沙湾水道	6	200	3.54	
涌口水闸	沙湾水道	5	200	3.67	
大巷水闸	沙湾水道	5	200	3.81	
狮子水闸	沙湾水道	2.5	200	3.95	

天六涌远期防洪潮标准为200年一遇，天六涌排涝区外江水闸包括清流西闸和清流东闸，设计防洪（潮）水位计算结果见表2.3-7。

表2.3-7　　　　　天六涌排涝区外江水闸设计洪（潮）水位计算成果表

水闸名称	所在水道	闸门净宽/m	底部高程/m	重现期/a	设计洪潮水位/m
清流西闸	市桥水道	5	−2.70	200	2.57
清流东闸	狮子洋	6	−2.70	200	2.58

合兴涌排涝区外江水闸分别为合兴东闸和合兴西闸。设计洪（潮）水位计算成果见表2.3-8。

表2.3-8　　　　　合兴涌排涝区外江水闸设计洪（潮）水位成果表

水闸名称	所在水道	闸门净宽/m	底部高程/m	重现期/a	设计洪潮水位/m
合兴西闸	莲花山水道	6	−2.20	50	2.36
合兴东闸	狮子洋	6	−2.20	50	2.36

2.3.4　设计风速分析

1998年广东省水利厅发文，要求在海堤规划设计中风速资料采用《广东省沿海地区年最大风速和相应年最高潮位日的最大风速频率计算成果》，该成果已于1998年由粤水办[1998]5号文"关于印发《广东省沿海地区年最大风速和相应年最高潮位日的最大风速频率计算成果》的通知"下达。在该成果中工程区附近市桥站50年一遇风速为20m/s，200年一遇风速为26m/s。

2.4　排涝水文分析

2.4.1　设计暴雨

根据番禺区桥气象站1963—2004年的实测年最大24h暴雨系列资料分析，其频率分析成果与2003年省水文局颁布的《广东省暴雨参数等值线图》的计算值相近。由于《广东省暴雨参数等值线图》考虑了当地的历史暴雨和实测暴雨资料，并进行了地区综合分析。因此，设计暴雨以等值线图成果为依据。根据《广东省暴雨参数等值线图》，查得不同历时的暴雨参数，计算不同频率各历时得设计点暴雨量 H_{tp} 和设计面暴雨量 $H_{面}$，新客站地区设计暴雨计算成果见表2.4-1（a）。

表2.4-1（a）　　　　　新客站地区设计暴雨计算成果表

时段	均值/mm	C_v	C_s/C_v	$P=10\%$设计值/mm	$P=5\%$设计值/mm	点面折算系数
1h	56	0.36	3.5	83.01	94.69	0.928
6h	100	0.46	3.5	161.11	190.3	0.961
24h	137	0.45	3.5	218.99	257.77	0.978
3d	180	0.5	3.5	298.89	357.89	0.985

陇枕围沙陇运河排涝区设计暴雨计算成果见表2.4-1（b）。

表2.4-1（b）　　　　　陇枕围沙陇运河排涝区设计暴雨计算成果表

时段	均值/mm	C_v	C_s/C_v	$P=10\%$设计值 /mm	$P=5\%$设计值 /mm	点面换算系数
1h	56	0.36	3.5	82.3	92.8	1
6h	100	0.46	3.5	168.9	195.3	1
24h	137	0.45	3.5	229.0	272.4	1
3d	180	0.5	3.5	309.5	371.7	1

石楼镇地区设计暴雨计算成果见表2.4-1（c）。

表2.4-1（c）　　　　　石楼镇地区设计暴雨计算成果表

时段	均值/mm	C_v	C_s/C_v	$P=10\%$设计值 /mm	$P=5\%$设计值 /mm	点面折算系数
1h	56	0.36	3.5	83.01	94.69	0.928
6h	100	0.46	3.5	161.11	190.3	0.961
24h	137	0.45	3.5	218.99	257.77	0.978
3d	180	0.5	3.5	298.89	357.89	0.985

陇枕围沙陇运河排涝区设计暴雨计算成果见表2.4-1（d）。

表2.4-1（d）　　　　　陇枕围沙陇运河排涝区设计暴雨计算成果表

时段	均值/mm	C_v	C_s/C_v	$P=10\%$设计值 /mm	$P=5\%$设计值 /mm	点面换算系数
1h	56	0.36	3.5	82.3	92.8	1
6h	100	0.46	3.5	168.9	195.3	1
24h	137	0.45	3.5	229.0	272.4	1
3d	180	0.5	3.5	309.5	371.7	1

石楼镇地区设计暴雨计算成果见表2.4-1（e）。

表2.4-1（e）　　　　　石楼镇地区设计暴雨计算成果表

时段	均值/mm	C_v	C_s/C_v	$P=10\%$设计值 /mm	$P=5\%$设计值 /mm
1h	56	0.36	3.5	83.01	94.69
6h	100	0.46	3.5	·161.11	190.3
24h	137	0.45	3.5	218.99	257.77
3d	180	0.5	3.5	298.89	357.89

2.4.2　排涝分区

广州市番禺区钟村镇排涝区位于钟村镇屏山闸以上区域，根据区内地形地貌以及水系连通情况，并考虑新客站工程的规划建设，结合排涝工程的布局和调蓄计算需要，本次将屏山闸以上区域作为一级分区考虑，一级分区内划分为石三河排涝片、幸福涌排涝片、谢石分洪河排涝片、胜石河排涝片、钟屏环山排涝片、都那排涝片等6个二级分区，新客站排涝片作为三级排涝片来对待。

屏山闸以上分区的流域集水面积直接采用《市桥河水系综合整治规划修编报告》中的结果，二级分区的流域参数根据1：10000最新航测图，划分并量算集水面积、河道长度和河道平均比降，详细参数见表2.4-2（a）。

表2.4-2（a）　　　　　　　钟村镇屏山闸以上各排涝片流域参数表

排涝片编号	排涝片名	分级	集水面积 /km²	河道长度 /km	平均比降 /‰
9	屏山闸以上	一级	43.86	7.94	10.8
9－1	石三河排涝片	二级	2.71	2.57	3.4
9－2	幸福涌排涝片	二级	13.38	4.45	2.0
9－3	胜石河排涝片	二级	15.0	7.13	20.0
9－4	钟屏环山排涝片	二级	9.65	5.48	5.2
9－5	都那农场排涝片	二级	1.38	2.01	2.0
9－6	谢石分洪河排涝片	二级	1.74	4	4.9
9－2－1	新客站排涝片	三级	6.15	3.50	2.0
9－3－1	海棠涌排涝片	二级	2.57	2.25	0.8

陇枕围沙陇运河排涝分区的流域参数根据1：500最新测量图量取，详细参数见表2.4-2（b）。

表2.4-2（b）　　　　　　　陇枕围沙陇运河各排涝区（片）流域参数表

排涝区编号	排涝区（片）名	分级	集水面积 /km²	河道长度 /km	平均比降 /‰
1	沙陇运河排涝区	一级	21.59	7.0	0.73
1－1	深涌排涝片区	一级	6.923	4.6	0.70
1－2	大塱涌、大蕴涌排涝片	一级	4.434	4.0	0.52
1－3	下坡涌至大口涌排涝片	一级	4.243	3.8	0.70
1－4	大口涌以东排涝片	一级	4.113	4.0	0.52
1－5	大巷涌排涝片	一级	1.877	1.8	0.84

天六涌排涝分区根据实测1：500地形图，划分并量算集水面积、河道长度和河道平均比降，详细参数见表2.4-2（c）。

表2.4-2（c）　　　　　　　天六涌排涝区流域参数表

分区名	分级	集水面积 /km²	河道长度 /km	平均比降 /‰
天六涌排涝区	一级	3.58	1.43	0.33

海鸥围根据实测 1：500 地形图，量算该排涝区集水面积为 2.17km²，河道长度为 1.78km，河道平均比降为 0.41‰，详细参数见表 2.4-2（d）。

表 2.4-2（d）　　　　　　　　　海鸥围排涝区流域参数表

分区名	分　级	集水面积 /km²	河道长度 /km	平均比降 /‰
合兴涌排涝区	一级	2.17	1.78	0.41

2.4.3　设计洪涝水

设计洪水采用"多种方法、综合分析、合理取值"的原则，以《广东省暴雨径流查算图表》及《广东省水文图集》为基础，采用"广东省综合单位线法"和"推理公式法"两种方法计算。

（1）广东省综合单位线法。广东省综合单位线法对纳西瞬时单位线方法的深入研究分析，汲取国内外经验，结合广东省实际，更适合广东省特点无资料地区的设计洪水计算。广州市番禺区位于《广东省暴雨径流查算图表》分区的Ⅶ珠江三角洲分区，Ⅶ1珠江三角洲亚区，采用以下参数：①珠江三角洲设计雨型；②暴雨低区的 $at\sim t\sim F$ 关系图；③粤东沿海、珠江三角洲的产流参数；④综合单位线法滞时 $m_1\sim\theta$ 关系图中的大陆低区线（B线）；⑤采用广东省综合单位线Ⅱ号无因次单位线。

计算时，参照各排涝片区内集水区域的下垫面情况，对单位线滞时 m 进行相应的调整，对于植被较好、汇流速度慢的地区，其 m 的取值稍大于植被较差、汇流速度快的地区。

（2）推理公式法（1988 年修订）。推理公式法的基本计算公式为：

$$Q_m = 0.278\left(\frac{S_p}{\tau^{n_p}} - \overline{f}\right)F \tag{2.4-1}$$

$$\tau = \frac{0.278L}{mJ^{1/3}Q_m^{1/4}} \tag{2.4-2}$$

式中　　Q_m——设计洪峰流量，m³/s；

$\quad\quad S_p$——相应频率 P 的设计暴雨雨力，mm/h；

$\quad\quad n_p$——相应频率 P 的暴雨递减指数；

$\quad\quad \tau$——汇流历时，h；

$\quad\quad F$——集雨面积，km²；

$\quad\quad L$——河涌长，km；

$\quad\quad \overline{f}$——平均后损率，mm/h；

$\quad\quad m$——汇流参数；

$\quad\quad J$——河涌平均比降。

汇流参数 m 根据集水区域特征参数和河涌下垫面的情况，查《广东省暴雨径流查算图表》确定。

各排涝区（片）设计洪涝水最大流量及 24h 洪量成果见表 2.4-3（a）。

表 2.4-3（a） 各排涝区（片）设计洪涝水最大流量及 24h 洪量成果表

单位：流量 m³/s、洪量：万 m³

排涝区（片）编号	排涝区（片）名	集水面积/km²	不同频率涝水的设计最大流量及 24h 洪量			
			5%		10%	
			洪峰流量	24h 洪量	洪峰流量	24h 洪量
1	沙陇运河排涝区	21.59	166	336.1	143.9	286.7
1-1	深涌排涝片	6.923	59.8	109.5	51.9	93.5
1-2	大塱涌、大蕴涌排涝片	4.434	39.9	70.5	34.6	60.2
1-3	下坡涌至大口涌排涝片	4.243	38.6	68.2	33.5	58.3
1-4	大口涌以东排涝片	4.113	37.5	66.2	32.5	56.5
1-5	大巷涌排涝片	1.877	17.1	30.2	14.8	25.7

天六涌排涝区设计洪涝水最大流量及 24h 洪量成果见表 2.4-3（b）。

表 2.4-3（b） 天六涌排涝区设计洪涝水最大流量及 24h 洪量成果表

单位：流量 m³/s、洪量：万 m³

排涝区名	集水面积/km²	不同频率涝水的设计最大流量及 24h 洪量							
		单位线法				推理公式法			
		5%		10%		5%		10%	
		洪峰流量	24h 洪量	洪峰流量	24h 洪量	洪峰流量	24h 洪量	洪峰流量	24h 洪量
天六涌排涝区	3.58	32.3	57.2	28.0	48.8	9.9	17.5	7.8	13.6

合兴涌排涝区设计洪涝水最大流量及 24h 洪量成果见表 2.4-3（c）。

表 2.4-3（c） 合兴涌排涝区设计洪涝水最大流量及 24h 洪量成果表

单位：流量 m³/s、洪量：万 m³

排涝区名	集水面积/km²	不同频率涝水的设计最大流量及 24h 洪量			
		5%		10%	
		洪峰流量	24h 洪量	洪峰流量	24h 洪量
合兴涌排涝区	2.17	21.6	30.03	18.8	25.64

各排涝片设计洪涝水最大流量及 24h 洪量成果见表 2.4-3（d）。

表 2.4-3（d） 各排涝片设计洪涝水最大流量及 24h 洪量成果表

单位：流量 m³/s、洪量：万 m³

排涝区（片）编号	排涝区（片）名	集水面积/km²	不同频率涝水的设计最大流量及 24h 洪量							
			单位线法				推理公式法			
			5%		10%		5%		10%	
			洪峰流量	24h 洪量	洪峰流量	24h 洪量	洪峰流量	24h 洪量	洪峰流量	24h 洪量
9	钟村镇排涝区	43.86	315	709	263	582.9	177	397.7	143	316.3

排涝区（片）编号	排涝区（片）名	集水面积/km²	不同频率涝水的设计最大流量及24h洪量							
			单位线法				推理公式法			
			5%		10%		5%		10%	
			洪峰流量	24h洪量	洪峰流量	24h洪量	洪峰流量	24h洪量	洪峰流量	24h洪量
9-1	石三河排涝片	2.71	31.7	47.3	27.5	40.41	10.6	15.83	8.49	12.47
9-2	幸福涌排涝片	13.38	122	231	106	196.9	51.1	96.73	40.9	76.05
9-3	胜石河排涝片	15.0	116	258	100.7	224	79.0	176.2	64.4	141.2
9-4	钟屏环山河片	9.65	87.6	167	76	142.6	31.7	60.54	25.2	47.25
9-5	都那排涝片	1.38	15.6	24.3	13.5	20.6	3.57	5.523	2.74	4.181
9-6	谢石分洪排涝片	1.74	13.4	29.8	11.6	25.53	8.2	18.31	6.7	14.68
9-2-1	新客站排涝片	6.15	58.3	108	50.6	92.2	19.8	36.65	15.7	28.6
9-3-1	海棠涌排涝片	2.57	19.9	44.2	17.2	37.71	12.1	27.05	9.9	21.68

从表 2.4-3（a）、（b）、（c）、（d）可以看出，推理公式法计算的成果明显小于单位线法计算的成果。为了分析设计洪峰流量和设计洪量的合理性，不同计算方法各片区设计洪水的洪峰模数和径流系数计算见表 2.4-4（a）、（b）、（c）、（d）。从计算结果看，单位线法计算的成果，集水面积较大的排涝片区，洪峰模数为 $7\sim9\,\mathrm{m^3/(s \cdot km^2)}$，集水面积较小的排涝片区，计算的洪峰模数为 $10\sim11\,\mathrm{m^3/(s \cdot km^2)}$，径流系数为 $0.63\sim0.68$，符合当地的实际情况，设计成果是基本合理的。所以，本次采用以单位线法的计算成果作为分析的基本依据。20 年一遇设计洪水过程线见表 2.4-4。

表 2.4-4　　　　　钟村镇排涝区各排涝区 20 年一遇设计洪水过程线表

排涝区（片）编号 时段/h	9 屏山河排涝区	9-1 石三河排涝片	9-2 幸福涌排涝片	9-3 胜石河排涝片	9-4 钟屏环山河排涝片	9-5 都那排涝片	9-6 谢石分洪排涝片	9-2-1 新客站排涝片	9-3-1 海棠涌排涝片
1	4	0	1.5	0	0	0	0	0.2	0
2	12	0	4.3	0.1	0	0	0	1.2	0
3	23	0.1	7.8	0.9	0.2	0	0.1	2.7	0.2
4	48	0.7	13.3	4.0	1.1	0.1	0.5	4.4	0.7
5	105	1.4	27.7	7.7	3.1	0.4	0.9	8.2	1.3
6	204	2.3	60.4	13.7	5.6	1.6	1.6	18.8	2.3
7	281	4.5	104	33.9	9.6	1.2	3.9	40.2	5.8
8	315	11.1	122	71.9	20.2	2.3	8.3	56	12.3
9	289	26.4	107	101.4	43.8	5.8	11.7	58.3	17.4

排涝区（片）编号 \ 时段/h	9	9-1	9-2	9-3	9-4	9-5	9-6	9-2-1	9-3-1
排涝区（片）名	屏山河排涝区	石三河排涝片	幸福涌排涝片	胜石河排涝片	钟屏环山河排涝片	都那排涝片	谢石分洪排涝片	新客站排涝片	海棠涌排涝片
10	214	31.7	70.8	115.9	75	13.2	13.4	41.5	19.9
11	143	21.5	43.2	113.6	87.6	15.6	13.1	25.5	19.5
12	98	13.9	28.4	95.1	76.7	10.9	11.0	15.8	16.3
13	71	8.1	19.9	58.0	51.2	7.1	6.7	10.7	9.9
14	51	4.7	13.1	36.1	31.5	4.3	4.2	7.1	6.2
15	37	2.9	8.4	24.8	20.8	2.6	2.9	4.5	4.3
16	27	1.4	4.9	16.3	14.6	1.6	1.9	2.6	2.8
17	19	0.5	2.5	10.6	9.7	0.9	1.2	1.3	1.8
18	13	0.2	1.1	6.5	6.3	0.4	0.7	0.6	1.1
19	8	0.1	0.4	3.6	3.8	0.2	0.4	0.2	0.6
20	4	0	0.1	1.8	2	0.1	0.2	0.1	0.3
21	2	0	0.1	0.7	0.9	0	0.1	0	0.1
22	1	0	0	0.2	0.3	0	0	0	0
23	1	0	0	0.1	0.1	0	0	0	0
24	0	0	0	0	0	0	0	0	0

不同计算方法陇枕围沙陇运河排涝区设计洪水洪峰模数和径流系数计算成果见表 2.4-4（a）。

表 2.4-4（a）　陇枕围沙陇运河排涝区设计洪水洪峰模数和径流系数计算成果表

单位：洪峰模数：$m^3/(s \cdot km^2)$

排涝区（片）编号	排涝区（片）名	集水面积/km^2	不同频率涝水的洪峰模数和径流系数			
			5%		10%	
			洪峰模数	径流系数	洪峰模数	径流系数
1	沙陇运河排涝区	21.59	7.69	0.60	6.67	0.51
1-1	深涌排涝片	6.923	8.64	0.61	7.50	0.52
1-2	大塱涌、大蕰涌排涝片	4.434	9.00	0.62	7.80	0.53
1-3	下坡涌至大口涌排涝片	4.243	9.10	0.62	7.90	0.53
1-4	大口涌以东排涝片	4.113	9.12	0.62	7.90	0.53
1-5	大巷涌排涝片	1.877	9.57	0.62	7.90	0.53

不同计算方法天六涌排涝区设计洪水洪峰模数和径流系数计算成果见表 2.4-4（b）。

表 2.4-4（b）　天六涌排涝区设计洪水洪峰模数和径流系数计算成果表

单位：洪峰模数：$m^3/(s \cdot km^2)$

排涝区名	集水面积/km²	不同频率涝水的设计最大流量及24h洪量							
		单位线法				推理公式法			
		5%		10%		5%		10%	
		洪峰模数	径流系数	洪峰模数	径流系数	洪峰模数	径流系数	洪峰模数	径流系数
天六涌排涝区	3.58	9.02	0.62	7.82	0.60	2.77	0.19	2.18	0.17

不同计算方法合兴涌排涝区设计洪水洪峰模数和径流系数计算成果见表 2.4-4（c）。

表 2.4-4（c）　　合兴涌排涝区设计洪水洪峰模数和径流系数计算成果表

单位：洪峰模数：$m^3/(s \cdot km^2)$

排涝区名	集水面积/km²	不同频率涝水的洪峰模数及24h径流系数			
		5%		10%	
		洪峰模数	径流系数	洪峰模数	径流系数
合兴涌排涝区	2.17	9.95	0.54	8.63	0.52

不同计算方法钟村镇排涝区设计洪水洪峰模数和径流系数计算成果见表 2.4-4（d）。

表 2.4-4（d）　　钟村镇排涝区设计洪水洪峰模数和径流系数计算成果表

单位：洪峰模数：$m^3/(s \cdot km^2)$

排涝区（片）编号	排涝区名	集水面积/km²	不同频率涝水的设计最大流量及24h洪量							
			单位线法				推理公式法			
			5%		10%		5%		10%	
			洪峰模数	径流系数	洪峰模数	径流系数	洪峰模数	径流系数	洪峰模数	径流系数
9	屏山河排涝区	43.86	7.18	0.63	6	0.61	4.03	0.35	3.25	0.33
9-1	石三河排涝片	2.71	11.7	0.68	10.2	0.68	3.91	0.23	3.13	0.21
9-2	幸福涌排涝片	13.38	9.12	0.67	7.92	0.67	3.82	0.28	3.06	0.26
9-3	胜石河排涝片	15.0	7.71	0.67	6.69	0.67	4.72	0.41	3.85	0.39
9-4	钟屏环山河排涝片	9.65	9.08	0.67	7.88	0.67	3.29	0.24	2.61	0.22
9-5	都那排涝片	1.38	11.3	0.68	9.78	0.68	2.59	0.16	1.99	0.14
9-6	谢石分洪排涝片	1.74	7.71	0.67	6.69	0.67	4.72	0.41	3.85	0.39
9-2-1	新客站排涝片	6.15	9.48	0.68	8.23	0.68	3.22	0.23	2.55	0.21
9-3-1	海棠涌排涝片	2.57	7.71	0.67	6.69	0.67	4.72	0.41	3.85	0.39

2.4.4　设计外江水位

根据市桥气象站和三沙口站 1961—2003 年的暴雨潮位资料分析，年最大暴雨与年最高潮位遭遇的共有 3 个年份，分别为 1969 年 7 月 28 日、1988 年 10 月 27 日、2001 年 7 月 6 日，遭遇频率为 7.0%。

根据《广州市江河流域综合规划》（水利部天津水利水电勘测设计研究院，2001年）中浮标厂水位站超过 2.0m 潮位和广州市气象局相应最大 24h 暴雨遭遇频次分析（见表2.4-5），浮标厂站不小于 2.0m 的日高潮位与 49.9mm 以下的 24h 雨量遭遇频率为 83%，与 50mm～249mm 的 24h 雨量遭遇的频率为 17%，与超过 250mm 的 24h 雨量遭遇频率为零。表明不小于 2.0m 的潮位与大暴雨遭遇频率较低，位于较低量级的暴雨遭遇频率较高。

表 2.4-5　　　浮标厂站超过 2.0m 潮位与 24h 雨量遭遇频次分析表（频率：%）

水位级 /m	24 小时雨量级							
	≤0.1	0.1～9.9	10～24.9	25～49.9	50～99.9	100～249	≥250	合计
2.00～2.10	15.5	19.6	5.6	11.3	4.3	2.8	0	59.1
2.11～2.20	9.8	2.8	4.3	0	1.4	5.7	0	24.0
2.21～2.30	0	5.7	2.8	1.4	2.8	0	0	12.7
2.31～2.40	0	1.4	0	0	0	0	0	1.4
>2.40	0	0	1.4	1.4	0	0	0	2.8
小计	25.3	29.5	14.1*	14.1	8.5	8.5		100

以上分析结果表明，最大 24h 暴雨与外江潮位没有必然的内在联系，暴雨与潮位的遭遇以随机因素占主导地位。因此，需要通过分析暴雨与外江潮位的遭遇频率选用合理的外江水位。

1995年《广东省广州市城市排涝总体规划》根据浮标厂超过 2.00m 的日高潮位系列频率分析，浮标厂站 2.02m（年最高潮位均值）的相应频率为 95%，与 20 年一遇暴雨的遭遇频率为 4.75%（相当于 21 年一遇）。在市桥气象站和三沙口站 1961—2003 年的暴雨潮位资料中，三沙口站超过多年最高潮位均值的潮位（1.86m）与 10 年一遇以上量级的暴雨遭遇次数为 0，但与年最大 24h 暴雨遭遇次数为 2 次，遭遇频率为 4.65%（相当于 21 年一遇）。

通过以上洪潮遭遇分析，选用设计暴雨洪水遭遇外江多年平均高潮位过程来选定自排规模，选用设计暴雨洪水遭遇外江多年平均最高潮位过程来选定闸排规模，是比较合理的，也符合广州市排涝调节计算的常规。所以，对于钟村镇排涝区的外江水位过程，本次选用临近的大石潮位站为依据站，以三沙口站潮型为典型潮型，拟定外江的设计潮位过程。一是选用高潮位接近多年平均高潮位（0.81m）、低潮位高于多年平均低潮位（-0.68m）的偏不利潮型，选择 1981 年 7 月 11 日潮型为典型潮型；二是选用高高潮位接近多年平均年最高潮位（2.15m）、低潮位高于多年平均低潮位（-0.68m）的偏不利潮型，选择 1998 年 6 月 25 日潮型为典型潮型。三沙口站典型潮位过程见表 2.4-6。

表 2.4-6　　　　　　　　　三沙口站典型潮位过程表

典型潮型（1981 年 7 月 11 日）				典型潮型（1998 年 6 月 25 日）			
时间/h	水位/m	时间/h	水位/m	时间/h	水位/m	时间/h	水位/m
1	-0.65	13	-0.23	1	0.76	13	1.96
2	-0.71	14	-0.40	2	0.88	14	1.77

典型潮型（1981年7月11日）				典型潮型（1998年6月25日）			
时间/h	水位/m	时间/h	水位/m	时间/h	水位/m	时间/h	水位/m
3	−0.66	15	−0.49	3	0.83	15	1.52
4	−0.40	16	−0.48	4	0.64	16	1.18
5	−0.01	17	−0.35	5	0.41	17	0.86
6	0.38	18	−0.15	6	0.2	18	0.57
7	0.63	19	0.05	7	0.05	19	0.31
8	0.67	20	0.15	8	0.00	20	0.10
9	0.58	21	0.13	9	0.17	21	−0.09
10	0.42	22	0.03	10	0.86	22	−0.23
11	0.21	23	−0.12	11	1.53	23	−0.19
12	−0.02	24	−0.29	12	1.94	24	0.27

对外江典型潮位过程分别按大石站多年平均最高潮位（2.15m）和多年平均高潮位（0.81m）控制进行缩放，作为自排和抽排不同条件下的设计外江潮位过程。

2.5　施工洪水分析

为保证工程安全施工，需确定施工标准，并计算相应标准的设计洪水及特征值。现对陇枕围深涌水闸等水闸的施工洪水分析如下。

2.5.1　施工标准

陇枕围沙陇运河排涝区位于沙湾以北，行政上隶属于沙湾镇，沙湾镇是为广州市番禺中心城区的副中心，排涝标准较高，为20年一遇24h设计暴雨1天排完不受灾，相应的施工洪水为汛期和非汛期均取10年一遇洪水标准。

2.5.2　施工洪水

施工洪水的计算方法与2.4.3部分设计洪水的计算方法基本相同，以1963—2004年番禺区气象观测站非汛期降雨量资料，首先推求设计暴雨，采用"广东省综合单位线法"进行设计洪水计算。计算求得陇枕围汛期10年一遇、非汛期（10月至次年3月方案）10年一遇和非汛期（11月至次年3月方案）10年一遇设计洪水，见表2.5-1。

表2.5-1　　　　　　　　　　陇枕围施工洪水计算成果

项　　目	汛期10年一遇	非汛期10年一遇	
		10月至次年3月方案	11月至次年3月方案
24h设计暴雨/mm	218.99	97.0	84.0
洪峰流量/(m³/s)	144	48.9	39.7

2.5.3　施工水位

施工期，陇枕围的水位—涌容曲线取现状河涌的水位—涌容曲线，根据上面计算的施工洪水，用"平湖法"进行调蓄计算，推求汛期10年一遇洪水、非汛期（10月至次年3

月）10年一遇洪水和非汛期（11月至次年3月）10年一遇洪水条件下深涌水闸、南郊水闸和蚬涌水闸的最大流量及河涌最高水位，特征值成果见表2.5-2。施工期深涌水闸和南郊水闸的外江市桥河最高水位，根据修建雁洲水闸前的设计洪潮水面线成果内插推求，蚬涌南闸处外江最高水位采用沙湾水道设计洪潮水面线成果内插推求，求得各闸的汛期10年一遇和非汛期10年一遇外江最高水位。

表 2.5-2　　　　　　陇枕围各水闸施工期洪水特征值成果表

项　目			深涌水闸	南郊水闸	蚬涌南闸
闸门设计参数	闸底高程/m		−2.20	−2.50	−1.50
	闸孔净宽/m		7.00	6.00	5.00
	20年一遇最大过闸流量/(m³/s)		15.00	14.20	8.00
	10年一遇最大过闸流量/(m³/s)		13.20	12.50	7.10
陇枕围	汛期 10年一遇	涝水总量/万 m³	26.30	24.90	14.14
		最大流量/(m³/s)	13.20	12.50	7.10
		最高水位/m	0.70	0.70	0.70
	非汛期 10年 一遇	10月至次年3月方案 涝水总量/万 m³	11.49	11.20	6.38
		10月至次年3月方案 最大流量/(m³/s)	7.60	7.20	4.0
		10月至次年3月方案 最高水位/m	0.59	0.59	0.59
		11月至次年3月方案 涝水总量/万 m³	10.54	10.03	5.44
		11月至次年3月方案 最大流量/(m³/s)	6.20	5.90	3.20
		11月至次年3月方案 最高水位/m	0.49	0.49	0.49
外江	汛期10年一遇	最高水位/m	2.47	2.46	2.86
	非汛期10年一遇	最高水位/m	2.27	2.26	2.66

3 水闸与河涌的工程地质勘察及评价

勘察工作的主要任务是查明河涌沿线工程地质及水文地质条件；查明堤基的地层岩性和地层结构；初步查明和了解已建堤防的堤身质量；对存在的主要工程地质问题进行分析评价，为设计部门提供相关岩土物理力学参数和基础处理措施建议。

勘察工作主要依据国家及行业颁布的规程、规范有：

(1)《堤防工程地质勘察规程》(SL 188—2005)。

(2)《水利水电工程地质勘察规范》(GB 50287—99)。

(3)《中小型水利水电工程地质勘察规范》(SL 55—2005)。

(4)《水利水电工程地质测绘规程》(SL 299—2004)。

(5)《水利水电工程钻探规程》(SL 291—2003)。

(6)《土工试验规程》(SL 237—1999)。

勘察是在收集分析已有的地质资料的基础上，采用工程地质测绘（比例尺1:1000）、钻探、原位测试（标准贯入试验、静力触探和十字板剪切试验等）和室内试验等综合勘察方法。

3.1 勘察工作

外业勘察坐标为1980年西安坐标系，高程为珠江基面起算。

沙湾镇深涌水闸工程地质勘察外业勘察完成的主要工作量见表3.1-1 (a)。

表 3.1-1 (a)　沙湾镇深涌水闸工程地质勘察外业勘察完成的主要工作量表

勘察项目			单位	工作量
地质勘探	地质测绘	1:500 水闸地质测绘	km²	0.02
		1:200 实测地质剖面	km	0.20
	钻探	进尺/孔数 陆上	m/个	35.2/1
		进尺/孔数 水上	m/个	128.2/4
	取样	取原状土样 陆上	组	
		取原状土样 水上	组	32
		取扰动土样 陆上	组	11
		取扰动土样 水上	组	11
		取岩样	组	1
		取水样	组	2
	封孔	陆上	个	1

勘 察 项 目			单 位	工 作 量
科学试验	现场试验	标准贯入试验		
		陆上	次	11
		水上	次	11
		静力触探	m	9.8
		十字板剪切试验	次/孔	10/1
	室内试验	比重	组	31
		密度	组	31
		天然含水量	组	31
		界限含水量	组	45
		相对密度	组	4
		颗粒分析	组	53
		直剪	组	18
		压缩与固结	组	31
		渗透系数	组	25
		有机质含量	组	5
		水质简分析	组	2
		三轴实验	组	18
		岩石抗压强度（干、饱和）	组	2

清流滘涌整治工程地质勘察完成的主要工作量见表 3.1-1 (b)。

表 3.1-1 (b)   清流滘涌整治工程地质勘察工作量一览表

勘 察 项 目			单 位	本次勘探工作量
地质勘探	地质测绘	1:1000 河涌带状地质测绘	km²	0.22
		1:200 实测地质剖面	km	0.07
		坑槽探	m³	33.1
	钻探	进尺/孔数		
		陆上	m/个	150.85/6
		水上	m/个	24.1/1
	取样	取原状土样		
		陆上	组	26
		水上	组	10
		取扰动土样		
		陆上	组	30
		水上	组	—
		取岩样	组	—
		取水样	组	1
	封孔	陆上	个	6

勘 察 项 目			单 位	本次勘探工作量
科学试验	现场试验	标准贯入试验 陆上	次	30
		标准贯入试验 水上	次	—
		静力触探	m	15
		十字板剪切试验	次/孔	6/1
	室内试验	比重	组	36
		密度	组	36
		天然含水量	组	36
		界限含水量	组	51
		相对密度	组	3
		颗粒分析	组	59
		直剪	组	27
		压缩与固结	组	35
		渗透系数	组	36
		有机质含量	组	4
		水质简分析	组	1

南郊水闸整治工程地质勘察完成的主要工作量见表 3.1-1（c）。坐标为 1980 年西安坐标系，高程为珠江基面起算。

表 3.1-1（c）　　　　南郊水闸整治工程地质勘察工作量一览表

勘 察 项 目				单 位	本次勘探工作量	番禺区水利工程资料库
地质勘探	地质测绘	1∶500 水闸地质测绘		km²	0.04	
		1∶200 实测地质剖面		km	0.2	
	钻探	进尺/孔数	陆上	m/个	45.9/2	42.7/2
		进尺/孔数	水上	m/个		20.4/1
	取样	取原状土样	陆上	组	7	6
		取原状土样	水上			1
		取扰动土样	陆上	组	8	6
		取扰动土样	水上			1
		取水样		组	1	
	封孔	陆上		个	2	
科学试验	现场试验	标准贯入试验	陆上	次	8	6
		标准贯入试验	水上			1
		静力触探		m	10.9	
		十字板剪切试验		次/孔	3/1	

勘 察 项 目			单位	本次勘探工作量	番禺区水利工程资料库
科学试验	室内试验	比重	组	7	7
		密度	组	7	7
		天然含水量	组	7	7
		界限含水量	组	13	14
		相对密度	组	2	
		颗粒分析	组	15	14
		直剪	组	7	
		压缩与固结	组	7	
		渗透系数	组	7	
		水质简分析	组	1	

合兴涌整治工程地质勘察完成的主要工作量见表 3.1-1 (d)。

表 3.1-1 (d)　　合兴涌整治工程地质勘察完成的主要工作量一览表

勘 察 项 目				单位	本次勘探工作量	已有勘探资料
地质勘探	地质测绘	1:1000 河涌带状地质测绘		km²	0.27	
		1:200 实测地质剖面		km	0.48	
		坑槽探		m³	73.2	
	钻探	进尺/孔数	陆上	m/个	138.15/6	96.4/4
			水上	m/个	26.8/1	
	取样	取原状土样	陆上	组	55	10
			水上	组	6	
		取扰动土样	陆上	组	33	22
			水上	组	9	
		取岩样		组		
		取水样		组	2	
	封孔	陆上		个	6	
科学试验	现场试验	标准贯入试验	陆上	次	33	22
			水上	次	9	
		静力触探		m		48.2
		十字板剪切试验		次/孔		50/5
	室内试验	比重		组	34	
		密度		组	34	
		天然含水量		组	34	
		界限含水量		组	57	
		相对密度		组	6	

勘 察 项 目		单位	本次勘探工作量	已有勘探资料
科学试验	室内试验 颗粒分析	组	78	
	直剪	组	27	
	压缩与固结	组	34	
	三轴固结不排水	组	5	
	渗透系数	组	29	
	有机质含量	组	3	
	水质简分析	组	2	

3.2 区域地质概况与地震

3.2.1 地形地貌

番禺区地处珠江三角洲冲积平原，地势低平，总体上由北、西北向东南倾斜，主要地貌形态为平原地貌及丘陵地貌，平原区地面高程0～5.00m（珠基，下同），丘陵区最大高程一般小于100m。区内水系发育、河网交错，属珠江三角洲河网的一部分。

3.2.2 地层结构

番禺区内地层结构较简单，第四系地层分布广泛，第四系地层岩性从上至下主要为人工填土层（Q_4^{ml}）、海陆交互相沉积层（Q_4^{mc}）、冲积层（Q_4^{al}）和残积土层（Q^{el}）。

基岩主要为下第三系（E）、白垩系（K）沉积岩和燕山期（γ）侵入岩及元古界（P_t）变质岩。

3.2.3 地质构造

根据广东省有关区域地质资料，并参考1：20万《中华人民共和国地质图说明书》（广州幅），番禺区位于粤中拗褶断束的南部，西北江三角洲次稳定区。区内第四系广泛分布，区内及周围断裂较少，且以弱活动断裂为主，断裂的地震活动水平较低，新构造运动总趋势是相对平稳的。总体来说，工程区区域构造环境相对稳定。

3.2.4 地震烈度

工程区在区域上位于东南沿海地震活动带的内带，地震强度明显弱于滨海地区的外带。附近地区历史上对工程区影响最大的地震是1962年河源6.1级地震，影响烈度是Ⅴ～Ⅵ度，由此可见，近场区地震活动相对较弱，频度相对较低。

根据2001年中国地震局编制的1：400万《中国地震动参数区划图》（GB 18306—2001），工程区的地震动峰值加速度为0.10g（相应的地震基本烈度为Ⅶ度），动反应谱特征周期为0.35s。

3.3 工程地质条件及评价

3.3.1 地形地貌

改建闸址区河涌宽20.0～24.0m，河床地面高程一般－1.00～－1.50m，最低为－1.7m左右。左岸堤顶宽4.0m左右，堤顶高程1.60～1.90m，现状为人行小道及被开垦的菜地，堤内侧为树林、苗圃和鱼塘，堤内高程为 0.50～0.70m；右岸堤顶宽 4.0～6.0m，堤顶高程 2.0m 左右，堤顶为碎石路面，堤内高程一般为 0.70～0.90m，堤内测为苗圃和鱼塘。

3.3.2 地层岩性

根据地质勘察及土工试验成果，在勘探深度（最大勘探深度 20.6m）范围内，新涌改建闸址区的地层岩性主要为第四系的 Q_4^{mc} 淤泥质黏土和淤泥质粉质黏土、Q_3^{al} 粉细砂和中粗砂、白垩系的泥质粉砂岩和黏土岩。具体地层结构从上至下为：

第①层（Q_4^{ml}）为人工填筑土，主要分布于两岸堤身。灰黄色，表部为碎石土，干，较硬，厚约 0.30m。中下部为砂壤土，稍湿，较松散。该层厚度约 1.0m，层底高程 0.50～1.16m。

第②层（Q_4^{mc}）为海陆交互相软土层，分为 2 个亚层：

第②-1 层为灰黑色淤泥质黏土，局部夹灰黑色淤泥质砂壤土。流塑—软塑。层厚 0.3～2.7m，层底高程 -4.92～-1.54m，该层分布连续。

第②-2 层为淤泥质砂壤土，灰黑色，饱和，标贯击数为 2～13 击，软塑—可塑。层厚 1.75～4.80m，层底高程 -9.08～-3.29m，该层分布连续。

第③层（Q_3^{al}）为粉质黏土，砖红色夹灰白色，标贯击数为 20～21 击，可塑—硬塑状。层厚 0.80～2.55m，层底高程 -10.48～-4.09m。

第④层（Q_3^{al}）为淤泥质粉质黏土，标贯击数为 22～23 击，可塑状。层厚 2m，层底高程 -10.40～11.50m。

第⑤层（Q_3^{al}）为灰黄色、灰白色中粗砂，含泥质，标贯击数 24 击，中密。层厚 2.05m，层底高程 -12.53m，该层仅在钻孔 XK-ZKZ-XC-01 中揭露。

第⑥层（Q^{el}）为残积土，岩性为黏土及粉质黏土，砖红色，局部夹黄色和青灰色，标贯击数为 27～46 击，可塑—硬塑，切面光滑。该层厚 1.35～2.9m，层底高程 -5.44～-10.35m，沿河涌分布不连续。

第⑦层（K）为白垩系沉积岩，主要为浅紫红色泥质粉砂岩、黏土岩，上部为全、强风化，该层未揭穿，揭露最大厚度为 11.1m，揭露最低层底高程 -22.08m。

3.3.3 岩土的物理力学性质

本次新涌水闸地质勘察进行了标准贯入、十字板剪切、静力触探等现场试验，并分层取不扰动土样和扰动土样进行了室内试验。静力触及十字板剪切探试验成果统计见表 3.3-1。

表 3.3-1　　　　　　　新涌水闸静力触探及十字板剪切试验成果统计表

土层编号	岩性	统计项目	静力触探试验		十字板剪切试验		
			锥尖阻力 q_c	侧壁摩阻力 f_s	原状土抗剪强度 C_u	重塑土抗剪强度 C_u	灵敏度 S_t
			MPa	kPa	kPa	kPa	
②-1	淤泥质黏土	组数	14	14	4	4	4
		最大值	0.30	13.4	20.0	10.7	3.3

土层编号	岩性	统计项目	静力触探试验		十字板剪切试验		灵敏度 S_t
			锥尖阻力 q_c	侧壁摩阻力 f_s	原状土抗剪强度 C_u	重塑土抗剪强度 C_u	
			MPa	kPa	kPa	kPa	
②-1	淤泥质黏土	最小值	0.15	5.3	10.94	3.32	1.74
		平均值	0.21	7.93	15.41	7.18	2.39
②-2	淤泥质砂壤土	组数	34	34	2	2	2
		最大值	4.55	86.4	55.0	22.0	2.5
		最小值	0.58	11.7	25.0	10.2	2.45
		平均值	2.79	30.94	40	16.1	2.48

从表 3.3-1 可以看出：上部第②-1层软土的强度较低，其锥尖阻力为 0.15～0.30MPa，该土层原状土的抗剪强度值为 10.94～20.0kPa，灵敏度平均值为 2.39，具中灵敏性。

根据勘察中的标准贯入试验结果并参考幸福涌勘察成果 [表 3.3-2（a）]，第②层软土的标准贯入击数 1～12 击，平均值为 3.2～6 击，属流塑—软塑状态，局部为可塑。

表 3.3-2 （a）　　　　　　　幸福涌标准贯入试验成果统计表

土层编号	①	②-1	②-2	②-3	③	④	⑤	⑥	⑦
岩性	填土	淤泥质黏土	淤泥质砂壤土	淤泥质粉质黏土	粉质黏土	淤泥质粉质黏土	中细砂	残积土	强风化黏土岩
组数	4	12	20	4	9	8	2	3	11
最大值/击	8	10	12	39	6	17	46	65	
最小值/击	2	1	2	3	5	3	10	15	8
平均值/击	4.8	3.2	6	4	15.7	5.1	13.5	29.3	29

清流滘涌各土层标准贯入试验统计见表 3.3-2 （b）。

表 3.3-2 （b）　　　　　　　清流滘涌各土层标准贯入试验成果统计表

土层编号	②-1	②-2	③	④	⑤
岩性	淤泥质黏土	淤泥质砂壤土	黏土	淤泥质黏土	中粗砂
组数	8	2	3	5	8
最大值	2	1	8	3	26
最小值	1	1	2	1	9
平均值	1	1	5	2	20

本次新涌水闸地质勘察分别取不扰动土样和扰动土样进行了室内土工试验和渗透试验，对工程区内的全风化黏土岩取样进行了室内抗压强度试验。室内试验成果经分层统计，并对异常数据进行了舍弃，统计结果见表 3.3-3。根据室内土工试验、现场原位测试和类似工程经验提出新涌水闸物理力学指标建议值，见表 3.3-4。

新客站地区新涌水闸岩土层物理力学指标统计结果表

表 3.3-3

土层编号	岩性	统计项目	粘粒含量<0.005 /%	含水率 ω /%	湿密度 ρ /(g/cm³)	干密度 ρ_d /(g/cm³)	孔隙比 e	孔隙率 n /%	饱和度 S_r /%	液性指数 I_L	土粒比重 G_s	液限 W_l /%	塑限 W_p /%	塑性指数 I_p /%	最小干密度 ρ_{dmin} /(g/cm³)	最大干密度 ρ_{dmax} /(g/cm³)	相对密度 D_r	压缩系数 A_{v1-2} /MPa⁻¹	压缩模量 E_{s1-2} /MPa	垂直渗透系数 k_{20} /(cm/s)	饱和快剪 黏聚力 c /kPa	饱和快剪 摩擦角 φ /(°)	饱和固结快剪 黏聚力 c /kPa	饱和固结快剪 摩擦角 φ /(°)	岩石抗压强度 饱和 /MPa
②-1	淤泥质粉质黏土		47.2	44.9	1.69	1.17	1.341	57.3	91	0.47	2.73	60.7	30.9	29.8				0.898	2.606	6.40×10^{-6}	7.5	11.4			
		组数	7	2	2	2	2	2	2	1	2	3	3	3				2	2	1	1	1			
②-2	淤泥质砂壤土	最大值	14.9	27.20	1.97	1.55	0.775	43.7	99		2.69				1.16	1.60	0.91	0.210	19.491	3.13×10^{-5}			32.2	27.1	
		最小值	4.2	22.10	1.85	1.52	0.737	42.4	77		2.69				1.14	1.57	0.90	0.089	8.438	3.13×10^{-5}			32.2	27.1	
		平均值	9.3	24.65	1.91	1.53	0.756	43.1	88		2.69				1.15	1.59	0.91	0.150	13.965	3.13×10^{-5}			32.2	27.1	
		组数	3	2	2	2	2	2	2		1				2	2	2	2	2	1			1	1	
③	粉质黏土	最大值	51.4	21.80	2.04	1.67	0.624	38.4	95	0.26	2.72	39.7	27.1	17.2				0.221	7.354	4.30×10^{-7}			13.5	14.4	
		最小值	40.6	21.80	2.04	1.67	0.624	38.4	95	0.26	2.72	33.9	17.5	12.6				0.221	7.354	4.30×10^{-7}			13.5	14.4	
		平均值	45.4	21.80	2.04	1.67	0.624	38.4	95	0.26	2.72	36.1	20.7	15.4				0.221	7.354	4.30×10^{-7}			13.5	14.4	
		组数	5	1	1	1	1	1	1	1	1	5	5	5				1	1	1			1	1	
⑥	残积土	最大值	59.1	15.50	2.14	1.85	0.479	32.4	89	-0.35	2.74	52.3	25.1	27.2						1.10×10^{-7}					
		最小值	15.5	15.50	2.14	1.85	0.479	32.4	89	-0.35	2.74	24.5	14.3	9.2						1.10×10^{-7}					
		平均值	36.0	15.50	2.14	1.85	0.479	32.4	89	-0.35	2.74	35.1	18.7	16.4						1.10×10^{-7}					
		组数	5	1	1	1	1	1	1	1	1	5	5	5						1					
⑦	泥质粉砂岩及黏土岩	组数																							3
		最大值																							25.4
		最小值																							4.3
		平均值																							13.4

29

表 3.3-4　　　　　　　　　　　　　　　　　　　　新客站地区新涌水闸物理力学指标建议值

土层编号	岩性	天然状态基本物理指标									固结试验		渗透试验	直剪试验				承载力特征值 /kPa
		含水率 ω /%	湿密度 ρ /(g/cm³)	干密度 ρ_d /(g/cm³)	孔隙比 e	液性指数 I_L	土粒比重 G_s	液限 W_1 /%	塑限 W_p /%	塑性指数 I_p /%	压缩系数 $A_{v1\text{-}2}$ /MPa^{-1}	压缩模量 $E_{s1\text{-}2}$ /MPa	垂直渗透系数 k_{20} /(cm/s)	饱和快剪 黏聚力 c /kPa	饱和快剪 摩擦角 φ /(°)	饱和固结快剪 黏聚力 c /kPa	饱和固结快剪 摩擦角 φ /(°)	
①	填筑土	30.0	1.85	1.50	0.70	0.35	2.72	44.0	23.0	21.0	0.400	5.00	7.50×10^{-5}	12	13	15	17	110～130
②-1	淤泥质粉质黏土	45.0	1.69	1.17	1.40	0.80	2.72	59.0	25.0	24.0	0.80	2.50	2.60×10^{-6}	2～4	2～4	5～8	11～13	50～70
②-2	淤泥质砂壤土	25.0	1.85	1.53	0.98		2.69				0.350	6.00	3.50×10^{-5}	6	13	10	14～16	90～100
③	粉质黏土	25.0	1.95	1.67	0.70	0.30	2.72	36.0	20.0	16.0	0.250	5.00	4.30×10^{-7}	15	10～12	18	12～15	110～130
⑤	中粗砂	20.0	1.98	1.75	0.50						0.150	10.00	3.20×10^{-3}		25			150～170
⑥	残积土	22.0	1.95	1.60	0.65	0.30	2.72	35.0	19.0	16.0	0.300	6.50	5.00×10^{-6}	15	15	18	12～15	140～160
⑦	泥质粉砂岩及黏土岩	32.7	1.97	1.49	0.83	0.40	2.72	41.6	21.0	20.6	0.279	7.17	5.41×10^{-6}					150～180

3.3.4 环境介质条件

3.3.4.1 水环境

闸址区地下水类型主要为第四系孔隙潜水和基岩裂隙水。孔隙潜水主要赋存于海陆交互相沉积的 Q_4^{mc} 砂壤土和河流相冲积层 Q_3^{al} 的中粗砂中；第四系黏性土透水性微弱，具弱—微透水性。基岩裂隙水主要赋存于下部基岩裂隙中，接受上部潜水的补给。地下水主要接受大气降水、地表水的补给，地下水的排泄方式主要有蒸发、人工开采和侧向径流排入河涌。勘探期间河涌两岸地下水埋深 1.3m 左右。

根据幸福涌整治工程勘察成果（表 3.3-5），幸福涌地表水的 pH 值为 6.77～7.00，属中性水；总硬度为 90.74～148.45mg/L，属微硬水。根据《水利水电工程地质勘察规范》（GB 50287—99）的要求，环境水对混凝土的腐蚀性判别结果，拟建水闸区的地表水对混凝土无腐蚀性。但其水质受外江潮水和工业与生活排放污水影响较大。

表 3.3-5 　　　　　　　　　　环境水对混凝土腐蚀性评价表

腐蚀性类型		腐蚀性特征判定依据	腐蚀性特征含量	无腐蚀指标	腐蚀性评价
分解类	溶出型	HCO_3^- 含量/(mmol/L)	1.157～1.748	>1.07	无分解类腐蚀
	一般酸性型	pH 值	6.77～7.00	>6.5	
	酸性型	侵蚀性 CO_2 含量/(mg/L)	10.74	<15	
复合类	硫酸镁型	Mg^{2+} 含量/(mg/L)	3.00～6.50	<1000	无复合类腐蚀
结晶类	硫酸盐型	SO_4^{2-} 含量/(mg/L)	32.66～51.44	<250	无结晶类腐蚀

3.3.4.2 土化学分析

根据幸福涌整治工程勘察成果，幸福涌沿线各土层土的有机质含量为 0.04%～1.69%，说明表幸福涌各土层为无机土，另外，根据临近工程勘察结果，堤身土及堤基表层土易溶盐含量均小于 0.50%，不具有溶陷性和盐胀性，对混凝土一般也不会产生有害影响。

3.4 主要工程地质问题评价

3.4.1 渗透稳定性

土体在渗流作用下，当渗透比降超过土的抗渗比降时，土体的组成和结构会发生变化或破坏，即渗透变形或渗透破坏。

新涌水闸（含泵站）基础土层为第②层淤泥质软土，大部分为细粒土，颗粒较均匀，其渗透破坏类型为流土型。

第⑤层为中粗砂，根据《堤防工程地质勘察规程》（SL 188—2005），按下列公式判定其渗透破坏类型：

流土 $$P_c \geqslant \frac{1}{4(1-n)} \times 100$$

管涌 $$P_c < \frac{1}{4(1-n)} \times 100$$

式中　P_c——土的细颗粒含量，以质量百分率计，%；

n——土的孔隙率（小数计）。

本区为连续级配土，区分粗粒和细粒粒径的界限粒径 d_f 按下式计算：

$$d_f = (d_{70} \times d_{10})^{1/2}$$

式中　d_f——粗细粒的区分粒径，mm；

　　　d_{70}——小于该粒径的含量占总土重的 70％ 的颗粒粒径，mm；

　　　d_{10}——小于该粒径的含量占总土重 10％ 的颗粒粒径，mm。

通过计算可知：第⑤层中粗砂层的渗透变形类型为管涌。

对管涌型土根据下式计算其临界水力坡降：

$$J_{cr} = 2.2(G_s - 1)(1 - n)^2 d_5 / d_{20}$$

式中　J_{cr}——土的临界水力坡降；

　　　G_s——土的比重；

　　　d_5——占总土重 5％ 的土粒粒径，mm；

　　　d_{20}——占总土重 20％ 的土粒粒径，mm。

安全系数取 1.5，得出土的允许水力坡降见表 3.4-1。

对流土型土根据下式计算其临界水力坡降：

$$J_{cr} = (G_s - 1)(1 - n)$$

安全系数取 2.0，得出土的允许水力坡降见表 3.4-1。

根据土的允许水力坡降计算结果和工程类比法综合分析，提出新涌水闸土的允许水力坡降地质建议值（见表 3.4-1）。

表 3.4-1　　　　　　　　　　　新涌水闸土的允许水力坡降计算表

土层编号	岩性	破坏类型	土粒比重 G_s	孔隙率 n/%	临界水力坡降 J_{cr}	允许坡降 J_0	允许坡降建议值
②-1	淤泥质黏土	流土	2.73	57.3	0.74	0.37	0.25～0.30
②-2	砂壤土	流土	2.69	43.1	0.96	0.49	0.25～0.30
③	粉质黏土	流土	2.72	38.4	1.06	0.50	0.35～0.40
⑤	粗砂	管涌					0.15～0.20
⑥	粉质黏土	流土	2.74	32.4	1.18	0.59	0.40～0.45

3.4.2　地震效应

（1）砂土地震液化。工程区地震动峰值加速度为 0.10g，（相应地震基本烈度为Ⅶ度）。且地表以下深度 15m 范围内存在黏粒含量小于 16％ 的土层，故有地震液化的可能性，需进行地震液化判别。

对堤基 15m 深度范围内饱和砂性土和少黏性土的地震液化判别按《水利水电工程地质勘察规范》（GB 50287—99）的规定，采用下述步骤和方法进行：

1）初判方法：

当具备下列条件之一时，可初判为不液化土，即：

①土中黏粒含量大于 16％ 时；

②Q_3及其以前地层。

若不满足上述条件，则有液化可能，应进行土层的地震液化复判。

2) 复判方法：

根据《水利水电工程地质勘察规范》（GB 50287—99）的规定，符合下式要求的土层即判定为液化土：

$$N_{63.5} < N_{cr}$$
$$N_{cr} = N_0 [0.9 + 0.1(d_s - d_w)](3/\rho_c)^{1/2}$$

式中 $N_{63.5}$——工程运用时，标准贯入点在当时地面以下 d_s（m）深度处的标准贯入锤击数；

N_{cr}——液化判别标准贯入锤击数临界值；

ρ_c——土的黏粒含量质量百分率，%，当 $\rho_c < 3\%$ 时，取 3%；

d_s——工程正常运用时标准贯入点在当时地面下的深度，m，该水闸底板高程 $-1.5m$；

d_w——工程正常运用时，地下水位在当时地面以下的深度，m，当地面淹没于水面以下时，d_w 取 0；

N_0——液化判别标准贯入锤击数基准值。本区地震动峰值加速度为 0.10g，地震设防烈度为Ⅶ度，按《水利水电工程地质勘察规范》（GB 50287—99）的规定，本区为近震，N_0 取 6。

根据以上规定，新涌水闸地层中只有第②层中的②-2淤泥质砂壤土可能存在液化问题，需要复判，判别结果见表 3.4-2。

表 3.4-2   新涌水闸地震液化判别结果表

钻孔编号	N_0	$d_{s'}$	$d_{w'}$	$N_{63.5'}$	d_s	d_w	ρ_c	$N_{63.5}$	N_{cr}	结果
ZKXF01	6	5.2	1.3	12	0.2	0	10.4	1.53	2.96	液化
ZKXF01-1	6	2.20	0	8	1.2	0	14.2	5.24	2.81	不液化
XK-ZKZ-XC-01	6	1.65	0	2	0.3	0	7.5	0.85	3.53	液化
XK-ZKZ-XC-01	6	4	0	13	2.7	0	3.0	9.40	7.02	不液化

由表 3.4-2 可以看出，4 个砂壤土标贯点中有 2 个液化，液化点占 50%。因此，可以判定新涌水闸地层中的部分饱和砂性土（主要为砂壤土），在地震烈度为Ⅶ度时存在液化问题。

（2）软土震陷。新涌水闸（含泵站）基础土层存在第②层软土层，属抗震不利地段。在地震动力作用下，软土层塑性区扩大或强度降低，从而产生不同程度的压缩和变形，容易导致不均匀沉陷或地基失效。尤其是第②-1层淤泥质黏土，承载力特征值为 50~70kPa 左右，为流塑—软塑状态，需采取必要的抗震措施。

3.4.3   边坡稳定性

由于闸址区地层中存在软土层，基础开挖边坡稳定问题较为突出，基础开挖至高程 $-3.5m$，开挖深度达 5.5m。边坡岩性主要为填筑土、灰黑色淤泥质黏土和淤泥质砂壤土。

区内软土层抗剪强度低，具有触变性、流变性和中等灵敏度等特性，由其构成的边坡稳定性差，支护较为困难，设计时应进行边坡稳定验算以选择有效的支护措施。

表部填土开挖边坡，黏性土可采用 1∶1.75～1∶1.50；砂性土可采用 1∶1.50～1∶1.35；软土层开挖边坡值应根据实际情况而定，对流塑—软塑状软土允许边坡值不应大于1∶10。

软土层开挖，必须先进行软土处理，坚持先护后挖或边护边挖的原则，可在开挖线外布置多排粉喷桩、大砾径碎石桩或搅拌桩等，桩端要穿过软土层，桩长的设计应考虑浅层坡角变形，深层基础隆起抗滑稳定问题。

3.4.4 抗滑稳定性

淤泥质软土出露于堤外河岸的下部。淤泥质土室内试验抗剪强度低，其直接快剪试验成果：黏聚力 c 值 7.51kPa；内摩擦角 φ 值平均 14.4°；标准贯入击数一般 1～12 击。土体在上部荷载作用下易产生剪切破坏，淤泥质土侧向挤出或沿一定的剪切面产生滑移破坏从而导致建（构）筑物失稳，必须注意抗滑稳定问题。

3.4.5 沉降变形

新涌水闸（含泵站）基础第②层淤泥质黏土为海陆交互相沉积的软土层，为流塑—软塑状态，其天然孔隙比大于 1.0，具有抗剪强度低、压缩性高以及触变性和流变性等特点，容易产生沉降问题；水闸基础岩性为淤泥质黏土和淤泥质砂壤土，其压缩系数分别为 0.93MPa^{-1} 和 0.24MPa^{-1}，若不进行基础处理，易造成不均匀沉降，因此须进行必要的基础处理。

3.5 堤基工程地质条件分类及评价

3.5.1 堤基地层结构类型及分布

由于清流滘涌堤高一般不高于 2.5m，综合考虑堤基地质结构分类按堤基 5.0m 深度范围内（约 2 倍堤高）的土、岩分布与组合关系。按照软土、黏性土、砂性土 3 类土体及基岩的层数分为单一结构（Ⅰ）、双层结构（Ⅱ）和多层结构（Ⅲ）三类，清流滘涌堤基地层结构类型为单一结构，岩性为软土。

3.5.2 堤基工程地质条件分类及评价

根据《堤防工程地质勘察规程》（SL 188—2005）的规定，堤基工程地质条件分为工程地质条件好（A）、工程地质条件较好（B）、工程地质条件较差（C）和工程地质条件差（D）4 类。

A 类：不存在主要工程地质问题，堤基工程地质条件好，无需进行加固处理。

B 类：基本不存在主要工程地质问题或存在的工程地质问题比较容易处理，工程地质条件较好。

C 类：至少存在一种主要工程地质问题，且破坏程度较严重，工程地质条件较差。

D 类：至少存在一种主要工程地质问题，且破坏程度严重，工程地质条件差。

清流滘涌堤基均存在流塑-软塑状的软土层，存在软土沉降变形、抗滑稳定等问题。故清流滘涌堤基工程地质条件均属 C 类。

3.6 已建堤身质量综合评价

3.6.1 堤防现状

河涌两岸现状多为居民区，未经过统一整治，没有完整的堤防，堤防断面不规则。两岸大部分堤段堤顶为水泥路，为附近居民出行的主要交通道路。水泥路面宽度 2.2～2.5m，高程一般 1.00～1.60m；桩号 0+600～0+750 段两岸堤防为人工简单堆积而成，宽度约 3m，高程一般 1.50m 左右，现堤顶多数种植芭蕉树。

河涌两岸村民临河而居，违章建筑、违章种植现象严重，对堤防的正常运用造成不良影响。

3.6.2 堤身质量指标

清流滘涌两岸堤防是在不同时期经多次人工堆积而成，堤身的断面形状、堤顶高程及堤身物质组成等不尽相同。堤身填筑土多为就近取料，主要由粉质黏土、粉质壤土等组成，厚度一般 1.0～2.0m。根据临近工程勘察成果，堤身土具有中等—高压缩性。局部堤段堤身土存在碎石和砖块，土质较差，呈松散状态。

室内渗透试验成果表明，堤身土中的粉质黏土、粉质壤土渗透系数较小，为微—弱透水层，根据临近工程经验，在堤身填筑土中若有砂壤土、碎石土透镜体，其渗透性能一般为弱—中等透水，局部强透水。

3.7 基础处理建议

新涌水闸设计底板高程—1.50m，其下地层为第②层淤泥质软土，呈流塑—软塑状态，其承载力低，容易产生沉降变形和和抗滑稳定问题，不能作为天然地基持力层。建议采用水泥土搅拌桩或高压旋喷法进行地基处理，或采用桩基，第⑦层全强风化黏土岩、泥质粉砂岩可作为桩端持力层。

建筑物主体部位可采用混凝土预制桩，其他部位采用水泥土搅拌法、高压旋喷法对上部软土层进行加固处理。

采用桩基础时，可选用混凝土预制桩。根据地基土层的特征及原位测试、室内试验成果和工程类比法的经验值综合分析，提出新涌水闸（含泵站）地基土层桩基参数地质建议值见表 3.7-1。

表 3.7-1　　　　　　　　　新涌水闸桩基参数建议值（标准值）

土层编号	岩性	预 制 桩			极限侧阻力/kPa
		极限端阻力/kPa			
		桩入土深度/m			
		$h \leqslant 9$	$9 < h \leqslant 16$	$16 < h \leqslant 30$	
②-1	淤泥质黏土				9～11
②-2	淤泥质砂壤土				15～20
③	粉质黏土				35～45
⑤	中粗砂	2200～3000			60～70

土层编号	岩性	预制桩			极限侧阻力 /kPa
		极限端阻力/kPa			
		桩入土深度/m			
		$h \leqslant 9$	$9 < h \leqslant 16$	$16 < h \leqslant 30$	
⑥	残积土	1500～2000	1800～2500	2200～2700	45～55
⑦	全风化黏土岩、泥质粉砂岩	2500～3500			60～70
⑦	泥质粉砂岩及黏土岩	4000～4500			80～90

需要特别注意的是，闸基地层上部为淤泥质黏土软土层，采用桩基时，当承台底面下软土层发生自重固结、震陷、液化或由于外江围堤基础的沉降而引起承台底面下软土层发生沉降时，易使承台底面与承台底面下软土层发生脱离，使闸基土层发生渗透变形破坏，因此需采取一定的处理措施。

3.8 地质评价结论

（1）闸址区大地构造位置处于粤中拗褶断束的南部，西北江三角洲次稳定区，区内地形平坦、开阔，断裂活动微弱，无不良地质现象，场地土类型为软弱场地土，类别为Ⅱ～Ⅲ类场地，场地作为建筑物地基是稳定的，基本适宜的。

闸址区的地震动峰值加速度为 0.10g（相应的地震基本烈度为Ⅶ度），动反应谱特征周期为 0.35s。

（2）闸址区地势开阔平坦，河涌宽 20～24m，河床地面高程一般 -1.00～-1.50m。两岸堤顶高程 1.60～2.00m，堤内侧为树林、苗圃和鱼塘，

闸址区地层岩性主要为第四系的 Q_4^{mc} 淤泥质黏土和淤泥质粉质黏土、Q_3^{al} 粉细砂和中粗砂和白垩系（K）的泥质粉砂岩和黏土岩。

（3）闸址区的地下水位埋深一般约 1.30m，受外江潮水涨落和河涌水位的影响较大。

现阶段勘察表明，区内地表水对混凝土一般无腐蚀性，环境水受外江潮水、工业与生活排放污水影响较大。建议下一步分析地下水和地表水水质随季节变化情况，并进一步分析评价环境水对混凝土的腐蚀性。

（4）该区地表 15m 深度范围内的砂壤土和砂层为可能液化土层。上部流塑—软塑状淤泥质土存在软土震陷问题。

（5）新涌水闸（含泵站）基础第②层淤泥质黏土为海陆交互相沉积的软土层，为流塑—软塑状态，易出现抗滑稳定和沉降变形问题，必须进行基础处理。

（6）闸址区的黏性土渗透变形破坏类型以流土为主，允许比降为 0.25～0.40；中粗砂渗透变形破坏类型以管涌为主，允许比降一般为 0.15～0.20。

（7）表部填土开挖边坡，黏性土可采用 1∶1.75～1∶1.50；砂性土可采用 1∶1.50～1∶1.35；软土层开挖边坡值应根据实际情况而定，对软塑状软土允许边坡值不应大于 1∶10。

深部软土层开挖，必须先进行软土处理，基坑开挖应本着先支护后开挖或边挖边护的原则，可在开挖线外布置粉喷桩、大砾径碎石桩或搅拌桩等，桩端要穿过软土层。

（8）建筑物主体部位可采用混凝土预制桩，第⑦层全强风化黏土岩、泥质粉砂岩均可作为桩端持力层。其他部位采用水泥土搅拌法、高压旋喷法对上部软土层进行加固处理。

4 水闸与河涌的工程任务和规模评价

4.1 地区经济发展情况及排涝要求

4.1.1 社会经济发展情况

广州市番禺区位于广州市南部、珠江三角洲腹地，东临狮子洋，与东莞市隔江相望；西与佛山市南海区、顺德区及中山市相邻；北与广州市海珠区相接；南滨珠江出海口，外出南海。区府设在市桥镇。全区南北长 77.6km，东西宽 30km，总面积 1313.8km²。

番禺区地理位置优越，交通便捷，经济比较发达。随着广州市"南拓"战略的推进，番禺区作为 21 世纪珠江三角洲乃至华南地区的区域服务业核心区、临港产业区、广州新中心城区、科教资讯中心和航运中心的规划发展定位逐渐明确，地铁三号线、广州新火车站、大学城、新光快速干线等省市重点工程加速了番禺的城市现代化进程及国民经济持续快速的发展。据初步统计，2005 年末全区总人口 107.33 万人；社会从业人员年平均工资 18157 元，增长 4.1%；国民生产总值 596.28 亿元，增长 13.8%。农业总产值 62.66 亿元，增长 5.0%；工业总产值 1158.96 亿元，增长 14.4%。

钟村镇排涝区属番禺区市桥河流域，流域内总人口约 71.2 万人，其中非农业人口 45.25 万人，农业人口 25.95 万人。该流域位于广州市番禺区的中心地带，濒临港、澳，地理位置优越，交通便捷。改革开放以来，该区发挥得天独厚的地理位置优势，坚持以经济建设为中心，在发展外向型经济的同时，大力发展集体和个体经济。目前，该区经济发展迅速，工业发达，外向型企业、镇村工业已具规模，初步形成以电子电器、精细化工、纺织服装、装备制造等为特色行业的外向型经济体系，房地产开发效益显著；大规模、产业化的水产养殖和现代化的花卉种植颇具特色，农业正朝向现代化方向发展。随着市桥河流域经济的持续快速发展，亚洲最大的火车站—新广州火车站和珠江三角洲最大的物流中心—汉溪物流中心将落户钟村镇。火车站的站址建设已获国务院批准立项，并已开工建设。伴随着新广州火车站和汉溪物流中心的兴建，地铁二号线、地铁三号线、未来地铁七号线、即将动工的广州至珠海城际铁路、规划中的广州西部快速干线等都将经过这里。轻轨、地铁、公路四通八达，而且多条高速公路还直接通往香港、澳门特别行政区等地，市桥河流域正成为经济、商贸、旅游和交通中心。

根据广州城市建设总体战略规划，未来的广州将从传统的"云山珠海"自然格局跃升为具有"山、城、田、海"特色的大自然格局，并逐步发展成为一个既适宜创业发展又适宜居住生活的生态城市。番禺区作为广州未来新海滨城市的中心，迫切需要城市的基础设施建设、资源开发利用、环境保护、生态改善等各方面同其功能相适应。

4.1.2　现状排涝工程布局

钟村镇排涝区西侧为陈村水道,排涝区内较大河涌为屏山河和幸福涌,其中幸福涌为屏山河的一级支流,屏山河向南汇入市桥水道,排涝区内大部分洪涝水需通过屏山河排向外江。目前,钟村镇排涝区现状排涝设施有陈头水闸、西海嘴水闸、西码头水闸、韦涌水闸、屏山河水闸,在西海嘴水闸和韦涌水闸分别设有泵站,设计排涝流量分别为 $15m^3/s$ 和 $5m^3/s$。其中幸福涌排涝片集雨面积 $13.38km^2$,在幸福涌入屏山河的入口处设有新涌水闸和幸福涌水闸,并在新涌水闸设有泵站,设计排涝流量为 $2m^3/s$。胜石河排涝片集雨面积 $16.74km^2$,在海棠涌入屏山河的入口处设有海棠涌水闸,并设有海棠沙泵站,设计排涝流量 $2.1m^3/s$。钟村镇排涝区现状排涝工程基本情况见表 4.1-1。

表 4.1-1　　　　　　　　钟村镇排涝区现状排涝工程基本情况表

水闸名称	所在河流	所在堤围	闸孔尺寸		闸底高程/m	泵站流量/(m³/s)	修建年份
			孔数	净宽/m			
陈头水闸	陈村水道	石龙联围	1	6	−1.80		1952
西海嘴水闸	陈村水道	石龙联围	1	8	−1.80	15 (50)	1998
西码头水闸	陈村水道	石龙联围	1	2.5	−0.50		1960
韦涌水闸	陈村水道	石龙联围	1	3	−0.70	5	1952
屏山河水闸	屏山河	石龙联围	9	50	−3.00		1993
幸福涌水闸	内涌	石龙联围	2	8	−1.30		1960
海棠涌水闸	屏山河	石龙联围	1	4	−2.00	2.1	1960
公安城水闸	屏山河	石龙联围	1	4	−1.00		1960
新涌水闸	屏山河	石龙联围	1	4	−1.00	1.8	1960
都那农场水闸	内涌	石龙联围	1	3.3	−1.10	1.6	1996

4.1.3　现状排涝工程存在的问题

(1) 由于排涝标准偏低,不能满足社会经济持续发展排涝要求。根据《广州城市建设总体战略概念规划纲要》的要求,广州市发展战略目标为:坚持实施可持续发展战略,实现资源开发利用和环境保护相协调,促进产业化水平的提高和经济健康发展,并保持社会稳定;充分发挥中心城市政治、文化、商贸、信息中心和交通枢纽等城市功能,巩固和提高广州作为华南地区的中心城市和全国的经济、文化中心城市之一的地位与作用,使广州在 21 世纪发展成为一个高效、繁荣、文明的国际性区域中心城市,一个适宜创业发展又适宜居住生活的山水型生态城市。广州城市总体规划将广州市划分为五个片区,即都会区、南沙片区、花都片区、增城片区和从化片区。番禺区沙湾水道以北地区以及沙湾水道以南的东涌镇部分地区,划入都会区;其余部分划为南沙片区。市桥河流域属于沙湾水道以北地区,划入都会区。

市桥河流域钟村镇排涝区集雨面积 $43.86km^2$,现状为农村排涝标准,排涝能力为 10 年一遇 24h 暴雨遭遇 5 年一遇高潮水位 72h 排完。

(2) 现状河涌淤积严重,过流断面缩窄,过流能力偏低。屏山河和幸福涌为钟村镇排涝区的主要排涝通道,现状河涌范围内均有所淤积,河涌两侧生活废弃物在河涌内堆放,也缩窄了河涌的过流断面，部分断面已缩窄至 2.5~4.0m 左右，已严重影响了该地区的排涝行洪安全。海棠涌和胜石河是胜石河排涝片的主要排涝通道，承泄该排涝区的洪涝水进入屏山河。胜石河排涝片上游为山区，汇流面积较大，在发生较大洪水时，由于河道过洪断面偏小，洪水常不能顺畅入屏山河，从而在胜石河下游地区造成比较严重的洪涝灾害，有的厂区淹没水深达 1.0m 左右。

（3）现有水闸及泵站老化，影响正常排涝运行。钟村镇排涝区内现有的部分水闸及泵站，普遍存在设备陈旧、外观破旧、自动化程度低等问题。其中新涌水闸、幸福涌水闸、海棠涌水闸、新涌泵站、海棠沙泵站基本上都修建于较早年代，或者缺乏合理的排涝过流能力的论证，设备陈旧，自动化程度较低，已经影响到该地区的正常排涝运行。

（4）缺乏合理的水闸及泵站调度运行方式。目前，钟村镇排涝区的排涝主要通过西海嘴水闸和西海嘴泵站等排往陈村水道，以及通过屏山闸排往市桥水道，幸福涌的新涌水闸和幸福涌水闸以及海棠涌的海棠涌水闸缺乏合理的调度运行方式。新客站工程建成以后，随着幸福涌和屏山河的综合治理，以及胜石河排涝片排涝工程的逐步完善，钟村镇排涝区将成为相对独立的一个排涝分区，保证该排涝区的排涝安全。

4.1.4 工程建设的必要性和迫切性

（1）提高钟村镇排涝标准是满足该地区经济发展的需要。钟村排涝区现状为农村排灌标准，排涝能力为 10 年一遇 24h 暴雨遭遇外江 5 年一遇洪潮水位 3d 排干，目前的排涝能力已不适应城市建设发展的要求。同时，广州市新客站位于钟村镇石壁村，目前已开工建设。根据《广州铁路新客站地区防洪排涝规划》，确定广州新客站地区排涝标准为 20 年一遇 24h 暴雨一天排干不受灾，其与钟村涝区的排涝标准相同。

（2）进行河涌综合治理是增大河涌过流能力的需要。屏山河、幸福涌作为钟村涝区的主排河涌，同时也是新客站的配套工程，其建设对于保护广州铁路新客站乃至钟村涝区免受涝水淹灾将具有重要意义，尽早建设广州铁路新客站地区排涝工程将是该地区工程建设的重要任务之一。屏山河、幸福涌作为该区排涝工程的一部分，且是该片区的主排河道，其安危将直接关系到新客站乃至中村镇的安危，对其整治已刻不容缓。

（3）新建扩建部分泵站是满足该地区排涝要求的需要。按照《市桥河水系综合整治规划修编报告》和《广州市番禺区水系规划报告》的要求，市桥水道修建雁州水闸后，随着屏山河的综合治理和堤防的建设，以及西海嘴泵站的扩建，屏山河最高控制水位为 2.0m，但幸福涌排涝片和胜石河排涝片的最高控制水位为 1.5m，这将增加两个排涝区的排涝压力。另外，随着新客站地区的开发建设，以及附近地区的城市化建设进程，钟村镇排涝区的水面率和河网调蓄能力也会有所降低，加上该地区排涝标准的提高，该排涝区的排涝水量将增加很多。所以，合理的新建泵站，并对部分泵站进行改建扩建，增加泵站的排涝流量，是满足该地区排涝要求的需要。

（4）建立合理的泵闸联合调度方式是优化排涝调度运行的需要。钟村镇排涝区排涝工程建成后，该排涝区将成为相对独立的排涝片区。排涝区内水闸除了排涝需求外，还要考虑到该地区的景观要求和生态需要，加上外江潮位的顶托，该地区的排涝系统的运行是比较复杂的。所以，建立一套基于保证该地区排涝安全和多目标综合达标的水闸泵站联合调度运行方式，是非常必要的。

（5）钟村镇排涝区排涝工程建设是新客站建设的迫切需求。根据广州市番禺区城市建设规划，位于钟村镇幸福涌排涝片的广州市新客站和胜石河排涝片的相应配套工程，已经陆续开工建设，工程施工期间和建成以后，该排涝片区的排涝运行将关系到新客站的排涝安全。所以，尽快建成该地区的排涝工程体系和合理的泵闸联合调度方式，是非常必要且迫切的。

综上所述，为保护人民生命财产的安全和促进地区经济的持续发展，满足城市现代化和建设生态城市的高标准要求，进行钟村镇排涝区排涝工程建设并建立合理的泵闸联合调度运行方式是非常必要的，也是非常迫切的。

4.2 工程开发任务

根据钟村镇排涝区的洪涝特性和城市建设规划，针对目前钟村镇排涝区开发治理中存在的突出问题，结合番禺区经济社会发展的需要，考虑城市防洪、排涝、景观、生态水利相结合的特点，确定新涌水闸（泵站）工程的开发任务为：防洪潮、排涝为主，结合维持景观和生态换水要求。

（1）防洪潮。新涌水闸位于幸福涌排涝片，当屏山河水位较高时，关闭闸门，具有挡洪防潮功能，防止幸福涌排涝片造成洪潮灾害。

（2）排涝。随着广州市"南拓"战略的逐步实施和番禺区城市建设的持续推进，提高排涝设计标准，满足该地区的排涝要求，保证该排涝区在设计标准范围不受洪涝灾害，减少洪涝灾害损失，是本次工程建设的主要任务。

（3）维持景观和生态换水要求。新涌水闸（泵站）工程在满足防洪潮、排涝的前提下，以"人水和谐"为规划设计理念，使幸福涌以及新客站新开河涌水系成为景观型河道，并结合水环境治理的需要，改善城市水生态环境，科学调度水利工程，加快内外河道水体交换，改善水环境。

4.3 规划目标及工程布局

4.3.1 规划目标

新涌水闸（泵站）工程建设的总体规划目标为：建成满足钟村镇排涝区排涝需求的排涝工程体系，制定比较合理的泵闸联合调度运用方式，实现城市防洪排涝安全、城市景观需要和水生态环境安全的总体目标。

4.3.2 设计原则

该排涝区内排涝工程建设的总体原则确定为："因地制宜、尊重现状、统筹兼顾、突出治涝、重视水环境与生态、综合利用"。主要的设计原则如下：

（1）排涝区排涝工程的布局统筹考虑河涌整治、水闸和泵站建设，并使水闸、泵站的规划设计与河涌的整治规模相协调。

（2）对于不能满足相应排涝标准要求的现状河涌，需要进行整治。

（3）对于河涌整治后，自排条件下，河涌出口水闸设计和河涌整治断面通过设计相应设计排涝标准的洪峰流量，强排条件下，通过泵站的运行，河涌整治后的涌容满足相应排涝标准的调蓄要求，河涌水位不超过最高控制水位。

（4）河涌整治尽量不改变现状河涌流势，河涌岸线应平顺；新开河涌必须要满足该地区的水面率要求和调蓄涌容要求。

4.3.3 排涝标准

根据《广州市番禺区水利现代化综合发展规划报告》（2007 年 6 月，武汉大学，广州市番禺区水利局），番禺区规划水平年近期为 2010 年，远期为 2020 年。由于广州市番禺区城市功能以及土地利用方式的变化，番禺区的排涝任务将由过去以农田排涝为主，转向城市排水为主，其设计排涝标准不分远近期，一律按远期水平年确定标准。排涝标准的确定主要考虑城市功能区划，根据《广东省人民政府办公厅转发国务院办公厅转发水利部关于加强珠江流域近期防洪建设若干意见的通知》（粤府办 ［2002］ 95 号）、《广东省防洪（潮）标准和治涝标准（试行）》（粤水电总字 ［1995］ 4 号）、《广州市城市防洪（潮）规划》及广东省人民政府《关于广州市防洪（潮）规划的批复》（粤府函 ［1998］ 51 号）文件规定。不同功能区的排涝标准如下：

调整完善区和重点发展区：20 年一遇 24h 设计暴雨 1d 排完。

农业发展区及生态文化旅游区：10 年一遇 24h 设计暴雨 1d 排完。

镇区和工业区：20 年一遇 24h 设计暴雨 1d 排完。

农田及生态保护区：10 年一遇 24h 设计暴雨 1d 排完。

根据以上标准，沙湾水道以北的地区，钟村镇排涝区在内的石龙围所保护的区域采用 20 年一遇 24h 设计暴雨 1d 排完的标准，但钟村镇区内，还规划有部分农田和生态保护区，对这部分区域，其排涝标准可以降低，采用 10 年一遇 24h 设计暴雨 1d 排完。

根据《番禺区钟村镇总体规划》的要求，2005—2020 年水平年，番禺区钟村镇将新建广州市新火车站工程，其中胜石河排涝片规划为新客站地区的配套用地，幸福涌排涝片亦将有大部分地区规划为商业用地和Ⅰ类、Ⅱ类居住用地，仅有临近陈村水道的小部分地区和新客站以南至屏山河的部分地区规划为农业用地。考虑到番禺区钟村镇的经济发展现状和未来发展趋势和可持续发展要求，且规划农业用地占钟村镇排涝区面积比例较小，仅为钟村镇排涝区的 10％左右。因此，本次将钟村镇排涝区排涝标准确定为 20 年一遇 24h 设计暴雨 1d 排完。

4.3.4 方案设置

根据钟村镇排涝区的地理地形条件和城市规划建设情况，结合该排涝区的洪涝形势和排涝需求，考虑该排涝区的洪潮特性和现状排涝工程特点，按照本次的设计原则，切实考虑地方政府及水利部门的意见，在将钟村镇排涝区作为一个整体考虑的前提下，设置钟村镇排涝区的排涝方案如下：

（1）充分依据《市桥河水系综合整治规划修编报告》和《广州铁路新客站地区防洪排涝规划》，钟村排涝区在现状基础上，扩建西海嘴泵站（扩建后泵站流量 50m³/s），维持屏山河水位不超过 2.0m；在汇入屏山河的支流出口处均新建水闸，必要的地方设置泵站。对于幸福涌以西地区，维持现状排涝规模；对于新客站地区，新客站地区新开 1～5 号河涌，并在河涌汇入屏山河和幸福涌的入口处新建水闸；对于胜石河片区，考虑到胜石河山洪频发且洪峰流量较大的情况，将胜石河和海棠涌连通，并对海棠涌进行扩宽整治，共同承泄胜石河上游的洪水，在胜石河和海棠涌入屏山河口处分别设置水闸和泵站；

（2）钟村排涝区在现状基础上，扩建西海嘴泵站（扩建后泵站流量50m³/s），维持屏山河水位不超过2.0m，在汇入屏山河的支流出口处均新建水闸，必要的地方设置泵站；对于幸福涌以西地区，重建西码头水闸，新建西码头泵站，以减轻幸福涌地区的排涝压力；考虑到新客站5号河涌地区征地的不可行性，并经过与番禺水利局协商，取消5号河涌；对于胜石河片区，考虑到胜石河山洪频发且洪峰流量较大的情况，将胜石河和海棠涌连通，并对海棠涌进行扩宽整治，共同承泄胜石河上游的洪水，在胜石河和海棠涌入屏山河口处分别设置水闸和泵站；

（3）钟村排涝区在现状基础上，扩建西海嘴泵站（扩建后泵站流量50m³/s），维持屏山河水位不超过2.0m，在汇入屏山河的支流出口处均新建水闸，必要的地方设置泵站；对于幸福涌以西地区，重建西码头水闸，新建西码头泵站，以降低幸福涌地区的排涝压力；考虑到新客站5号河涌地区征地的不可行性，并经过与番禺水利局协商，取消5号河涌；对于胜石河片区，考虑到海棠涌两岸地面高程较低，且与地方政府部门协商，海棠涌与胜石河不连通，分别承泄各自排涝区内的洪涝水，对胜石河下游地区进行重点扩宽和整治。方案设置比较情况见表4.3-1。

表4.3-1　　　　　　　　　钟村镇排涝区排涝方案设置比较情况表

方案 排涝区	一	二	三
钟村镇排涝区	扩建西海嘴泵站	扩建西海嘴泵站	扩建西海嘴泵站
幸福涌以西片区	维持西码头水闸、韦涌水闸及泵站现状规模，重建西码头水闸	重建西码头水闸，新建西码头泵站，维持韦涌水闸及泵站现状规模	重建西码头水闸，新建西码头泵站，维持韦涌水闸及泵站现状规模
新客站地区	新开1~5号河涌	取消5号河涌	取消5号河涌
胜石河片区	将海棠涌和胜石河连通	将海棠涌和胜石河连通	海棠涌和胜石河不连通

4.3.5　工程布局

根据钟村镇排涝区的地理地形条件和城市规划建设情况，结合该排涝区的洪涝形势和排涝需求，考虑该排涝区的洪潮特性和现状排涝工程特点，钟村镇排涝区排涝工程建设将形成以屏山河和幸福涌为主要排涝通道，以屏山闸以上为一级排涝区，石三河排涝片、幸福涌排涝片、胜石河排涝片、钟屏环山河排涝区为二级排涝区，新客站排涝片为三级排涝区的总体排涝工程布局。通过内部各排涝区之间相互协调，优化调度，以满足排涝工程体系的总体需要。

（1）屏山闸以上排涝区。钟村镇排涝区的主要设计范围也即为屏山闸以上排涝区，排涝范围内主要排涝设施包括位于外江的陈头水闸、西海嘴水闸、西码头水闸、韦涌水闸，位于屏山河的屏山水闸，泵站包括扩建后的西海嘴泵站和韦涌泵站，洪涝水通过外江水闸和泵站排向陈村水道，通过屏山水闸排向市桥水道。

（2）石三河排涝片。石三河排涝片是屏山河排涝区的二级排涝区，排涝范围内主要排涝设施包括临界陈村水道的陈头水闸和临界屏山河的公安城水闸。

（3）幸福涌排涝片。幸福涌排涝片为屏山河排涝区的二级排涝区，排涝范围内主要排涝设施包括位于外江的西码头水闸、韦涌水闸，以及临界屏山河的新涌水闸和幸福涌水闸，新客站地区新开河涌规划水闸，洪涝水通过外江水闸和泵站排向陈村水道，通过新涌水闸、幸福涌水闸和新客站水闸排向屏山河，通过屏山河排向市桥水道。为了保证幸福涌排涝片区的排涝安全，拟定在新客站排涝片和新涌水闸处分别设立泵站，在屏山河水位较高时，泵站相机运行，降低幸福涌排涝片的洪涝水位。

（4）胜石河排涝片。胜石河排涝片为屏山河排涝区的二级排涝区，排涝范围内主要排涝设施包括临界屏山河的胜石河水闸、海棠涌水闸，水流排向屏山河后通过屏山河排向市桥水道。拟定在海棠涌水闸处设立泵站，在屏山河水位较高时，泵站相机运行，降低该排涝区的洪涝水位。对于胜石河片区，设计将海棠涌和胜石河连通与不连通两种布局方案。

（5）钟屏环山河排涝区。钟屏环山河排涝区为屏山河排涝区的二级排涝区，排涝范围内主要排涝设施为钟屏环山水闸，并拟定在钟屏环山水闸处设立泵站，在屏山河水位较高时，泵站相机运行，降低该排涝区的洪涝水位。

（6）新客站排涝片。新客站排涝片本次作为屏山河排涝区的三级排涝区，排涝范围内排涝设施包括规划的临界屏山河的 3 号水闸和规划的临界幸福涌的 1 号闸，通过 1 号水闸排向幸福涌后，再从屏山河排向市桥水道。为了保证新客站地区的排涝安全，拟定在新客站 3 号水闸设立泵站，在屏山河水位较高时，泵站相机运行，降低该地区的洪涝水位。对于新客站排涝片，本次设置保留 5 号河涌和取消 5 号河涌两种布局方案。

4.4 工程规模论证技术途径

根据钟村镇排涝区的排涝分区特点和城市建设规划情况，以及新客站地区排涝的重要性，考虑到排涝工程设计包括河涌整治和水闸及泵站设计等几个方面，本次采用的技术途径简述如下：

（1）分析现状河涌的过流能力和规划排涝要求，考虑到河涌景观需要，规划河涌断面，以满足相应排涝区内发生设计标准的洪涝水时的过流要求。

（2）分析现有河涌的调蓄涌容和规划河涌的水面率，以满足该排涝区城市化建设引起的水面率下降和排涝标准提高而造成的排涝洪量增加的调蓄要求。

（3）确定水闸和泵站规模采用两种方法相互验证的基本思路。

1）以水量平衡为原则，利用"平湖法"在排涝计算中各排涝区水量平衡的优点，经过试算，初步拟定各排涝区的水闸宽度和泵站设计流量。

2）利用"数学模型法"在河网水面线计算中各河段及节点水量平衡的优点，复核规划河道的过流能力，并对初步拟定的水闸宽度和泵站流量进行复核计算，从而最终确定本次排涝分析计算的排涝规模。

4.5 河涌整治

4.5.1 河涌基本情况

钟村镇排涝区主要河涌为屏山河、石三河、幸福涌、胜石河、海棠涌、钟屏环山河等6 条河涌。几条河涌的现状基本情况见表 4.5-1。

表 4.5-1　　　　　　　钟村镇排涝区主要河涌基本情况统计表

镇名	序号	河涌名称	所在联围	排涝标准	河涌情况		
					长/m	宽/m	类别
钟村镇	1	屏山河	石龙围	20年一遇24h 设计暴雨 1d排完	7940	70	一
	2	石三河			2590	15	二
	3	幸福涌			4450	30	二
	4	胜石河			2150	30	二
	5	海棠涌			2975	30	二
	6	钟屏环山河			4000	20	二

新涌水闸位于幸福涌上，幸福涌两侧地势较平坦，地面高程一般为0.50~0.90m。左岸上游背河侧多为苗圃地，局部为蕉林和鱼塘，鱼塘内地面高程一般为-0.50~0.20m；左岸下游背河侧为施工地。右岸背河侧多为苗圃地和鱼塘，局部为村庄和施工地，鱼塘内地面高程一般为-0.40~0.10m。河涌两岸有的地段无明显堤防，有的地段为黏性土堆筑的简易堤防，临河面多未经护坡处理，堤顶高程一般为1.10~2.00m。河涌宽度一般为4.50~19.90m，最窄处为2.50m，涌底高程-1.00~-2.30m。

4.5.2　河涌整治工程建设规模

河涌整治工程的主要内容为：河涌底泥清淤疏浚、生态河堤整治、河堤沿线截污工程和景观节点等。

河涌整治范围：河涌整治工程的整治范围为屏山河、幸福涌、胜石河、海棠涌。其中幸福涌的整治长度4450m。

河涌设计标准：幸福涌整治标准按使钟村涝区达到20年一遇24h设计暴雨1d排完不成灾的排涝标准，相应内河涌堤防按20年一遇防洪标准设计。

4.5.3　河涌过流能力

（1）河涌规划断面。根据河涌的现状情况，按照整治设计原则，采用相应标准的设计洪水来规划设计河涌的过流断面，复核河涌的过流能力和排涝区的调蓄涌容。经试算和比较分析，初步拟定胜石河的整治断面为复式断面，河涌最小开口宽为30m，清淤后河底平均比降为0.22‰。

（2）计算方法。对于河涌现状和规划河涌的过流能力，采用计算天然河道水面曲线的方法，来复核河涌的过流能力。河道水面线采用伯努利能量方程，考虑流速水头损失，试算法求解，计算式（4.5-1）为：

$$Z_1 + \frac{\alpha_1 V_1^2}{2g} = Z_2 + \frac{\alpha_2 V_2^2}{2g} + \Delta h_f + \Delta h_j \qquad (4.5-1)$$

式中　Z_1，Z_2——断面1、断面2的水位；

　　　V_1，V_2——断面1、断面2的流速；

　　　α_1，α_2——断面1、断面2的动能校正系数；

　　　h_f，h_j——沿程水头损失与局部水头损失。

（3）幸福涌过流能力计算。对于幸福涌的河道现状，采用2008年的实测断面，自上游至下游选择共 8 个典型断面,计算幸福涌的现状过流能力。现状河道平均比降为 0.2‰。对于规划河道,以尽量不扩宽为原则,并进行河道清淤,河道断面拟定为梯形断面,最小开口宽 30m,边坡采用 1:3,清淤后河道比降为 0.22‰。洪峰流量采用幸福涌排涝片的设计洪峰流量。幸福涌排涝片 20 年一遇洪峰流量 122m³/s,考虑到西码头水闸、韦涌水闸的排涝作用后,幸福涌采用 55.7m³/s 作为出口流量控制,水流流向自新涌水闸至幸福涌水闸排出至屏山河。幸福涌河道现状及规划河道过流能力计算成果见表 4.5-2。

表 4.5-2　　　　　　　　　幸福涌河道现状及规划河道过流能力计算成果表

断面桩号	10 年一遇		20 年一遇			现状最大过流能力	
	流量 /(m³/s)	现状河道 水位/m	流量 /(m³/s)	现状河道 水位/m	规划河道 水位/m	堤顶高程 /m	过流能力 /(m³/s)
4+450	49.9	0.88	55.7	1.10	1.04	1.10	55.7
3+600	47.2	0.78	55.7	1.21	1.08	1.50	67.4
3+000	42.4	1.06	53	1.33	1.15	1.30	51.8
2+150	22.4	1.49	28	1.55	1.31	1.00	20.3
1+300	23.2	1.62	28	1.65	1.37	0.50	15.3
0+600	18.4	1.74	23	1.83	1.43	0.70	12.7
0+000	16.8	1.81	21	1.93	1.48	1.50	16.0

按照《广州市番禺区水利现代化综合发展规划报告》,幸福涌最高控制水位为 1.5m。从表 4.5-2 可知,幸福涌现状河道自桩号 2+150~0+000 河段过流能力明显不足。按照规划河道的断面型式和清淤后的河道比降,规划河道的过流能力满足该排涝区的过流要求。

4.5.4　河涌调蓄能力

钟村镇排涝区现状条件下,除了屏山河、幸福涌等河涌及河网的调蓄之外,在新客站地区、幸福涌以西的地区都有较多的水塘、水田可以在暴雨期间参与调蓄。根据《广州市番禺区水系规划》,番禺区现状水面率为 19.6%。其中钟村镇排涝区现状水面率为 17.8%,其中河涌面积为 1.16km²,河道面积为 1.55km²,水塘面积为 5.08km²,合计水面面积 7.79km²。根据《市桥河水系综合整治规划修编报告》,钟村排涝区现状河涌(含鱼塘)水面面积 11.43km²,现状水面率 26.1%。本次分析对钟村镇排涝区的现状水面率重新进行了复核,复核结果与《广州市番禺区水系规划》的水面率接近,所以,本次分析中,钟村镇排涝区现状水面率仍采用 17.8%。

随着番禺区城市化建设的加快,大量城市化区将取代现状的农业区,区内大量可调蓄的水塘、低洼水域面积以及农田面积将被征用为城市建设用地,区域内水面率将降低,调蓄能力将减弱。新客站建成以后,该地区城市化建设程度增高,新客站地区以火车站发展用地和配套用地为主,水面率远远不能满足新客站地区排涝调蓄要求,也增大了钟村镇排涝区的排涝压力。

根据《广州铁路新客站地区防洪排涝规划》的要求,新客站规划建设用地 11.4km²,新开河涌以后,规划在新客站建设用地保持一定调蓄水面面积,水面率为 4.5%,规划水

面面积为 $0.51km^2$。如果新客站规划用地范围内现状水面率也按 17.8% 考虑，则新客站现状水面面积约为 $2.03km^2$。新客站建设以后，新客站地区水面面积减少 $1.52km^2$，钟村镇排涝区水面面积减小为 $6.27km^2$，水面率减少为 14.3%，比现状水面率减少 3.5%，折算为调蓄涌容约为 80 万 m^3。新客站建成前后钟村镇排涝区水面率变化情况见表 4.5-3。

表 4.5-3　　　　　　　新客站建成前后钟村镇排涝区水面率变化情况表

项目 排涝区	集水面积 /km²	水 面 率/%		
		新客站建成前	新客站建成后	变化幅度
新客站地区	11.4	17.8	4.5	−13.3
钟村镇排涝区	43.86	17.8	14.3	−3.5

通过对屏山河和幸福涌进行整治，对过流能力不足的断面进行适当扩宽和清淤，以增加过流能力和调蓄涌容。根据河涌整治的断面分析，屏山河和幸福涌整治后比现状水面面积基本上维持现状，但河涌调蓄涌容比现状增大。现状条件下，屏山河 2.0m 以下和幸福涌的 1.5m 以下的调蓄涌容分别为 182.9 万 m^3 和 42.3 万 m^3，合计为 225.2 万 m^3；整治以后相应的调蓄涌容分别为 276.6 万 m^3 和 58.7 万 m^3，合计为 307.9 万 m^3，共增大 82.7 万 m^3。

4.6　排涝计算

4.6.1　基本原理

钟村镇排涝区除了胜石河排涝片的上游地区以外，各排涝片区内地势平坦，河涌密布，而且各河涌比降较小，分区面积不大，水流流向不定，河涌滞蓄能力较强。所以，将钟村镇排涝区的河网概化为等容积的湖泊考虑，蓄排演算采用"平湖法"进行。

"平湖法"的基本计算原理为：

河网滞蓄水量：

$$V_2 = V_1 + \frac{q_1 + q_2}{2}T - \frac{Q_1 + Q_2}{2}T \qquad (4.6-1)$$

式中　V_1，V_2——时段初、时段末滞蓄水量，m^3；

　　　q_1，q_2——时段初、时段末涝水流量，m^3/s；

　　　Q_1，Q_2——时段初、时段末排水流量，m^3/s；

　　　　T——计算时段，h。

计算时，首先将屏山闸以上排涝区作为一级排涝区，进行调蓄计算，得到内河水位过程，然后将此内河水位过程作为二级排涝区的外江水位过程，进行二级排涝调蓄计算，得到二级排涝区的内河水位过程。

4.6.2　计算方法

（1）水闸排涝能力计算。水闸自排流量按宽顶堰淹没出流考虑，水闸排水流量的计算，根据淹没度不同，分别采用不同计算公式。

淹没度小于 0.9 时，采用式（4.6-2）为：

$$Q = B_0 m\varepsilon\sigma\sqrt{2g}H_0^{3/2} \qquad (4.6-2)$$

式中 B_0——闸孔总净宽;

Q——过闸流量, m^3/s;

σ——堰流淹没系数,计算公式见《水闸设计规范》（NB/T 35023—2014）附录 A;

ε——堰流侧收缩系数,计算公式见《水闸设计规范》（NB/T 35023—2014）附录 A,粗略可按 0.9~0.95 计;

m——堰流流量系数,0.385（仅限于无坎高的平底宽顶堰）;

H_0——计入行进流速水头的堰上水深,m。

当淹没度不小于 0.9 时,采用式（4.6-3）为:

$$Q = B_0 \mu_0 h_s \sqrt{2g(H_0 - h_s)} \qquad (4.6-3)$$
$$\mu_0 = 0.877 + (h_s/H_0 - 0.65)^2$$

式中 Q——过闸流量, m^3/s;

B_0——闸孔总净宽,m;

μ_0——淹没堰流的综合流量系数;

H_0——堰上水深,m;

h_s——下游水深,m。

（2）泵站设计流量计算。泵站抽排按涝区积水总量和设计排涝历时进行计算。

$$Q = \frac{W}{3600T} \qquad (4.6-4)$$

式中 Q——泵站设计流量, m^3/s;

W——设计涝水量, m^3;

T——设计排涝历时,h。

在实际分析计算中,由式（4.6-4）计算的泵站设计流量作为初值,结合闸排联合计算最终确定泵站设计流量。

4.6.3 计算条件

（1）河涌最高控制水位。钟村镇现状地面高程多在 0.50~2.00m,低洼地为 0.5m 及以下,但大部分为鱼塘和苗圃地,居民区在 1.5m 以上。根据《广州市番禺区水利现代化综合发展规划报告》和《市桥河水系综合整治规划报告》,将钟村镇排涝区的最高控制水位定为 1.50m,屏山河最高控制水位确定为 2.0m,幸福涌、石三河等河涌最高控制水位确定为 1.50m,对于方案一和方案二,胜石河、海棠沙涌最高控制水位确定为 1.5m,对于方案三,胜石河最高水位确定为 2.0m,海棠沙涌最高控制水位确定为 1.5m。

（2）河涌起调水位。根据《广州铁路新客站地区防洪排涝规划》和《市桥河水系综合整治规划报告》的要求,屏山闸以上排涝区域内起调水位为-0.5m。本次分析河涌起调水位首先应该满足该地区的排涝要求,然后根据该地区能满足景观要求、亲水要求和水环境需要,排涝时河涌常水位确定为 0.2m,以利于外江低潮时自流抢排。为尽量减轻涝灾,减小泵、闸规模,在排涝时可预泄河涌水量,即在暴雨洪水之前,将河涌水位预泄至-0.5m。

（3）河涌水位—容积关系曲线。在本次设计中,屏山河、幸福涌需要进行综合治理,

48

对河道进行清淤和拓宽，并修建堤防。河涌的涌容曲线分别按现状河涌和规划河涌两种情况考虑。现状条件下，主要河涌的容积曲线根据1:500实测平面图量取，较小河涌采用1:10000航测图概化；规划条件下，根据规划河涌断面底高程按河道清淤后计算，河道断面按梯形断面概化。屏山河上段现状河涌开口宽可以满足过流要求，不需要进行扩宽，只进行必要的清淤疏浚，屏山河下段现状河涌开口宽不能满足过流要求，需要进行必要的扩宽和清淤疏浚，清淤后底部高程为-2.80～-1.60m；幸福涌现状河涌开口在10m左右，难以满足过流要求，需要进行必要的扩宽和清淤疏浚，根据设计过流能力的要求，幸福涌的开口宽度统一设计为30m，清淤后底部高程为-2.35～-1.36m。钟村镇排涝片区现状河道和规划河道不同条件下，河涌水位—容积关系见表4.6-1。

表4.6-1　　　　　　　钟村镇各排涝片区河涌水位—容积关系表　　　　单位:万m³

水位/m	钟村镇排涝区		石三河排涝片	幸福涌排涝区		胜石河排涝区		钟屏环山排涝区		都那排涝区		谢石分洪排涝片	新客站排涝片	海棠沙排涝区
	现状	规划	现状	现状	规划	现状	规划	现状	规划	现状	规划	规划	规划	现状
-2.40	0.6	7.1			0.1		0.024							
-2.20	2.5	21.8			0.5	0.00	0.315							
-2.00	5.7	37.5		0	1.7	0.04	0.942						0	0
-1.80	13.8	55.3	0	3.6	4.886	0.11	1.898						0.086	0.148
-1.60	23.7	75.2	0.1	7.5	10.30	0.21	3.064						0.301	0.311
-1.40	36.3	96.9	0.5	12.7	17.52	0.34	4.346						0.516	0.485
-1.20	51.3	119.8	1	18.7	25.67	0.51	5.759	0	0				0.774	0.668
-1.00	70.9	143.7	1.8	25.1	34.58	0.91	7.288	2.4	3.7	0			1.075	0.862
-0.80	92.6	168.6	2.7	32	44.02	1.63	8.952	4.6	7	0.4			1.419	1.115
-0.60	115.4	194.3	3.6	39.2	54.01	2.49	10.79	6.7	10.4	1.0			1.806	1.422
-0.40	138.8	220.8	4.6	46.6	64.52	3.49	12.90	9	13.8	1.6	0		2.322	1.767
-0.20	162.7	247.6	5.5	54.4	75.38	4.62	15.05	11.3	17.3	2.2	0.227		2.881	2.147
0	187.5	275.2	6.5	62.4	86.87	5.96	17.25	13.8	21.3	2.8	0.336		3.569	2.562
0.20	203.4	303.0	7.4	70.7	98.60	7.53	19.48	17	26.1	3.5	0.508		4.300	3.031
0.40	229.9	331.8	8.4	79.2	110.8	9.31	22.06	20.3	31.2	4.2	0.743		5.160	3.680
0.60	251.5	360.9	9.4	87.9	123.2	11.30	24.69	23.8	36.6	4.9	1.039		6.063	4.450
0.80	274.3	392.7	10.4	96.7	136.0	13.40	27.38	27.6	42.5	5.6	1.397		7.052	5.255
1.00	298.3	426.2	11.4	105.7	149.1	15.80	30.13	31.8	48.9	6.3	1.817		8.170	6.218
1.20	323.3	459.7	12.4	113.4	160.6	18.30	32.94	36.5	56.2	7.0	2.301		9.331	7.874
1.40	348.2	498.2	13.4	121.6	172.4	21.16	35.80	41.8	64.4	7.7	2.850		10.58	10.12
1.50	365.0	527.3	13.9	125.3	179.7	22.50	37.25	45	69.2	8.2	3.464		12.56	11.30
1.60	375.5	542.8	13.9	125.3	179.7	22.50	38.73	45	69.2	8.2	3.804		12.56	12.53
1.80	386.4	562.4	13.9	125.3	179.7	22.50	41.72	45	69.2	8.2	4.143		12.56	15.08
2.00	397.8	587.5	13.9	125.3	179.7	22.50	44.78	45	69.2	8.2	4.890		12.56	17.71

（4）外江水位。对于临界陈村水道的西海嘴水闸、西码头水闸、韦涌水闸处的外江水位过程，采用以大石站为依据站，以三沙口站典型潮型为潮型的多年平均高潮位过程和多年平均最高潮位过程二种潮位过程。对于屏山闸处的外江水位过程，由于其位于市桥水道支流屏山河上，距离屏山河口尚有一段距离，所以需要重新分析。通过对《市桥河水系综合整治修编报告》中雁洲水闸修建后的调蓄计算结果分析，雁州水闸以上流域20年一遇洪水遭遇外江5年一遇潮位过程时，雁州水闸以上内河最高水位为2.05m，内河最低水位为—0.92m。本次采用钟村镇排涝区陈村水道外江潮位过程最高潮位2.15m，最低潮位—0.71m，与雁州水闸的闸前水位过程接近，并偏于不利情况。所以对于屏山河水闸的设计外江水位过程仍采用陈村水道的外江潮位过程。

（5）内涝洪水和外江水位组合。在内河涌涝水与外江潮位组合方面，本次对以下两组水文组合分别进行调蓄计算。水文组合一：排涝区20年一遇洪水过程的洪峰，遭遇外江高潮位均值过程，洪峰与潮峰同时遭遇，计算自排情况下的水闸规模；水文组合二：排涝区20年一遇洪水过程的洪峰，遭遇外江年最高潮位过程，洪峰与潮峰同时遭遇，分析是否有泵排需要，计算泵站流量，并复核水闸规模。

4.6.4　调蓄计算结果

调蓄计算时，首先根据钟村镇排涝区的排涝工程总体布局，结合工程布置特点，初步拟定各排涝片区的水闸规模和泵站规模，通过试算，经分析比较，最终确定满足该地区排涝需求且经济合理的设计规模。经试算和分析比较后，初步拟定工程设计规模基本情况见表4.6-2。

表4.6-2　　　　钟村镇排涝区规划水闸及泵站初拟工程设计规模基本情况表

水闸名称	所在排涝区	水闸底部高程 /m	水闸净宽 /m	泵站流量 /(m³/s)
新涌水闸	幸福涌排涝片	−1.50	5	10
幸福涌水闸	幸福涌排涝片	−2.50	10	
海棠涌水闸	胜石河排涝片	−1.68	10	6
胜石河水闸	胜石河排涝片	−1.93	10	
新客站1号水闸	新客站排涝片	−1.30	10	
新客站2号水闸	新客站排涝片	−1.50	5	
新客站3号水闸	新客站排涝片	−1.50	5	6
新客站4号水闸	新客站排涝片	−1.80	8	
钟屏环山河水闸	钟屏环山河排涝区	−2.50	8	16

由于调蓄计算的输出结果比较多，本次只列出幸福涌排涝片方案三的调蓄计算成果。幸福涌排涝片调蓄计算的外江水闸为西码头水闸、韦涌水闸；位于屏山河上的水闸为规划的新涌水闸和幸福涌水闸、和新客站规划的3号水闸，现状泵站为韦涌泵站，规划在西码头水闸、新客站3号水闸和新涌水闸处设立泵站。西码头水闸、韦涌水闸、新涌水闸、新客站3号水闸初步拟定闸宽均为5m，幸福涌水闸为10m；幸福涌排涝片共设计泵站流量为29m³/s，其中，外江泵站分别为现有韦涌泵站和规划的西码头泵站，设计排涝流量分

别为 $5m^3/s$ 和 $8m^3/s$，内河泵站分别布置在新涌水闸和新客站 3 号水闸，设计排涝流量分别为 $10m^3/s$ 和 $6m^3/s$。外江水闸的闸外水位采用陈村水道的潮位过程，内河涌水闸的闸外水位采用屏山河调蓄计算结果中的内河涌水位。自排情况下和抽排情况下的幸福涌排涝片调蓄计算结果见表 4.6-3 和表 4.6-4，水位变化分别见图 4.6-1 和图 4.6-2。

表 4.6-3　　　　　　　　幸福涌排涝片调蓄计算成果表（水文组合 1）

时段	闸外水位/m		闸前水位/m	总入流量/(m³/s)	水闸自排流量/(m³/s)						泵站抽排流量/(m³/s)			总出流量/(m³/s)
					外江水闸		内河水闸							
	外江	屏山河			西码头水闸	韦涌水闸	新涌水闸	幸福涌水闸	新客站3号水闸	总自排	外江泵站	内河泵站	总抽排	
1	−0.77	−0.50	−0.50	1.5	0	0	0	0	0	0	0	0	0	0
2	−0.85	−0.50	−0.50	4.3	0	0.8	0.5	2	0.5	3.8	0	0	0	3.8
3	−0.79	−0.50	−0.50	7.8	0	0.8	1.2	4.6	1.2	7.8	0	0	0	7.8
4	−0.48	−0.48	−0.48	13.3	0	0.3	1.2	4.6	1.2	7.3	0	0	0	7.3
5	−0.01	−0.32	−0.36	27.7	0	0	0	0	0	0	0	0	0	0
6	0.45	0.09	−0.08	60.4	0	0	0	0	0	0	0	0	0	0
7	0.75	0.67	0.42	104.2	0	0	0	0	0	0	0	0	0	0
8	0.80	0.92	0.93	122	9.9	11.4	5	14.1	5	45.4	0	0	0	45.4
9	0.69	0.81	1.04	106.8	13.8	16.0	19.2	55.7	19.2	124	0	0	0	124
10	0.50	0.62	0.80	70.8	11.6	14	18.7	55.4	18.7	118	0	0	0	118
11	0.25	0.34	0.50	43.2	8	10.2	15.6	48.8	15.6	98.2	0	0	0	98.2
12	−0.02	0.20	0.26	28.4	5.2	7.4	8.7	27.8	8.7	57.8	0	0	0	57.8
13	−0.27	0.20	0.20	19.9	7	12.9	0	0	0	19.9	0	0	0	19.9
14	−0.48	0.20	0.20	13.1	0.5	3.4	1.7	5.3	1.7	12.6	0	0	0	12.6
15	−0.58	0.20	0.20	8.4	5.1	2	0.5	1.5	0.5	9.6	0	0	0	9.6
16	−0.57	0.20	0.20	4.9	3.5	1.4	0	0	0	4.9	0	0	0	4.9
17	−0.42	0.20	0.20	2.5	0.6	1.9	0	0	0	2.5	0	0	0	2.5
18	−0.18	0.20	0.20	1.1	0.4	0.7	0	0	0	1.1	0	0	0	1.1
19	0.06	0.20	0.20	0.4	0.2	0.2	0	0	0	0.4	0	0	0	0.4
20	0.18	0.20	0.20	0.1	0	0.1	0	0	0	0.1	0	0	0	0.1
21	0.15	0.20	0.20	0.1	0	0.1	0	0	0	0.1	0	0	0	0.1
22	0.04	0.20	0.20	0	0	0	0	0	0	0	0	0	0	0
23	−0.14	0.20	0.20	0	0	0	0	0	0	0	0	0	0	0
24	−0.35	0.20	0.20	0	0	0	0	0	0	0	0	0	0	0

表 4.6-4 　　　　　　　　　　　幸福涌排涝片调蓄计算成果表（水文组合 2）

时段	闸外水位/m		闸前水位/m	总入流/(m³/s)	水闸自排流量/(m³/s)						泵站抽排流量/(m³/s)			总出流/(m³/s)
	外江	屏山河			外江水闸		内河水闸			总自排	外江泵站	内河泵站	总抽排	
					西码头水闸	韦涌水闸	新涌水闸	幸福涌水闸	新客站3号水闸					
1	0.83	−0.50	−0.50	0	0	0	0	0	0	0.0	0	0	0	0
2	0.97	−0.50	−0.50	0	0	0	0	0	0	0.0	0	0	0	0
3	0.91	−0.50	−0.50	0.1	0	0	0	0	0	0.0	0	0	0	0
4	0.70	−0.49	−0.50	0.2	0	0	0	0	0	0.0	0	0	0	0
5	0.45	−0.49	−0.49	1.5	0	0	0	0	0	0.0	0	0	0	0
6	0.22	−0.48	−0.48	4.3	0	0	0.3	1.3	0.3	2.0	0	0	0	2.0
7	0.05	−0.46	−0.46	7.8	0	0	0.5	2.0	0.5	3.1	0	0	0	3.1
8	0.00	−0.41	−0.41	13.3	0	0	0.7	2.8	0.7	4.3	0	0	0	4.3
9	0.19	−0.36	−0.34	27.7	0	0	3.4	13.0	3.4	19.9	0	0	0	19.9
10	0.94	−0.33	−0.26	60.4	0	0	6.6	24.8	6.6	37.9	0	0	0	37.9
11	1.68	−0.11	−0.03	104	0	0	8.4	29.3	8.4	46.0	0	0	0	46.0
12	2.13	0.33	0.37	122	0	0	7.6	23.8	7.6	39.0	2.2	0	2.17	41.1
13	2.15	0.85	0.84	107	0	0	0.5	1.3	0.5	2.2	13.0	10.7	23.7	25.9
14	1.94	1.33	1.21	70.8	0	0	0	0	0	0.0	13.0	16.0	29	29.0
15	1.67	1.76	1.39	43.2	0	0	0	0	0	0.0	13.0	16.0	29	29.0
16	1.29	1.40	1.44	28.4	10.1	11.2	13.7	18.6	13.7	67.3	2.2	6.7	8.83	67.3
17	0.94	1.02	1.07	19.9	14.3	15.8	12.1	37.2	12.1	91.5	0	0	0	91.5
18	0.63	0.69	0.74	13.1	7.5	8.8	10.7	31.4	10.7	69.2	0	0	0	69.2
19	0.34	0.39	0.44	8.4	5.2	6.3	9.0	27.6	9.0	57.1	0	0	0	57.1
20	0.11	0.21	0.22	4.9	3.9	5.1	2.8	8.8	2.8	23.3	0	0	0	23.3
21	−0.08	0.20	0.20	2.5	4.5	6.7	0	0	0	11.2	0	0	0	11.2
22	−0.21	0.20	0.20	1.1	3.9	6.3	0	0	0	10.2	0	0	0	10.2
23	−0.17	0.20	0.20	0	4.2	6.5	0	0	0	10.7	0	0	0	10.7
24	0.30	0.20	0.20	0	1.2	1.5	0	0	0	2.7	0	0	0	2.7

从计算结果看，自排情况下，幸福涌最高水位为 1.04m，整个排涝区最大出流量为 124m³/s，新涌水闸、幸福涌水闸、新客站 3 号水闸的最大出流量分别为 19.2m³/s、55.7m³/s、19.2m³/s。抽排情况下，幸福涌最高水位 1.44m，整个排涝区最大出流量为 91.5m³/s，新涌水闸、幸福涌水闸、新客站 3 号水闸的最大出流量分别为 13.7m³/s、37.2m³/s、13.7m³/s。新客站 3 号水闸泵站和新涌泵站的抽排历时约 4h。

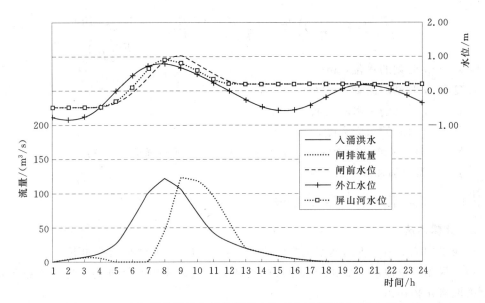

图 4.6-1 幸福涌排涝片自排情况下水位变化过程线图（水文组合1）

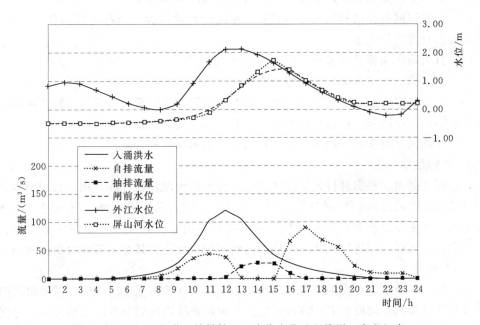

图 4.6-2 幸福涌排涝片抽排情况下水位变化过程线图（水文组合2）

4.7 河涌水面线

4.7.1 基本原理

河涌水面线计算的基本原理为根据圣维南方程组建立的用四点隐式差分格式求解的一维非恒定流河网水动力学模型。基本计算公式为圣维南方程组：

$$\frac{\partial Z}{\partial t} + \frac{1}{B}\frac{\partial Q}{\partial X} = 0$$

$$\frac{\partial Q}{\partial t}+\left(gF-\frac{Q^2}{F^2}B\right)\frac{\partial Z}{\partial X}+2\frac{Q}{F}\frac{\partial Q}{\partial X}=\frac{Q^2}{F^2}\frac{\partial F}{\partial X}\Big|_z-g\frac{N^2|Q|BQ}{F^2\left(\frac{F}{B}\right)^{\frac{1}{3}}} \qquad (4.7-1)$$

式中　Z——t 时刻的水位，m；

　　　Q——t 时刻的流量，m^3/s；

　　　F——t 时刻的过水断面面积，m^2；

　　　B——t 时刻的水面宽度，m；

　　　N——河道糙率，屏山河、幸福涌取 0.025，其他河涌取 0.027；

　　　g——重力加速度，m/s^2；

$\frac{\partial F}{\partial X}\Big|_z$——固定水位时对距离 X 求偏导。

4.7.2　计算方法

河涌水面线采用一维河网水动力学模型，具体的计算方法和步骤如下：

（1）根据区域地形特征和城市建设规划情况，以及现状和规划的排涝工程布置特点，绘制河网概化拓扑图。

（2）选择合理数量的河涌断面，计算各条河涌的断面要素。

（3）根据河网概化图和河网分布特点，按河段数将将钟村镇排涝区划分为 31 个排涝小区，分别计算设计洪水。

（4）分析确定临界外江节点的设计外江水位过程。

（5）合理拟定各条河涌的最高控制水位。

（6）将初步拟定的水闸和泵站规模，以及水闸泵站联合调度方式嵌入模型中各节点的运算过程中，经过试算，达到较优的计算结果，满足河涌的最高水位控制要求。

（7）提出满足要求的河涌水面线计算结果和水闸泵站设计规模。

4.7.3　边界条件

（1）河涌断面。根据钟村镇排涝区的水系特点和河网特性，在利用一维河网水动力学模型计算河涌水面线时，分别对屏山河、幸福涌、胜石河、海棠涌、石三河、大洲内河涌、韦涌、都那涌以及新客站地区新开河涌进行断面概化，其中屏山河、幸福涌、胜石河、海棠涌按规划断面进行概化，其他河涌断面按现状条件概化，概化时断面间距一般取为 500～1500m。

（2）设计洪涝水。在采用一维河网水动力学模型计算河涌水面线时，需要根据河网概化河段及节点情况，河段的汇流特点，将整个钟村镇排涝区划分为较小的分区，分区时尽量让每个分区的汇流面积相近，然后分别计算每个分区的设计洪水，但各分区设计洪水成果最终以屏山闸以上排涝区的设计洪水成果作为控制。

（3）设计外江潮位过程。设计外江潮位过程主要为临近陈村水道的陈头水闸、西码头水闸、韦涌水闸和位于屏山河的屏山水闸的潮位过程，计算时同样采用多年平均高潮位过程和多年平均最高潮位过程二种潮位过程，分别对自排水闸规模和抽排情况下的泵站规模进行复核，并确定自排和抽排情况下的水闸泵站联合运用方式。

（4）起调水位。钟村镇排涝区起排水位按暴雨来临前河涌预排后考虑，及河涌起调水位确定为－0.5m。

（5）河涌控制水位。河涌的最高控制水位与"平湖法"调蓄计算时的控制水位一致，即屏山河最高控制水位 2.0m，幸福涌、海棠涌、石三河等河涌最高控制水位确定为 1.5m，胜石河最高控制水位 2.0m。

（6）河道糙率。钟村镇排涝区河道糙率缺乏实测资料，糙率参数根据各河流的现状以及规划断面型式，并参考《水力计算手册》和市桥河流域中原有相关规划报告的设计成果，初步拟定屏山河和幸福涌的综合糙率为 0.025，其余河涌的综合糙率取为 0.027。

（7）泵闸联合运用方式。自排情况下，外江水位较低，首先开启闸门，外江水位高于闸门前水位时，关闸；待到外江水位回落，低于闸门前水位时，开闸抢排，直至闸前水位到河涌常水位 0.2m 后关闸，维持常水位。

抽排情况下，外江水位较高，此时关闭闸门，水位闸内水位抬升至 −0.40m 时，开启泵站抽排，直到外江水位开始回落，并低于闸内水位时，开闸抢排，直至闸前水位到河涌常水位 0.2m 后关闸，维持正常水位。

4.7.4 河涌水面线计算成果

经过数学模型法的复核计算，按照初步拟定的河涌整治断面、水闸和泵站规模，遭遇外江高潮位过程时，自排情况下各河道水面线略高于调蓄计算的水位，遭遇外江最高潮位过程时，抽排情况下各河涌水面线与调蓄结果接近。所以，本次拟定的河涌的整治宽度、水闸和泵站规模，能够满足各排涝区的最高控制水位的要求。

4.8 水闸及泵站设计规模

4.8.1 水闸设计规模及设计参数

根据初步拟定的水闸规模，经各排涝区调蓄计算，验证水闸规模满足该排涝区的排涝要求，并根据一维河网水动力学模型对水闸规模进行了复核。经复核计算，认为本次拟定的水闸规模是比较合理的，能够满足该地区的排涝要求。

根据《水闸设计规范》（SL 265—2001）的规定，水闸工程应根据最大过闸流量及其防护对象的重要性划分等别，且其级别不得低于河涌工程的级别。新涌水闸设计闸门宽度 5m，最大过闸流量 19.2m³/s，工程等别为Ⅳ等，建筑物级别为 4 级。新涌水闸主要设计参数见表 4.8−1。

表 4.8−1　　　　　　　　　　新涌水闸主要设计参数表

项　　目	参　数　类　型	新　涌　水　闸
闸门设计参数	闸底高程/m	−1.50
	闸孔净宽/m	5
	20 年一遇最大过闸流量/(m³/s)	19.20
	20 年一遇最大单宽流量/(m³/s)	3.83
内河特征水位	常水位/m	0.20
	最高控制水位/m	1.50
	最低水位/m	0.20
	预排时最低水位/m	−0.50
	20 年一遇最高水位/m	1.44

项　目	参　数　类　型	新　涌　水　闸
	外江（河涌）名称	屏山河
外江水位	常水位/m	0.20
	预排水位/m	−0.50
	最高控制水位/m	2.00
	20 年一遇水位/m	1.76
自排工况	最大过闸流量/(m³/s)	19.2
	单宽流量/[m³/(s·m)]	3.83
	开闸内外最大水位差/m	0.23
	闸内最高水位/m	1.04
	河涌最高水位/m	1.04
抽排工况	最大过闸流量/(m³/s)	13.7
	单宽流量/[m³/(s·m)]	2.74
	开闸内外最大水位差/m	0.08
	闸内最高水位/m	1.44
	河涌最高水位/m	1.44

4.8.2　泵站设计规模及设计参数

根据初步拟定的泵站规模，经各排涝区调蓄计算，验证泵站规模满足该排涝区的排涝要求，并根据一维河网水动力学模型对泵站规模进行了复核。经复核计算，认为本次拟定的泵站规模是比较合理的，能够满足该地区的排涝要求。

根据《泵站设计规范》（GB/T 50265—97）的规定，泵站工程应根据最大排涝流量及其防护对象的重要性划分等别。新涌泵站的设计排涝流量为 10m³/s，为Ⅲ等中型泵站，建筑物级别为 3 级。新涌泵站工程主要设计参数见表 4.8-2。

表 4.8-2　　　　　　　　新涌泵站工程主要设计参数表

泵　站　名　称		新　涌　泵　站
设计排涝流量/(m³/s)		10
内河涌	最高水位/m	1.44
	设计水位/m	0.5
	最高运行水位/m	1.5
	最低运行水位/m	0.2
屏山河	防洪水位/m	2
	设计水位/m	1.4
	最高运行水位/m	1.76
	最低运行水位/m	−0.5
	平均水位/m	0.2

4.8.3 新涌水闸设计规模

因新涌水闸和泵站采用合建的形式，因此新涌水闸（含泵站）工程等别为Ⅲ等，建筑物级别为3级。

4.9 水闸及泵站运用方式

4.9.1 防洪潮调度运用方式

（1）防洪潮调度原则。根据钟村镇的流域特点和外江潮位特性，以及地区防洪潮需求，拟定钟村镇排涝区的防洪潮调度原则为：在钟村镇排涝区无雨或者雨量较小时，外江水闸投入防洪潮调度运用，满足钟村镇排涝区的防洪潮需求，确保排涝区内不超过相应的最高控制水位，保证该地区的防洪潮安全。

（2）防洪潮调度运用方式。钟村镇排涝区直通外江的水闸为陈头水闸、西海嘴水闸、西码头水闸、韦涌水闸，同时具有防洪挡潮功能的有屏山水闸，屏山水闸的调度与雁州水闸的调度运用方式有关。根据《广州市番禺区市桥河水系水利工程联合优化调度专题研究报告》，当市桥河流域预报发生120mm以下的日雨量，且预报雁洲水闸闸下水位将超过1.5m时，或陈村水道水位超过1.2m时，陈村水道外江挡潮水闸及屏山闸按防洪（潮）调度运行。

1）当陈村水道水位超过1.2m时，陈村水道外江挡潮水闸关闸。

2）当雁洲水闸闸下水位达1.5m，预报将继续上涨时，此时，雁州水闸关闸防洪（潮），待闸下水位退至与闸上水位稍低时全开闸孔，把闸内雨洪及时排出闸外，屏山闸的调度方式跟雁州水闸一致，当闸外水位超过1.5m时，屏山闸关闸挡潮，待闸外水位低于闸内水位时，开闸泄洪。

4.9.2 排涝调度运用方式

（1）排涝调度原则。根据钟村镇排涝区的流域特点、城市排涝需求，拟定钟村镇排涝区的排涝调度原则为：在外江潮位较高且排涝区发生较大暴雨时，通过外江水闸和内河涌水闸以及泵站的联合调度运用，满足钟村镇排涝区的排涝需求，确保排涝区内不同排涝片区不超过相应的最高控制水位，保证该地区的排涝安全。

（2）泵闸联合排涝调度运用方式。根据《广州市番禺区市桥河水系水利工程联合优化调度专题研究报告》，当预报将要发生日雨量大于120mm的降水时，启动排涝调度，排涝调度运用方式为：

1）降雨来临之前，预先开雁洲水闸排水，把雁洲水闸闸上水位降低至低潮位，此时陈村水道外江水闸和钟村镇排涝区内部水闸同时开启闸门，预排至−0.5m时关闸。

2）暴雨来临时，对于外江水闸，如果外江水位低于−0.5m，打开外江闸门泄洪，若外江水位上涨高于内河涌水位，关闭外江水闸闸门和屏山闸闸门，待外江水位回落时开闸泄洪；如果外江水位高于−0.5m，关闭外江闸门，洪水由屏山闸排往市桥水道，屏山闸闸外水位高于内河涌水位时，关闭闸门，待外江水位回落时开闸泄洪至常水位0.2m后关闸。

3）暴雨来临时，对于内河涌水闸，调度方式有所不同。首先关闭新涌水闸、幸福涌水闸以及新客站3号闸，待幸福涌排涝片内水位涨至0.2m时，且新客站水位低于幸福涌水位时，关闭新客站1号闸，待外江水位回落时开闸泄洪至常水位0.2m后关闸。

4）对于泵站的调度方式，各排涝区的水闸关闸后，当本排涝区的河涌达到起排水位时，泵站即开机抽排；当外江水位低于内河涌水位时，开闸排水，如果此时闸上水位仍持续上涨则泵站继续开机运行，以增加外排水量。

4.9.3 水环境调度运用方式

（1）水环境调度原则。当钟村镇排涝区的水闸群没有防洪、排涝调度运用要求时，可以进行钟村镇排涝区水环境调度，以增大水环境容量和加快钟村镇排涝区内的水体置换量和置换速度。联合调度后可充分利用网河水系的条件、涨落潮流动力条件及河槽调蓄能力，增加水环境容量、加快河网水体交换，提高水体自净能力。

（2）引水潮位动力条件分析。一般来说，排涝区有生态换水要求时，可以通过外江汛期和非汛期的潮位变化过程和涨落潮历时来分析生态换水的水动力条件、置换水流方向、置换水量、等基本条件。本次以临近的三沙口潮位站的1952—2003年潮位资料分析钟村镇排涝区的生态换水引水潮位水动力条件。

从潮位变化过程来看，三沙口站汛期（4—10月）多年平均高潮位为1.86m，非汛期（11月至次年3月）多年平均高潮位为1.56m。从涨落潮历时来看，平均涨潮历时冬长夏短，而平均落潮历时则相反。无论汛期或枯水期，涨潮历时均较落潮历时短。三沙口站多年平均涨潮历时分别为5：33，多年平均落潮历时分别为6：56。

从置换水流方向来看，根据《广州市番禺区市桥河水系水利工程联合优化调度专题研究报告》，钟村镇排涝区换水时，从陈村水道陈头水闸、西海嘴水闸、韦涌水闸引水，从屏山闸排水至市桥水道，完成钟村镇排涝区的水量置换。

从置换水量来看，分别选取了枯水小潮（2001年4月17—18日，最高潮位0.49m）、枯水中潮（1989年5月3—4日，最高潮位0.98m）和中水小潮（2000年7月23—24日，最高潮位0.89m）三种水情进行换水计算。三种潮位过程时陈头水闸、西海嘴水闸、韦涌水闸的总引水量分别为174万m³、307万m³和282万m³，置换水量分别占钟村镇排涝区常水位0.2m以下蓄水量的56.6%、100%和96.7%。

综合以上分析，可以看出，从陈头水闸、西海嘴水闸、韦涌水闸引水，实现对钟村镇排涝区的生态换水具备外江潮位的水动力条件，完成水量置换调度是可行的。

（3）水环境调度运用方式。根据钟村镇排涝区的生态换水要求，按照生态换水的水动力条件、置换水流方向、置换水量等方面的分析，初步拟定钟村镇排涝区生水环境调度运行方式为：当钟村镇排涝区的水闸群没有防洪、排涝调度运用要求时，根据生态景观和水环境要求，可以对钟村镇排涝区内进行水环境调度运用。调度运用时，开启陈头水闸、西海嘴水闸、韦涌水闸引水，首先在外江涨潮段，打开新涌水闸，关闭幸福涌水闸，打开新客站1号水闸和3号水闸，优先保证新客站地区的换水要求，水流排向屏山河；在外江落潮段，打开幸福涌水闸，完成幸福涌的水量置换，最后水流通过屏山水闸排向市桥河道。

5 新涌水闸工程布置及建筑物

5.1 设计依据

5.1.1 依据的规程、规范

新涌水闸工程设计采用的规范、规程和技术标准主要包括：

《防洪标准》（GB 50201—94）。

《水利水电工程等级划分及洪水标准》（SL 252—2000）。

《水利水电工程初步设计报告编制规程》（DL 5021—93）。

《堤防工程设计规范》（GB 50286—98）。

《城市防洪工程设计规范》（CJJ 50—92）。

《水闸设计规范》（SL 265—2001）。

《泵站设计规范》（GB/T 50265—97）。

《水工挡土墙设计规范》（SL 379—2007）。

《水工建筑物抗震设计规范》（SL 203—97）。

《水工建筑物荷载设计规范》（DL 5077—97）。

《水工混凝土结构设计规范》（SL/T 191—96）。

《建筑地基基础设计规范》（GB 50007—2002）。

《建筑地基处理技术规范》（JGJ 79—2002）。

《公路桥涵设计通用规范》（JTG D60—2004）。

《工程建设标准强制性条文》水工部分。

不限于以上内容，未尽事宜参照国家相关规范、规程。

5.1.2 依据的文件

《广州市番禺区水利现代化综合发展规划报告》。

《广州铁路新客站地区防洪排涝规划》。

《市桥河水系综合整治规划修编报告》。

5.1.3 工程等别和建筑物级别

新涌水闸（含泵站）的工程级别应按照《堤防工程设计规范》（GB 50286—98）、《泵站设计规范》（GB/T 50265—97）及《水闸设计规范》（SL 265—2001）的规定。

水闸工程应根据最大过闸流量及其防护对象的重要性划分等别，且其级别不得低于河涌工程的级别。水闸的最大过闸流量为 $19.2m^3/s$，小于 $20m^3/s$；其排涝保护对象为铁路新客站地区；水闸位于幸福涌北端入屏山河河口处，屏山河堤防的级别为 4 级。确定水闸的工程等别为 IV 等，主要建筑物级别为 4 级。

泵站工程根据装机流量和装机功率分等，且其等别不低于河涌工程的工程等别。泵站装机流量 10m³/s，属于中型泵站，确定泵站的工程等别为Ⅲ等，主要建筑物级别为 3 级；泵站处于幸福涌入屏山河河口处，屏山河堤防的级别为 4 级。

新涌水闸（含泵站）工程采用泵闸结合的形式，因此确定其工程等别为Ⅲ等，主要建筑物级别为 3 级。

5.1.4　设计基本资料

5.1.4.1　地震设防烈度

根据 2001 年中国地震局编制的 1∶400 万《中国地震动参数区划图》（GB 18306—2001），工程区的地震动峰值加速度为 0.10g，动反应谱特征周期为 0.35s，相应的地震基本烈度为Ⅶ度。

根据水闸和泵站的规范规定，本工程水闸和泵站的抗震设计标准为Ⅶ度。

5.1.4.2　水文气象

多年平均降水量 1633mm。

多年平均气温 21.9℃。

多年平均风速 2.5m/s。

多年平均蒸发量 1526mm。

5.1.4.3　调蓄计算结果

自排情况下和抽排情况下新涌水闸调蓄计算成果见表 5.1-1。

表 5.1-1　　　　　　　　　　　　新涌水闸调蓄计算成果表

时段	自 排 情 况			抽 排 情 况		
	屏山河水位 /m	闸前水位 /m	水闸自排流量 /(m³/s)	幸福涌水位 /m	闸前水位 /m	水闸抽排流量 /(m³/s)
1	−0.50	−0.50	0	−0.50	−0.50	0
2	−0.50	−0.50	0.5	−0.50	−0.50	0
3	−0.50	−0.50	1.2	−0.50	−0.50	0
4	−0.48	−0.48	1.2	−0.49	−0.50	0
5	−0.32	−0.36	1.2	−0.49	−0.49	0
6	0.09	−0.08	0	−0.48	−0.48	0.3
7	0.67	0.42	0	−0.46	−0.46	0.5
8	0.92	0.93	5	−0.41	−0.41	0.7
9	0.81	1.04	19.2	−0.36	−0.34	3.4
10	0.62	0.80	18.7	−0.33	−0.26	6.6
11	0.34	0.50	15.6	−0.11	−0.03	8.4
12	0.20	0.26	8.7	0.33	0.37	7.6
13	0.20	0.20	0	0.85	0.84	0.5
14	0.20	0.20	1.7	1.33	1.21	0
15	0.20	0.20	0.5	1.76	1.39	0

时段	自 排 情 况			抽 排 情 况		
	屏山河水位/m	闸前水位/m	水闸自排流量/(m³/s)	幸福涌水位/m	闸前水位/m	水闸抽排流量/(m³/s)
16	0.20	0.20	0	1.40	1.44	13.7
17	0.20	0.20	0	1.02	1.07	12.1
18	0.20	0.20	0	0.69	0.74	10.7
19	0.20	0.20	0	0.39	0.44	9.0
20	0.20	0.20	0	0.21	0.22	2.8
21	0.20	0.20	0	0.20	0.20	0
22	0.20	0.20	0	0.20	0.20	0
23	0.20	0.20	0	0.20	0.20	0
24	0.20	0.20	0	0.20	0.20	0

由表 5.1-1 中可知,水闸最大排涝流量 19.2m³/s,相应的内、外河水位分别是 1.04m 和 0.81m。

5.1.4.4 设计参数

(1) 水闸设计参数。水闸设计参数见表 5.1-2。

表 5.1-2 水闸设计参数表

项 目		设 计 参 数	备 注
一、设计流量/(m³/s)		19.2	20 年一遇
二、特征水位			
屏山河	最高控制水位/m	2.0	
	设计水位/m	1.76	20 年一遇
	常水位/m	0.2	
	预排最低水位/m	−0.5	
幸福涌	最高控制水位/m	1.5	
	设计水位/m	1.44	20 年一遇
	常水位/m	0.2	
	预排最低水位/m	−0.5	

(2) 泵站设计参数。泵站设计参数见表 5.1-3。

表 5.1-3 泵站设计参数表

项 目		设 计 参 数	备 注
设计流量/(m³/s)		10	
幸福涌	设计水位/m	0.5	
	最高水位/m	1.44	

项　目		设　计　参　数	备　注
幸福涌	最高运行水位/m	1.50	
	最低运行水位/m	0.20	
屏山河	防洪水位/m	2.00	
	设计水位/m	1.40	
	最高运行水位/m	1.76	
	最低运行水位/m	−0.50	
	平均水位/m	0.20	
水泵		3台	

5.2　闸（泵）址选择

5.2.1　选址原则

（1）满足《广州铁路新客站地区防洪排涝规划》和《番禺区水利现代化综合发展规划报告》，以及使防洪排涝工程和堤防工程及生态景观营造有机结合。

（2）结合规划路网，贯彻减少占地及移民拆迁的原则。

（3）综合考虑水源水流条件、地形、地质、电源、堤防布置、对外交通、施工管理等因素。

（4）出水口应有良好出水条件，避免建在岸崩或淤积严重的河段。

5.2.2　闸（泵）址选择

新涌水闸（含泵站）工程以排涝防洪为主，主要承担新客站地区的排涝任务。

工程位于幸福涌东北端，与屏山河相接。满足防洪排涝工程与堤防工程及生态景观有机结合的要求；场址周围无民居，满足"减少移民拆迁"的原则；地势相对平坦，施工管理方便。

5.3　工程总体布置

5.3.1　布置原则

（1）泵闸的进出口段水流均匀流态平顺。

（2）泵闸的轴线尽量与河道中心线正交。

（3）根据建筑物的功能、管理及运用等要求，做到紧凑合理、协调美观。

（4）工程管理区与周边环境相协调，为景观设计搭造平台。

5.3.2　枢纽布置

新涌水闸（含泵站）工程的总体布置根据站址的地形地质、水流条件、对外交通及环境等条件，结合整个水利枢纽布局，综合利用要求等，做到布置合理，有利施工，运行安全，管理方便，少占耕地，美观协调。

工程包括一座净宽5m的水闸和一座设计流量10m³/s的泵站，水闸布置在幸福涌东北端。

站址处具有部分自排条件，泵站宜与排水闸结合布置。其布置型式，按照泵站与水闸的位置关系不同，比选了闸站合建和闸站分建两种方案。方案一：闸站合建。水闸和泵站合并在一起，泵房与闸室处于同一纵轴线上，设上下两层压力通道，出口设平板闸门。自流排水时，开启闸门，提排时关闭闸门。方案二：闸站分建。水闸和泵站平行布置在一起，其两翼与堤防相连接，新建交通桥与堤路连通，水闸与泵站一字形布置，水闸与泵站之间以缝墩隔开，水闸为开敞式。幸福涌河底宽度约15m，存在通航要求，应满足清淤船通过要求，显然，水闸需为开敞式，因此选择方案二为推荐方案。

新涌水闸工程跨河而建，根据水闸与主泵房相对位置的不同，比较了水闸布置于主泵房一侧和水闸布置于主泵房中间两种形式。形式一：水闸居中，泵站拆分为两个泵段分布于水闸两侧，优点是水闸运用水流条件较好，缺点是机组布置不集中，需建两座主厂房，工程投资较大，给站内交通、运行管理和机组检修等带来不便；形式二：水闸布于泵房一侧，优点是站内交通顺畅、便于运行管理和机组检修、投资较省，缺点是因进水建筑物左右不对称，进水流态易产生偏移和回流。综合考虑，采用形式二，将水闸布于泵房一侧。

新涌水闸（含泵站）工程建在幸福涌上，泵闸中心线与幸福涌中心线相对应。水闸与泵站并排布置，工程场址位于市政规划道路交汇处的西北角，幸福涌东南侧场地狭小，不利于泵站厂房布置，因此布置上泵站及厂房在幸福涌西北侧，水闸在幸福涌东南侧，中间以缝墩隔开。泵站由前池、进水池、主泵房、出水池、交通桥、上下游连接段、副厂房等构成。水闸由闸室、启闭机室、交通桥、内涌海漫、防冲槽，外河消力池、海漫、防冲槽等构成。泵站与水闸共用内、外河海漫和防冲槽。主泵房与水闸启闭机室在同一轴线上，顶高程相同，顺水流向的宽度相同，在外形上成为一体，其立面较美观。泵站管理区位于靠近副厂房一侧，区内绿化并设置必要的管理设施。对外交通与堤防道路连接。

5.3.3 泵房布置

主泵房为堤身式干室型，上部为钢筋混凝土框架结构，下部为钢筋混凝土墩墙结构。站内安装3台立式轴流泵，单泵流量3.5m³/s，总流量为10m³/s，采用单列布置。泵房共分三层：①高程－3.00～－0.59m为进水流道层；②高程－0.59～2.60m为水泵层；③高程2.60m以上为电动机层。在主泵房一端设安装检修间，高程2.90m。主泵房顺水流向长13.4m，垂直水流向长13.2m。机组中心距4.0m。主泵房内上、下游侧墙直接挡水，其顶部高程不应小于设计水位或校核水位加波浪壅高和安全超高，且不小于站址处堤防顶高程，同时考虑软弱地基沉降等因素，最终确定主泵房内上下游侧墙高程2.60m。为调整进泵水流流态，进、出水流道由中墩隔开。进水口处设检修闸门（与拦污栅共槽）和工作闸门。出口拍门后设检修闸门。

幸福涌侧高程2.60m设有工作平台，平台宽度根据泵站工作闸门的布置及交通通道的要求确定为3.10m，平台上布置有工作门螺杆启闭机。

泵站由引渠、前池、进水池、主泵房、出水池、交通桥、上下游连接段和副厂房等构成。

前池采用正向进水方式，池宽11.31m，池长9m，池底高程由－1.50m渐变为－3.00m，底坡1：6，底板为C25钢筋混凝土，厚0.8m。

进水池布置在泵室内部，长3.85m，与泵室结合。泵房顺流向长度13.40m，垂直水流向长 13.20m。

紧靠泵室屏山河侧为出水池，池长 12.10m，出水池上方布置有交通桥，交通桥净宽 7m，与闸室外河侧消力池上的交通桥相通。

副厂房和管理房布置在幸福涌左岸管理区内，布置有安装检修间、高压配电室、低压配电室、继保室、中央控制室、通信室、试验室和值班室等。

5.3.4 水闸布置

（1）闸顶高程。根据《水闸设计规范》（SL 265—2001）的相关规定：水闸闸顶高程根据挡水和泄水两种运用情况而定，且不低于堤顶高程。屏山河和幸福涌堤防设计高程 2.60m，经综合比较，水闸闸顶高程确定 2.60m。闸室在幸福涌侧顶部设宽 3.3m 的钢筋混凝土面板及横梁搭建平台，梁底高程 2.20m，满足小型清淤船只通航要求。

（2）闸槛高程。本闸为排涝闸，在满足排水、泄水的条件下，闸槛高程可略低于河道底高程。根据整治后河涌底高程、地质情况、水流流态、泥沙以及原闸槛高程等条件，经技术经济比较，确定为 −1.50m。

（3）闸孔宽度。闸孔总净宽根据排涝计算成果，同时考虑新客站地区多座水闸便于统一管理运行等要求确定。水闸为单孔闸，闸孔宽度 5.0m。

（4）闸室长度。闸室底板顺流向长度根据地基条件和结构布置要求，满足闸室整体稳定、防渗长度的需要并与泵房布置相协调等需要，根据以上要求，确定为 17.20m。根据管理维修需要，闸室前后各设置一道检修门槽。

（5）底板及闸墩厚度。水闸底板厚度和闸墩厚度经结构计算并结合闸门埋件构造要求确定，水闸底板厚 1.0m，边墩厚 1.0m。

（6）闸门结构。新涌水闸工程为泵闸结合，考虑工程的整体性，采用直升式平板钢闸门，闸墩上部设启闭机室与泵房形成整体。

5.3.5 防渗排水布置

泵房（水闸）地基位于淤泥质土，泵房（水闸）设计水平防渗长度为 25.5m，并在泵房（水闸）及消力池四周设置水泥土搅拌桩截渗墙，墙底深入强风化黏土岩中约 0.5m。

5.3.6 消能防冲布置

本次设计水闸具有双向挡水、泄水功能。根据水闸运行特点，水闸采用底流式消能，经计算，闸下尾水深度高于跃后水深，内、外河侧均不需设消力池。考虑水闸排涝时，闸门开启过程中可能存在不利情况，同时结合工程布置，将交通桥段底板兼作排涝时的消力池。交通桥段长度为 8.0m，底板在屏山河侧设高 0.5m、宽 0.50m 的尾坎。紧接泵站出水池和闸室消力池设有长 10m，厚 0.5m 的浆砌石海漫，海漫末端设深 1.2m、长 8.6m 的防冲槽泵闸共用。

交通桥桥面采用钢筋混凝土板式结构，荷载设计标准为公路二级。桥面宽 7.0m，桥面高程 3.10m，梁底高程最小为 2.54m，可满足桥下净空不小于 0.5m 的要求。

幸福涌侧水闸上游设 9m 长的浆砌石海漫，因海漫与泵站进水前池底高程不同，两者之间用导墙隔开，以使进闸水流平顺。海漫上游设 8.6m 长的防冲槽泵闸共用。

5.3.7 两岸连接布置

泵房（闸室）两岸连接需保证岸坡稳定，改善水闸进、出水流条件，提高泄流能力和防冲效果，且有利于环境绿化。两岸连接翼墙采用悬臂式钢筋混凝土挡土墙结构，上、下游翼墙与泵房（闸室）平顺连接，平面布置采用圆弧与直线组合式，两侧翼墙墙顶高程均为 2.60m。

泵闸室上下游翼墙以外的两侧边坡做干砌石防护，防护长度各 10m，防护顶部高程 1.00m。

5.3.8 堤防连接段布置

新涌水闸位于幸福涌上，堤防连接段包括幸福涌侧堤防和屏山河侧堤防，新涌水闸与幸福涌堤防整治工程分界桩号 X0＋000 和 X0＋150.00；与屏山河整治工程的分界桩号为 P0＋468.00。堤防连接段的设计参照相应的河涌整治工程，平面布置上与整治后的河涌堤防平顺连接。幸福涌下游左岸与屏山河衔接处设一长约 56m、宽约 20m 的景观平台，平台高程 2.60m，以使屏山河与幸福涌堤防道路平顺连接。

5.4 水力设计

5.4.1 闸孔净宽度计算

新涌水闸以挡水和排涝为主要功能，考虑水闸的运行方式，水闸自排流量按宽顶堰淹没出流考虑，水闸排水流量的计算，根据淹没度不同，分别采用不同计算公式。

淹没度小于 0.9 时，采用式（5.4-1）为：

$$Q = B_0 m \varepsilon \sigma \sqrt{2g} H_0^{3/2} \qquad (5.4-1)$$

式中 B_0——闸孔总净宽；

    Q——过闸流量，m^3/s；

    σ——堰流淹没系数，计算公式见《水闸设计规范》（SL 265—2001）附录 A；

    ε——堰流侧收缩系数，计算公式见《水闸设计规范》（SL 265—2001）附录 A，粗略可按 0.90~0.95 计；

    m——堰流流量系数，0.385（仅限于无坎高的平底宽顶堰）；

    H_0——计入行进流速水头的堰上水深，m。

当淹没度不小于 0.90 时，采用式（5.4-2）为：

$$Q = B_0 \mu_0 h_s \sqrt{2g(H_0 - h_s)} \qquad (5.4-2)$$
$$\mu_0 = 0.877 + (h_s/H_0 - 0.65)^2$$

式中 Q——过闸流量，m^3/s；

    B_0——闸孔总净宽，m；

    μ_0——淹没堰流的综合流量系数；

    H_0——堰上水深，m；

    h_s——下游水深，m。

新涌水闸水文调蓄计算成果见表 5.4-1。

表 5.4-1   新涌水闸水文调蓄计算成果表

闸孔宽度/m	最大排涝流量/（m^3/s）	上游水深/m	下游水深/m
5	19.20	2.54	2.31

新涌水闸闸孔宽度 5.0m，闸孔净宽满足排涝要求。新涌水闸最大排涝流量 19.20m^3/s，单宽流量 3.84m^2/s，小于 5m^2/s，这在番禺区淤泥质基础的条件下是有利的。

5.4.2 消能设计

该水闸属低水头泄水建筑物，河道土质抗冲能力能力较小，宜采用底流式消能方式。当采用底流消能工时，消力池结构形式及尺寸很大程度上取决于下游水位情况，合理的消能设计应在确保工程正常运行安全的前提下，使其效率最高、工程投资最省。

泵站水闸的消能工设计考虑了闸门开启过程控制，泵站出水池水流的旋滚和回流，并考虑泵闸结合布置，最后选用消力池计算较大值。水闸内外河消力池、海漫尺寸及泵站出水池尺寸详见报告附图。

消能防冲采用《水闸设计规范》（SL 265—2001）附录 B 中方法进行计算，消力池深度按下列公式计算：

$$d = \sigma_0 h_c'' - h_s' - \Delta Z$$

$$h_c'' = \frac{h_c}{2}\left(\sqrt{1 + \frac{8\alpha q^2}{g h_c^3}} - 1\right)\left(\frac{b_1}{b_2}\right)^{0.25}$$

$$h_c^3 - T_0 h_c^2 + \frac{\alpha q^2}{2g\varphi^2} = 0$$

$$\Delta Z = \frac{\alpha q^2}{2g\varphi^2 h_s'^2} - \frac{\alpha q^2}{2g h_c''^2}$$

式中　　d——消力池深度，m；

　　　　σ_0——水跃淹没系数，可采用 1.05～1.10；

　　　　h_c''——跃后水深，m；

　　　　h_c——收缩水深，m；

　　　　α——水流动能校正系数，可采用 1.0～1.05；

　　　　q——过闸单宽流量，m^2/s；

　　　　b_1——消力池首端宽度，m；

　　　　b_2——消力池末端宽度，m；

　　　　T_0——由消力池底板顶面算起的总势能，m；

　　　　ΔZ——出池落差，m；

　　　　h_s'——出池河床水深，m。

消力池长度按下列公式计算：

$$L_{sj} = L_s + \beta L_j$$

$$L_j = 6.9(h_c'' - h_c)$$

式中　　L_{sj}——消力池长度，m；

　　　　L_s——消力池斜坡段水平投影长度，m；

　　　　β——水跃长度校正系数，可采用 0.7～0.8；

　　　　L_j——水跃长度，m。

消力池底板厚度根据抗冲及抗浮要求确定，海漫根据消力池末端单宽流量及河床土质确定，抛石防冲槽根据河床冲刷深度计算确定。

计算工况 1：排涝时，幸福涌水位 1.04m，屏山河水位 0.81m，相应的流量为 19.20m³/s。

计算工况 2：引水时控制最大水头差不超过 0.1m。屏山河水位 0.30m，幸福涌水位 0.20m；相应引水流量为 13.23m³/s。

新涌水闸消能防冲计算成果汇总见表 5.4-2。

表 5.4-2　　　　　　　　　新涌水闸消能防冲计算成果汇总表

名称	排涝时，屏山河侧				引水时，幸福涌侧			
	消力池深 /m	消力池长 /m	海漫长 /m	冲刷深 /m	消力池深 /m	消力池长 /m	海漫长 /m	冲刷深 /m
计算值	0	0	9.66	0.99	0	0	6.51	0
采用值	0.5	8.0	10	1.2	0	0	9.0	1.2

根据消能计算成果，两种计算工况下的闸下跃后水深均小于闸下游水深，内、外河侧均不需设消力池。考虑水闸排涝时，闸门开启过程中可能存在不利情况，设计时结合闸门型式、闸室布置要求，交通桥段底板除起防渗铺盖作用外，兼顾消力池功能作用。

消力池（交通桥段）底板与侧向边墙采用框架结构，其厚度应满足抗冲要求和结构受力要求，经计算最终确定底板厚 1.0m。根据消力池末端单宽流量及河床土质情况和计算结果，内河侧海漫长度 9.0m，外河侧海漫长度 10m。海漫末端设抛石防冲槽，槽深 1.2m。

5.5　防渗排水设计

5.5.1　防渗长度计算

初步拟定（泵）闸基防渗长度，采用渗径系数法：

$$L = C\Delta H$$

式中　L——闸基防渗长度，即闸基轮廓线防渗部分水平段和垂直段长度的总和，m；

ΔH——上下游水位差，m，考虑最不利的内外水位组合，外河（屏山河）为最高控制水位 2.0m，内河（幸福涌）为常水位 0.2m；

C——允许渗径系数值，地基淤泥质土层覆盖较浅，采用水泥土置换，C 可取 5。

计算防渗长度为 11m，新涌水闸的设计水平防渗长度为 25.20m，满足水闸的水平防渗长度要求。

5.5.2　抗渗稳定计算

根据工程布置及地质勘察，水闸闸基下为淤泥质砂壤土及粉质黏土，其下有部分中粗砂，渗透系数为 3.2×10^{-3} cm/s。闸基土允许渗流坡降值水平段为 0.15，出口段为 0.40，闸基土易发生流土破坏。因此，新涌水闸的闸基周围采用水泥土搅拌桩封闭，桩底深入强风化黏土岩，满足抗渗要求。

抗渗稳定计算采用改进阻力系数法。

水闸地基的有效深度 T_e 按下列公式计算：

当 $L_0/S_0 \geq 5$ 时

$$T_e = 0.5L_0$$

当 $L_0/S_0 < 5$ 时

$$T_e = 5L_0/(1.6L_0/S_0 + 2)$$

式中　T_e——土基上水闸的地基有效深度，m；

　　　　L_0——地下轮廓的水平投影长度，m；

　　　　S_0——地下轮廓的垂直投影长度，m。

当计算的 T_e 值大于地基实际深度时，T_e 值应按地基实际深度采用。

分段阻力系数可分为进出口段、内部垂直段和水平段。

进出口段：

$$\xi_0 = 1.5(S/T)^{3/2} + 0.441$$

式中　ξ_0——进、出口段的阻力系数；

　　　　S——板桩或齿墙的入土深度，m；

　　　　T——地基透水层深度，m。

内部垂直段：　　　$\xi_y = 2/\pi \ln \mathrm{ctg}[\pi/4(1 - S/T)]$

式中　ξ_y——内部垂直段的阻力系数。

水平段：　　　$\xi_x = [L_x - 0.7(S_1 + S_2)]/T$

式中　ξ_x——水平段的阻力系数；

　　　　L_x——水平段长度，m；

S_1、S_2——进、出口段板桩或齿墙的入土深度，m。

各分段水头损失值可按下式计算：

$$h_i = \xi_i \frac{\Delta H}{\sum_{i=1}^{n} \xi_i}$$

式中　h_i——各分段水头损失值，m；

　　　　ξ_i——各分段的阻力系数；

　　　　n——总分段数。

进、出口段水头损失值和渗透压力分布图形可按下列方法进行局部修正：

$$h_0' = \beta' h_0$$

$$h_0 = \sum_{i=1}^{n} h_i$$

$$\beta' = 1.21 - \frac{1}{\left[12\left(\dfrac{T'}{T}\right)^2 + 2\right]\left(\dfrac{S'}{T} + 0.059\right)}$$

式中　h_0'——进、出口段修正后的水头损失值，m；

　　　　h_0——进、出口段水头损失值，m；

　　　　β'——阻力修正系数，当计算的 $\beta' \geqslant 1.0$ 时，采用 $\beta' = 1.0$；

　　　　S'——底板埋深与板桩入土深度之和，m；

　　　　T'——板桩另一侧地基透水层深度，m。

修正后水头损失的减小值 Δh：

$$\Delta h = (1 - \beta')h_0$$

式中 Δh ——修正后水头损失的减小值，m。

当 $h_x \geqslant \Delta h$ 时，可按下式进行修正：

$$h'_x = h_x + \Delta h$$

式中 h_x ——水平段的水头损失值，m；

h'_x ——修正后的水平段水头损失值，m。

此时渗流坡降呈急变段的长度 L'_x：$L'_x = \dfrac{\dfrac{\Delta h}{\Delta H}}{\sum\limits_{i=1}^{n} \xi_i} T$，相应的水头损失为 Δh。

当 $h_x < \Delta h$ 时，可按下列两种情况分别进行修正：

（1） $h_x + h_y \geqslant \Delta h$ 时

$$h'_x = 2h_x \quad h'_y = h_y + \Delta h - h_x$$

式中 h_y ——内部垂直段的水头损失值，m；

h'_y ——修正后的内部垂直段水头损失值，m。

（2） $h_x + h_y < \Delta h$ 时

$$h'_x = 2h_x \quad h'_y = 2h_y \quad h'_{cd} = h_{cd} + \Delta h - (h_x + h_y)$$

式中 h_{cd} ——CD 段的水头损失值，m，CD 参见《水闸设计规范》（SL 265—2001）第 C.2.5 条；

h'_{cd} ——修正后的 CD 段水头损失值，m。

计算时考虑出口水平段渗透坡降和出口处坡降，验算是否水平段有接触冲刷、出口处发生流土破坏。

出口段渗流坡降值可按下式计算：

$$J = h'_0 / S'$$

式中 S' ——地下轮廓不透水部分渗流出口段的垂直长度；

h'_0 ——出口段水头损失。

闸（泵）基下为淤泥质砂壤土。经计算，新涌水闸闸基水平段水力坡降最大值为 0.03，小于允许值 $[J_x] = 0.15$；出口段水力坡降最大值为 0.12，小于允许值 $[J] = 0.40$，闸基抗渗稳定满足要求。

5.5.3 排水设计

为了增加底板的抗浮稳定性，在泵站前池及进、出口海漫的底板上，以及水闸上、下游海漫段设置了间距 2.0m，直径 75mm 的排水孔，底板下设砂砾石垫层和土工布。

5.6 结构设计

5.6.1 水闸泵站控制运用方式

（1）屏山河水位高于内河涌水位，需要排涝时，开泵排涝。

（2）屏山河水位低于内河涌水位，需要排涝时，开闸排涝。

（3）当屏山河水位高于内河涌最高水位时，关闸挡潮。

5.6.2 泵房（闸室）荷载计算及组合

作用在泵房（闸室）上的主要荷载有：泵房（闸室）自重和永久设备自重、水重、静水压力、扬压力、浪压力、土压力、地震力等，因新涌水闸位于屏山河与幸福涌交汇处，浪压力很小，所以不计浪压力。

（1）泵房（闸室）自重：闸室自重包括闸体自重及永久设备重等。

（2）静水压力：按相应计算工况下上下游水位计算。

（3）土压力：土压力按静止土压力计算。

（4）扬压力：扬压力为浮托力及渗透压力之和，根据流网法计算各工况渗透压力。

（5）地震力：地震动峰值加速度 $0.10g$，地震基本烈度为Ⅶ度。根据《水工建筑物抗震设计规范》（SL 203—97）的规定，4 级水闸采用拟静力法计算地震作用效应。

水平向地震惯性力：沿建筑物高度作用于质点 i 的水平向地震惯性力代表值按下式计算。

$$F_i = \alpha_h \xi G_{Ei} \alpha_i / g$$

式中　F_i——作用在质点 i 的水平向地震惯性力代表值；

　　　ξ——地震作用的效应折减系数，除另有规定外，取 0.25；

　　G_{Ei}——集中在质点 i 的重力作用标准值；

　　　α_i——质点 i 的动态分布系数；

　　　α_h——水平向设计地震加速度代表值，$0.1g$。

地震动水压力：单位宽度的总地震动水压力作用在水面以下 $0.54H_0$ 处，计算时分别考虑闸室上下游地震动水压力，其代表值 F_0 按下式计算。

$$F_0 = 0.65 \alpha_h \xi \rho_w H_0^2$$

式中　ρ_w——水体质量密度标准值；

　　　H_0——水深。

荷载按不同的计算工况进行组合，见表 5.6－1 和表 5.6－2。

表 5.6－1　　　　　新涌闸室稳定与应力计算荷载组合表

工　　况		自重	水重	静水压力	扬压力	土压力	风压力	地震荷载
完建	基本组合	√	—	—	—	√	—	—
挡外河水	基本组合	√	√	√	√	√	√	—
预排情况	基本组合	√	√	√	√	√	√	—
地震	特殊组合1	√	√	√	√	√	—	—
检修	特殊组合2	√	√	√	√	√	√	√

表 5.6－2　　　　　新涌泵房稳定与应力计算荷载组合表

工　　况		自重	水重	静水压力	扬压力	土压力	风压力	地震荷载
完建	基本组合	√	—	—	—	√	—	—
设计运用情况	基本组合	√	√	√	√	√	√	—
正向挡潮	基本组合	√	√	√	√	√	√	—
反向挡水	基本组合	√	√	√	√	√	√	—
检修	特殊组合1	√	√	√	√	√	√	—
地震	特殊组合2	√	√	√	√	√	√	√

5.6.3 新涌泵房（闸室）计算工况及水位组合

工况及水位组合见表 5.6－3 和表 5.6－4。

表 5.6－3　　　　　　　　　　新涌闸室稳定与应力计算水位组合表

计　算　工　况		组　　　合	
		幸福涌水位	屏山河水位
完建	基本组合	无水	无水
挡外河水	基本组合	常水位	最高控制水位
预排情况	基本组合	常水位	预排水位
检修	特殊组合 1	常水位	常水位
正常运用＋地震	特殊组合 2	常水位	常水位

表 5.6－4　　　　　　　　　　　泵房稳定与应力计算工况组合

计　算　工　况		水　位　组　合	
		幸福涌水位	屏山河水位
完建	基本组合	无水	无水
设计运用情况	基本组合	排涝最低水位	20 年一遇水位
正向挡水	基本组合	常水位	最高控制水位
反向挡水	基本组合	常水位	预排水位
检修	特殊组合 1	常水位	常水位
地震	特殊组合 2	常水位	常水位

5.6.4 稳定计算

5.6.4.1 抗滑稳定计算

泵房（闸室）沿基础底面的抗滑稳定安全系数，采用《泵站设计规范》（GB/T 50265—97）中规定的公式计算：

$$K_c = f\sum G / \sum H$$

式中　K_c——抗滑稳定安全系数；

$\sum G$——作用于泵房基础底面以上的全部竖向荷载（包括泵房基础底面上的扬压力在内），kN；

$\sum H$——作用于泵房基础底面以上的全部水平向荷载，kN；

f——泵房基础底面与地基之间的摩擦系数，取 0.3。

5.6.4.2 基底应力验算

基底应力按材料力学偏心受压公式进行计算，当结构布置及受力情况对称时，按下式计算：

$$P^{max}_{min} = \frac{\sum G}{A} \pm \frac{\sum M}{W}$$

式中　$\sum G$——作用在闸室上全部竖向荷载；

$\sum M$——作用在闸室上的全部竖向和水平向荷载对基础底面垂直水流方向的形心轴

的力矩；

　　A——闸室基底面的面积；

　　W——闸室基底面对于该底面垂直水流方向的形心轴的面积矩。

　　当结构布置及受力情况不对称时，其计算公式如下：

$$P_{\min}^{\max}=\frac{\sum G}{A}\pm\frac{\sum M_x}{W_x}\pm\frac{\sum M_y}{W_y}$$

式中　$\sum M_x$，$\sum M_y$——作用在闸室上的全部竖向和水平向荷载对基础底面形心轴 x、y 的力矩；

　　　　W_x，W_y——闸室基底面对于该底面形心轴 x、y 的面积矩。

5.6.4.3　抗浮稳定计算

　　泵房抗浮稳定安全系数采用《泵站设计规范》（GB/T 50265—97）中规定的公式计算：

$$K_f=\sum V/\sum U$$

式中　K_f——抗浮稳定安全系数；

　　　$\sum V$——作用于泵房基础底面以上的全部重力，kN；

　　　$\sum U$——作用于泵房基础底面上的扬压力，kN。

　　计算成果汇总。泵房及闸室天然地基稳定计算成果见表 5.6-5 和表 5.6-6。

表 5.6-5　　　　　　　　　　　水闸稳定应力计算成果表

工况组合		基　本　组　合			特　殊　组　合	
		工况 1	工况 2	工况 3	工况 4	工况 5
抗滑稳定安全系数	K_c	—	4.17	17.84	—	5.92
	$[K_c]$	1.25			1.1	1.05
抗浮稳定安全系数	K_f	—			1.96	—
	$[K_f]$	1.10			1.05	
基底应力/kPa	$\sigma_{\max}$	75.90	62.51	58.78	61.77	83.21
	$\sigma_{\min}$	69.22	44.45	57.23	54.84	30.26
	均值 σ	72.55	53.48	58.00	58.31	56.74
不均匀系数 $\sigma_{\max}/\sigma_{\min}$		1.10	1.41	1.03	1.13	2.75
允许不均匀系数 $[\sigma_{\max}/\sigma_{\min}]$		1.50			2.00	
基底应力允许值 $[\sigma]$		90				
1.2 $[\sigma]$		108				

表 5.6-6　　　　　　　　　　　泵房稳定计算成果表

工况组合		基　本　组　合			特　殊　组　合	
		工况 1	工况 2	工况 3	工况 4	工况 5	工况 6
抗滑稳定安全系数	K_c	—	3.42	3.46	3.91	—	5.04
	$[K_c]$	1.25				1.1	1.05

工 况 组 合		基 本 组 合				特 殊 组 合	
		工况1	工况2	工况3	工况4	工况5	工况6
抗浮稳定安全系数	K_f	—	—	—	—	2.46	—
	$[K_f]$	1.10				1.05	
基底应力/kPa	σ_{max}	119.36	80.61	71.70	77.55	77.85	102.53
	σ_{min}	97.07	66.97	58.61	67.81	55.09	53.21
	均值 σ	108.22	73.79	65.16	72.68	66.47	77.87
不均匀系数 $\sigma_{max}/\sigma_{min}$		1.23	1.20	1.22	1.14	1.41	1.93
允许不均匀系数 $[\sigma_{max}/\sigma_{min}]$		1.50				2.00	
基底应力允许值 $[\sigma]$		90					
$1.2[\sigma]$		108					

从表5.6-5和表5.6-6中可以看出，闸室与泵室的抗滑稳定安全系数大于规范规定的允许值，但天然地基情况下基底应力不均匀系数大于规范允许值，基底应力也大于地基容许承载力，需进行地基处理。

5.6.5　泵房（闸室）应力计算及配筋

泵房（闸室）应力计算包括泵房底板，墩墙、水泵层、电机层楼面等主要构件，根据具体情况简化为平面问题进行设计计算。

计算荷载除与稳定计算相同外，还计入楼面活荷载等。

（1）泵房底板、泵墩及流道层。泵房底板根据受力条件和上部结构型式，按弹性地基梁计算，结构计算时顺流向截取单宽的框架板条，包括泵房底板、流道层板、边墩、缝墩及中墩。计算荷载包括侧向土压力、墩身自重、墩上部结构重、人群荷载、水重、静水压力、地震力等，计算程序采用《水利水电工程设计计算程序集》中带斜杆带弹性地基梁的平面框架。计算工况包括施工完建工况、运用工况、检修工况和地震工况。经分析，完建工况、检修工况及地震工况为控制工况。泵房底板、边墙内力及配筋计算成果见表5.6-7。

表5.6-7　　　　　　　　泵房底板、边墙内力及配筋计算成果表

		最 大 弯 矩/(kN·m)				
		底板	左边墙	右边墙	流道层	中隔墙
工况	完建工况	211.02	−65.35	211.02	−77.04	162.34
	检修工况	229.99	−45.65	229.99	−81.98	185.63
	地震工况	233.66	145.58	233.66	−103.51	189.37
配筋面积/mm²		1725	1425	1725	977	1125
配筋		Φ22@200	Φ20@200	Φ22@200	Φ18@200	Φ18@200

注　弯矩以底板底部受拉、闸墩外侧受拉为正。

（2）泵房电机层板梁。电机层楼板按板梁结构设计，由板和井字梁组成。表5.6-8

中横梁为顺水流向，共两个，净跨为7m，根据板上荷载情况布置纵梁，板厚20cm。电机层主要受自重、电机重、人群活荷载和安装检修活荷载等。考虑板与墩墙整体浇注，按固结考虑。考虑安装、检修及运行时的最不利组合，分别求出支座和跨中弯矩，并据此配筋。

板梁内力及配筋计算成果见表5.6－8。

表5.6－8 泵站电机层板梁内力及配筋计算成果表

部 位		最大弯矩 /(kN·m)	配筋面积 /mm²	配 筋	裂缝/mm	允许裂缝 /mm
板	支座	5.3	471	Φ10@120	0.22	0.30
	跨中	2.4	471	Φ10@120	0.06	0.30
横梁	支座	305.2	2070	5Φ25	0.24	0.35
	跨中	151.1	2070	5Φ25	0.12	0.35
纵梁	支座	327.5	2170	5Φ25	0.23	0.35
	跨中	177.6	2170	5Φ25	0.12	0.35

（3）闸室。闸室结构应力分析按弹性地基梁计算，结构计算时顺流向截取单宽的框架板条，包括闸室底板和边墩。计算荷载包括侧向土压力、墩身自重、墩上部结构重、人群荷载、水重、静水压力、地震力等，计算程序采用《水利水电工程设计计算程序集》G14—带斜杆带弹性地基梁的平面框架。计算工况包括施工完建工况、运用工况、检修工况和地震工况。经分析，完建工况、检修工况及地震工况为控制工况。闸室底板、边墩、缝墩内力及配筋计算成果见表5.6－9。

表5.6－9 闸室底板、边墩、缝墩内力及配筋计算成果表

		最 大 弯 矩/(kN·m)			
		底板上层	底板跨中	左边墙	右边墙
工况	完建工况	172.11	−135.26	172.11	0.00
	检修工况	210.52	−118.57	210.52	0.00
	地震工况	295.28	−297.15	295.28	297.15
配筋面积/mm²		1425	1425	1425	1425
选筋		Φ20@200	Φ20@200	Φ20@200	Φ20@200

注 弯矩以底板底部受拉、闸墩外侧受拉为正。

根据内力计算结果，闸室底板和边墩上下层配筋均为构造配筋，配筋面积均为1425mm²，选配Φ20@200即能满足要求。

5.6.6 交通桥应力计算及配筋

交通桥下部结构采用整体框架结构，应力计算采用《水利水电工程设计计算程序集》G14—带斜杆带弹性地基梁的平面框架内力及配筋计算。计算选用控制工况：完建期和地震。其计算成果见表5.6－10。

　　　　　　　　　　新涌水闸交通桥下部结构计算成果表

		最　大　弯　矩/(kN·m)				
		底板端部	底板跨中	左边墙	右边墙	中隔墙
工况	完建工况	210.74	−68.56	−210.74	210.74	0
	检修工况	151.95	−115.18	−151.95	151.95	0
	地震工况	191.15	−100.75	−112.75	191.15	−28.36
配筋面积/mm²		1425	1425	1425	1425	825
选筋		Φ20@200	Φ20@200	Φ20@200	Φ20@200	Φ16@200

注　弯矩以底板底部受拉、闸墩外侧受拉为正。

根据表 5.6－10，按受弯构件对交通桥底板、桥墩进行配筋计算，最小配筋率为 0.15%。经计算新涌水闸的交通桥底板及桥墩受力钢筋选配 Φ20@200，中墙选配 Φ16@200。

5.6.7　翼墙稳定及应力计算

根据工程布置，上游翼墙（幸福涌侧）高度 6.20～4.70m，下游翼墙（屏山河侧）挡土墙高度 4.70m，挡墙结构采用悬臂式。分别选取墙高 6.20m 和 4.70m 两个典型断面进行结构稳定及应力计算，墙后土压力按朗肯土压力理论计算。

计算工况选取不利水位组合。主要荷载包括土重、侧向土压力、水平水压力、水重、扬压力、结构自重等，侧向土压力按朗肯主动土压力计算。

稳定计算工况及水位组合选取如下：

工况 1（基本组合）：施工完建，墙前、后无水。

工况 2（基本组合）：正常运行，墙前墙后水位均为常水位 0.20m。

工况 3（特殊组合）：水位骤降，墙前水位由最高控制水位骤降，墙后水位不变。

工况 4（特殊组合）：地震情况，正常运行＋地震。

翼墙稳定计算成果见表 5.6－11 和表 5.6－12。

表 5.6－11　　　　　　　　　　翼墙高度 6.10m 稳定及应力计算成果表

工　况　组　合		基　本　组　合		特　殊　组　合	
		工况 1	工况 2	工况 3	工况 4
抗滑稳定 安全系数	K_c	2.72	2.711	2.22	2.38
	$[K_c]$	1.25		1.1	1.05
基底应力 /kPa	σ_{max}	114.27	101.29	109.93	107.96
	σ_{min}	92.52	69.93	67.76	67.38
	均值 σ	103.40	85.61	88.84	87.67
不均匀系数 $\sigma_{max}/\sigma_{min}$		1.24	1.45	1.62	1.60
允许不均匀系数 $[\sigma_{max}/\sigma_{min}]$		1.50		2.00	
基底应力允许值 $[\sigma]$		90			
1.2 $[\sigma]$		108			

表 5.6 - 12

翼墙高度 4.70m 稳定及应力计算成果表

工 况 组 合		基 本 组 合		特 殊 组 合	
		工况 1	工况 2	工况 3	工况 4
抗滑稳定安全系数	K_c	3.1	3.08	2.44	2.69
	$[K_c]$	1.25		1.1	1.05
基底应力 /kPa	σ_{max}	81.68	73.13	80.56	77.31
	σ_{min}	79.29	65.11	46.42	66.13
	均值 σ	80.49	69.12	63.49	70.72
不均匀系数 $\sigma_{max}/\sigma_{min}$		1.03	1.12	1.74	1.17
允许不均匀系数 $[\sigma_{max}/\sigma_{min}]$		1.50		2.00	
基底应力允许值 $[\sigma]$		90			
1.2 $[\sigma]$		108			

由表 5.6 - 11 和表 5.6 - 12 计算结果可知,上、下游翼墙抗滑稳定满足要求,应力不均匀系数亦满足规范要求,但基础底面应力大于基底应力允许值,而且因基底为淤泥质软土,地震时易出现不均匀沉陷导致地基破坏,属抗震不利土层,不能作为基础持力层。因此必须进行基础处理。

5.7 地基处理

(1) 方案比较。水闸(泵房)基础第②层淤泥质黏土为海陆交互相沉积的软土层,含水率高,为流塑—软塑状态,具有抗剪强度低、压缩性高以及触变性和流变性等特点,容易产生沉降问题,天然地基情况下地基承载力也不满足要求,因此须进行必要的基础处理。

泵房基础地层分布情况见表 5.7 - 1。

表 5.7 - 1 　　　　　　　　　　　**泵房基础地层分布情况表**

地层岩性	层厚/m	层底高程/m	分布情况
②-2 层,淤泥质砂壤土	1.75~4.80	−9.08~−3.29	分布连续
③层,粉质黏土	0.80~2.55	−10.48~−4.09	分布连续
⑤层,中粗砂	约 2.05	−12.53	分布较少
⑥层,残积土	1.35~2.9	−5.44~−10.35	沿河涌分布,不连续
⑦层,白垩系沉积岩	未揭穿	最低为−22.08	分布连续

常用的软基处理方案的特点见表 5.7 - 2。

由表 5.7 - 2 可知:换填垫层法不适于淤泥土层较厚的情况,而钻孔灌注桩造价高且施工易造成塌孔,由此进一步筛选组合出三种较优方案:水泥土搅拌法;真空联合堆载预压;动力排水固结法+混凝土预制桩。三种方法的优缺点比较见表 5.7 - 3。

表 5.7－2　　　　　　　　　　　　　常用的软基处理方案的特点表

加固方法	基本机理	优　点	缺　点	注意事项
水泥土搅拌法 干法 （粉喷搅拌） 湿法 （浆液搅拌）	利用水泥（或石灰）等材料作为固化剂通过特制的搅拌机械，就地将软土和固化剂（浆液或粉体）强制搅拌，使软土硬结成具有整体性、水稳性和一定强度的水泥加固土	1. 最大限度利用原土。 2. 搅拌时无振动、无噪音和无污染，对周围原有建筑物影响很小。 3. 与钢筋混凝土桩基相比，可节约钢材并降低造价	1. 塑性指数 I_p 大于25时，容易在搅拌头叶片上形成泥团，无法完成水泥土拌和。 2. 对含有氯化物的黏土，有机质含量高，pH值较低的黏土，含大量硫酸盐的黏土处理效果较差	1. 加固深度：干法不宜大于15m，湿法不宜大于20m。 2. 大块物质（石块和树根等）在施工前必须清除。 3. 土的含水量在50％～85％时，含水量每降低10％，水泥土强度可提高30％
混凝土预制桩	工厂或现场预制。利用锤击，静压或振动法施工	1. 质量可靠、制作方便、沉桩快捷。 2. 桩长现场制作可达25～30m，可打穿软土层直至持力层。 3. 施工工期短	对淤泥层，打桩易产生位移偏位和倾斜	
换填垫层法	挖除浅层软弱土，填以抗剪强度高、压缩性低的天然或人工材料形成垫层	1. 施工简易、工期短、造价低。 2. 若选用砂石作为垫层材料，其良好的透水性可加速垫层下软弱土层的固结	处理深度较浅，不宜超过3m。不适合处理深厚软弱土层	
真空联合堆载预压	真空预压与堆载预压联合实施。铺设水平排水和垂直排水，垫层上覆不透气密封膜，薄膜上堆载。通过在地面上安装的射流真空泵，抽出薄膜下土体中的空气，形成真空，使土体排水而密实	加速施工期沉降，工后沉降大量减少	工期较长	1. 用于无透水土层和均质黏性土。 2. 垫层上覆薄膜的密封性必须保证
动力排水固结法	设置水平排水和垂直排水，夯击原则是先轻后重，少击多遍（传统强夯是以同一夯能重锤多击）激发土体孔压，使土体产生微裂缝排水，以不完全破坏土体结构强度为前提，根据土体强度提高情况，逐步增加能量的动力固结	1. 比预压法工期短。 2. 投资省。 3. 可满足低透水性土深层加固的要求（可超过20m）	对施工工艺要求较高	需严格控制夯击能从小到大变化，以夯坑周边土不出现明显隆起现象为控制标准
钻孔灌注桩	通过机械钻孔在地基土中形成桩孔，并在其内放置钢筋笼、灌注混凝土成桩	1. 施工无挤土、无（少）振动、无（低）噪音，环境影响小。 2. 成孔可穿过任何类型底层，桩长可达100m	1. 造价较高。 2. 淤泥质土易造成塌孔	

表 5.7-3   三种方法的优缺点比较

可选用方法	优　点	缺　点
水泥土搅拌法	1. 投资省。 2. 施工方法较成熟	1. 桩体质量不易保证。 2. I_p 指数高时施工困难
真空联合堆载预压	投资省	工期长
动力排水固结法＋混凝土预制桩	1. 预先处理表层一定厚度的土，使地基形成硬壳层，可避免施打预制桩时的偏位和倾斜。 2. 桩体质量可保证	1. 对施工工艺要求较高。 2. 投资稍高。 3. 当底板底面下软土层发生自重固结、震陷或由于外江围堤基础的沉降而引起基底面下软土层发生沉降时，易使底板底面与软土层发生脱离，使泵（闸）基土层发生渗透变形（管涌）破坏

综合考虑以上方法的优缺点、当地成熟的施工技术及施工工期的要求，最终选用水泥土搅拌桩法。

（2）水泥土搅拌桩设计及计算。水泥土搅拌桩采用湿法加固。为充分发挥桩间土的作用，调整桩和土荷载的分担作用，减少基础底面的应力集中，应在基础与桩顶间设置褥垫层，垫层材料为粗砂，厚 0.3m。

1）单桩竖向承载力特征值 R_a 计算：

$$R_a = u_p \sum_{i=1}^{n} q_{si} l_i + \alpha q_p A_p$$
$$R_a = \eta f_{cu} A_p$$

式中　f_{cu}——与搅拌桩桩身水泥土配比相同的室内加固土试块在标准养护条件下 90d 龄期的立方体抗压强度平均值，kPa；根据番禺地区蕉东联围某水泥土搅拌桩配比试验的数据显示，淤泥土，水泥掺量 20％时，90d 龄期的 f_{cu} 值约为 1500kPa；

η——桩身强度折减系数，湿法可取 0.25～0.33；

u_p——桩的周长，m；

n——桩长范围内所划分的土层数；

q_{si}——桩周第 i 层土的侧阻力特征值。淤泥取 4.0kPa，淤泥质土取 6.0kPa，软塑黏性土取 10.0kPa，可塑黏性土取 12.0kPa；

l_i——桩长范围内第 i 层土的厚度，m；

q_p——桩端地基土未经修正的承载力特征值；

α——桩端天然地基土的承载力折减系数，可取 0.4～0.6。

应使由桩身材料强度确定的单桩承载力大于（或等于）由桩周土和桩端土的抗力所提供的单桩承载力。

2）复合地基承载力计算：

$$f_{sp,k} = m \frac{R_a}{A_p} + \beta(1-m) f_{s,k}$$

式中　$f_{sp,k}$——复合地基承载力特征值，kPa；

m——面积置换率；

A_p——桩的截面积，m^2；

$f_{s,k}$——桩间土天然地基承载力特征值；

β——桩间土承载力折减系数，由于桩端土未经修正的承载力特征值大于桩周土的承载力特征值，依据规范建议值，取 0.3；

R_a——单桩竖向承载力特征值；

A——地基加固面积。

3）水泥搅拌桩复合地基变形计算。复合地基变形 s 的计算，包括搅拌桩群体的压缩变形 s_1 和桩端下未加固土层的压缩变形 s_2 两部分。

$$s_1 = \frac{(p_z + p_{z1})l}{2E_{sp}}$$

$$E_{sp} = mE_p + (1-m)E_s$$

式中　p_z——搅拌桩复合土层顶面的附加压力值，kPa；

p_{z1}——搅拌桩复合土层底面的附加压力值，kPa；

E_{sp}——搅拌桩复合土层的压缩模量，kPa；

E_p——搅拌桩的压缩模量，可取 $(100\sim120)f_{cu}$，kPa；

E_s——桩间土的压缩模量，kPa。

$$s_2 = \varphi_s \sum_{i=1}^{n} \frac{p_z}{E_{si}}(z_i\alpha_i - z_{i-1}\alpha_{i-1})$$

式中　φ_s——沉降计算经验系数；

p_z——水泥土搅拌桩桩端处的附加压力，kPa；

n——未加固土层计算深度范围内所划分土层数；

E_{si}——搅拌桩桩端下第 i 层土的压缩模量，MPa；

z_i，z_{i-1}——桩端至第 i 层土、第 $i-1$ 层土底面一小距离，m；

α_i，α_{i-1}——桩端到第 i 层土、第 $i-1$ 层土底面范围内的平均附加应力系数。

新涌水闸（含泵站）水泥土搅拌桩设计成果见表 5.7-4。

表 5.7-4　　　　　新涌水闸（含泵站）水泥土搅拌桩设计成果表

部　　位	桩径 /m	桩间距 /m	置换率	桩长 /m	复合地基承载力/kPa	最大基底应力/kPa	平均基底应力 /kPa
主泵房	0.6	1.1	0.27	7	116.36	119.36	101.25
上游挡墙	0.6	1.4	0.23	6	83.31	81.68	70.96
下游挡墙	0.6	1.1	0.23	6	116.36	114.27	74.41
泵交通桥下	0.6	1.1	0.27	7	116.36	115.38	98.60
闸室	0.6	1.1	0.27	7	116.36	83.21	72.55
闸交通桥下	0.6	1.1	0.29	7	116.36	117.29	99.15

表 5.7-5　　　　　新涌水闸（含泵站）地基变形（处理后）计算成果表

名　　称	最大沉降量/mm	最大沉降差/mm
计算结果	46	31

由表 5.7-4 和表 5.7-5 可知，最大基底应力小于处理后复合地基承载力的 1.2 倍，且处理后复合地基承载力大于平均基底应力；处理后基底最大沉降量 4.6cm，最大沉降差不超过 5cm。基底应力及沉降均满足规范要求。

水闸（含泵站）基础处理后形成复合地基，属中等坚实地基，基底应力最大值与最小值之比的允许值可提高为：基本组合 2.00、特殊组合 2.50，地震区的水闸数值可适当加大。因此处理后的基底应力最大值与最小值之比满足规范要求。

5.8 主要工程量

新涌水闸工程量见表 5.8-1。

表 5.8-1　　　　　　　　　　　新涌水闸工程量表

编号	项　　目	单位	合计	备　　注
（一）	泵闸工程			
1	土方开挖	m³	7859	
2	土方回填	m³	10954	
3	曲面模板	m²	608	
4	直模板	m²	3002	
5	钢筋混凝土梁（C30）	m³	13	梁高 0.4～0.8m
6	钢筋混凝土板（C30）	m³	25	板厚 0.1～0.20m
7	钢筋混凝土板（C25）	m³	49	板厚 0.50m
8	钢筋混凝土竖墩（C25）	m³	797	厚 0.8～1.2m
9	钢筋混凝土底板（C25）	m³	736	厚 1.0～1.2m
10	钢筋混凝土挡墙（C25）	m³	581	
11	钢筋混凝土门库（C25）	m³	74	
12	C25 混凝土预制空心板	m³	12	交通桥
13	C25 混凝土预制空心板	m³	18	交通桥
14	C40 混凝土桥面铺装	m³	17	厚 0.1m
15	桥面沥青混凝土	m³	10	厚 0.06m
16	交通桥防撞栏 C25 混凝土	m³	10	
17	桥台搭板 C30	m³	32	
18	素混凝土垫层（C10）	m³	106	
19	钢筋量	t	183.52	
20	砂砾石垫层	m³	174	
21	粗砂垫层	m³	263	
22	浆砌石底板	m³	141	M10 砂浆砌筑
23	抛石	m³	306	
24	土工布	m²	364	250g/m²
25	橡胶止水	m	84	厚 12mm

编号	项 目	单位	合计	备 注
26	型钢	kg	750	包括钢梯及预埋件
27	无缝钢管 80m×4m	m	42	60.7kg/m，防撞栏杆上部用
28	钢板	kg	272	防撞栏杆上部用
29	不锈钢栏杆	m	29	
30	排水管 PVC 直径 150mm	m	281	
31	旧管理房拆除	m²	24	砖混结构
32	旧闸拆除（混凝土）	m³	147	
33	旧闸拆除（浆砌石）	m³	221	
34	水泥土搅拌桩防渗墙	m	2305	D0.6m，长 7.0m
35	水泥土搅拌桩	m	6252	D0.6m，长 7.0m
（二）	连接段工程			
1	土方开挖	m³	3648	
2	土方回填	m³	6192	
3	C30 混凝土路面	m³	404	厚 20cm
4	8%水泥稳定土基层	m³	606	厚 30cm
5	塑料排水板长度	m	9779	
6	生态土工袋	个	600	（20cm×32cm×64cm）
7	生态土工袋土	m³	16	
8	松木桩	m³	312	尾径 0.1m
（三）	占地			
1	永久占地	亩	1.41	

5.9 安全监测设计

5.9.1 安全监测设计原则

从大量水闸的运行实践可以看出，水闸的破坏主要是由于软基的不均匀沉陷和底板扬压力过大造成的。按照水闸设计规范的要求，结合本工程的实际情况，特提出如下设计原则：

（1）监测项目的选择应全面反映工程实际情况，力求少而精，突出重点，兼顾全局。本工程以渗流监测和变形监测为主，渗流主要监测闸底板扬压力分布以及水闸与大堤结合部的渗透压力为主，变形主要以沉陷监测为主。

（2）所选择的监测设备应结构简单，精密可靠，长期稳定性好，易于安装埋设，维修方便，具有大量的工程实践考验。

5.9.2 水闸监测项目及测点布置

根据上述设计原则，结合本工程的实际情况，水闸监测项目布设有渗流监测、变形监测和上下游水位监测（流量），现将测点布置情况分述如下：

（1）渗流监测。为监测水闸底板扬压力分布情况，分别沿闸室中心线和泵站中心线布设 6 支渗压计，为监测水闸与大堤结合部的渗透压力分布情况，在每侧挡墙外侧与大地结合部位分别安装 3 支渗压计。为了对上述监测项目实现自动化观测，仪器电缆均引向位于安装检修间内的观测站。

（2）变形监测。对水闸等引水工程来说，闸室的不均匀沉陷量过大，会造成闸墩倾斜，闸门无法启闭等影响涵闸正常运行的后果。为监测闸室的不均匀沉陷，在水闸及泵站的四周各布设一个沉陷标点。

（3）上下游水位监测。在闸前和闸后水流相对平顺的部位各布置一支水位计，以监测水闸的上下游水位。通过水位一方面可以通过水位关系曲线可以求得过闸流量；另一方面也可了解闸底板扬压力与上下游水位的关系。

（4）气温监测。在水闸附近布置一支温度计，一方面对仪器的温度参数进行修正；另一方面监测温度变化对水闸的影响。

5.9.3 监测设备选型

目前，应用于水利水电工程安全监测的设备类型很多，如振弦式、差动电阻式、电容式、压阻式等。除振弦式仪器外，其他仪器均存在长期稳定性差、对电缆要求苛刻、传感器本身信号弱、受外界干扰大的缺点。振弦式仪器是测量频率信号，具有信号传输距离长（可以达到 2～3km），长期稳定性好，对电缆绝缘度要求低，便于实现自动化等优点，并且每支仪器都可以自带温度传感器测量温度，同时，每支传感器均带有雷击保护装置，防止雷击对仪器造成损坏。

根据安全监测设计原则以及各种类型仪器的优缺点，本工程中应用的渗压计采用振弦式。

5.9.4 监测自动化设计

广州铁路西客站地区排涝工程水闸监测全部实现监测自动化。监测自动化系统是由数据自动采集系统和监测信息管理与分析系统两部分组成。数据自动采集系统主要是把分布在闸内的各类监测仪器的监测数据按照事先给定的时间间隔准确无误地采集到指定的位置，并按照一定的格式存储起来。监测信息管理与分析系统主要是对自动采集系统和人工采集来的监测数据实时进行管理、分析、处理，实时掌握工程的运行状况，为及时、准确判断工程的安全状况提供可靠的依据。本工程的每个水闸放置一台数据自动采集装置，通过工程的通信系统将数据按照事先规定的频次传送到管理站。

5.9.5 监测工程量

广州铁路新客站地区排涝工程水闸监测自动化系统的全部设备在本工程中列出，其他水闸建筑物监测自动化系统设备不再单列。监测工程量见表 5.9 - 1。

表 5.9 - 1　　　　　　　　　　　　　新涌水闸监测工程量表

序号	项 目 名 称	单位	数量
	仪器设备		
1	渗压计	支	18
2	水位计	支	2

序号	项 目 名 称	单位	数量
3	温度计	支	1
4	沉陷标点	个	6
5	水准工作基点	个	2
6	集线箱	个	1
7	电缆	m	800
8	直径 50mm 镀锌钢管	m	20
9	电缆保护管（直径 50mmPVC 管）	m	20
10	水准仪	台	1
11	读数仪	台	1
12	自动化采集系统		
12.1	现地监测单元	台	7
12.2	电源防雷器	只	7
12.3	隔离变压器 200W	只	7
12.4	电源保护盒	台	7
12.5	通信保护盒	台	7
12.6	防水机箱	个	7
12.7	数据分析及采集主机	台	1
12.8	软件	套	1

6 新涌水闸的水力机械、电工、金属结构及采暖通风

6.1 水力机械

6.1.1 泵站基本参数

（1）设计标准。钟村镇排涝区新涌排涝泵站设计标准按 20 年一遇 24h 设计暴雨 1d 排完设计。

（2）计算设计流量。本站水泵提排设计流量为 10.0m³/s。

（3）特征水位。通过对番禺区钟村镇排涝区水文分析及工程规模专题论证，经过分析，新涌排涝泵站特征水位汇总见表 6.1-1。

表 6.1-1　　　　　　　　　　新涌排涝泵站工程特征水位汇总表　　　　　　　　单位：m

排涝泵站名称		新涌排涝泵站
内河（新涌）特征水位	最高水位	1.50
	设计水位	0.50
	最高运行水位	1.44
	最低运行水位	0.20
外河（屏山河）设计特征水位	防洪水位	2.00
	设计水位	1.40
	最高运行水位	1.76
	平均水位	0.20

6.1.2 规程、规范及手册

泵站设计遵照的主要规程、规范如下：

（1）《泵站设计规范》（GB/T 50265—97）。

（2）《水力发电厂水力机械辅助设备系统设计技术规定》（DL/T 5066—1996）。

（3）《机电排灌设计手册》（第二版）（水利电力出版社）1992 年。

6.1.3 水泵

（1）水泵选择原则。水泵型式的选择应在可能的范围内进行方案比较并符合下列要求：

1）应满足泵站设计流量、设计扬程以及不同时期的排除涝水的要求。在平均扬程时，水泵应在高效率区运行，在最高和最低扬程时，水泵应能安全、稳定运行。

2）水泵气蚀性能较好，电动机不超载，泵组运行稳定性较好。

3）泵站应优先选用国家推荐的系列产品和经过鉴定的产品。

4）具有多种泵型可供选择时，应综合分析水力性能、泵组设备造价、工程投资和运

行检修等因素，经济技术上合理可行，择优确定。

5）水泵及电动机结构应简单、可靠，机电设备的安装调试、运行管理和检修维护方便，泵站的运行费用和综合造价较低。

6）工程区地层主要由淤泥、淤泥质黏土等软土组成，泵型选择应减少泵站基坑开挖的深度，降低施工难度。

（2）排涝泵站水泵型式。新涌排涝泵站净扬程在 2.5m 以下，属特低扬程泵站。内涌水流大部分时间靠自流排入屏山河，泵站提排期主要集中在汛期，水泵选择的首要问题是泵站运行的安全性、稳定性、可靠性及汛期河水高含量泥沙对水泵性能的影响，考虑到水泵生产制造和当地成熟的运行管理经验，初步选择低扬程高比转数的立式轴流泵作为新涌排涝泵站的水泵型式。

（3）排涝泵站水泵台数。根据幸福涌控制区域的地形特点，新涌提排站主要运行期集中在每年的雨季（即 4—9 月）涌内水位较高时段，装置利用率低，不考虑设置备用泵。此外，按照泵站确定的排涝规模及《泵站设计规范》（GB/T 50265—97）的有关规定，排涝泵站的水泵台数宜为 3～9 台。

本阶段对装置 3 台水泵两种方案进行了比较，见表 6.1-2。

表 6.1-2　　　　　　　　　　　机型技术性能比较表

方　案		一	二
水泵型号		900ZLB-135（+3°）	1200ZLB-100（+1°）
流量范围/（m³/s）		3.64～2.34	3.13～3.57
机组性能	扬程范围/m	1.365～5.07	3.4～1.91
	转速/（min/r）	490	370
初选设计工况	扬程/m	1.90	1.9
	流量/（m³/s）	3.49	3.58
	效率/%	82.3	80.8
初选校核工况	扬程/m	2.56	2.56
	流量/（m³/s）	3.29	3.36
	效率/%	84.7	79.5
配用功率/kW		130	130
机组台数/台		3	3

（4）扬程的组合计算。排涝泵站特征扬程组合计算按下列公式进行：

$$H_{设计} = h_{设外} - h_{设内} + h_{损}$$
$$H_{校核} = h_{高外} - h_{低内} + h_{损}$$

式中　$H_{设计}$——设计净扬程，m；

　　　$H_{校核}$——最大净扬程，m；

　　　$h_{设外}$——设计外水位，m；

　　　$h_{高外}$——最高运行外水位，m；

　　　$h_{设内}$——设计内水位，m；

$h_{损}$——损失扬程，m。

采用表 6.1-1 特征水位计算得水泵扬程为：$H_{设计}=0.90+h_{损}$，$H_{校核}=1.56+h_{损}$。按照以往经验，在设计净扬程时，流道损失初步按 1.0m 估算，以此进行水泵选型设计。

（5）水泵选择。根据新涌泵站的基本参数，同时参照同等规模泵站的运行管理经验，分析了多个同类水泵制造厂的水泵性能，本阶段初步选择了 900ZLBc2A-135 立式轴流泵 3 台和 1200ZLBc-100 立式轴流泵 3 台两套方案。对两方案进行技术比较，见表 6.1-2，两方案水泵的性能曲线见图 6.1-1 和图 6.1-2。

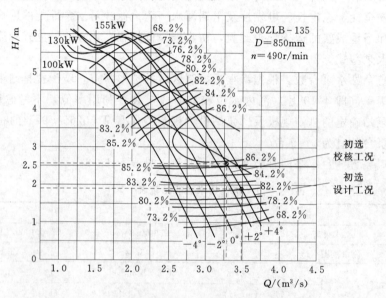

图 6.1-1 900ZLB-135（+3°）性能曲线图

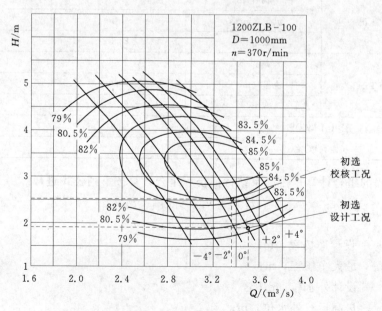

图 6.1-2 1200ZLB-100（+1°）性能曲线图

通过表 6.1-2 比较可见，两方案都满足排涝要求。根据泵站的设计基本参数，最优工况下能够精确的满足泵站设计参数的水泵型号基本没有，都或多或少存在偏差，方案二中的 1200ZLB-100（+1°）型水泵用于新涌泵站时，装置利用率和效率更低，设备和土建投资大，综合考虑水泵的耐久性和运行经济性等方面因素，本阶段初步确定采用 900ZLB-135（+3°）型水泵为推荐方案。

（6）推荐方案的设计工作参数。通过对推荐方案水泵进口前的拦污栅、闸门槽，进、出水流道和流道进、出水口、出口拍门及出口闸门槽的沿程和局部水头损失，得出 900ZLBc2A-135 型水泵在泵站设计工况下的水力损失为 0.95m，校核工况下水力损失为 0.89m。故 $H_{设计}=0.90+0.85=1.75m$，$H_{校核}=1.56+0.79=2.35m$。

实际运行的设计工况点和校核工况点在性能图中位置相对比较理想，满足新涌的排涝要求，而且效率也较高。泵站推荐方案设计工况参数见表 6.1-3。推荐水泵性能参数见表 6.1-4。

表 6.1-3　　　　　　　　　　泵站推荐方案设计工况参数表

方案	流量 /(m³/s)	扬程 /m	效率 /%	轴功率 /kW	配套功率 /kW	转速 /(r/min)
设计工况	3.67	1.75	80.5	94.66	130	490
校核工况	3.47	2.35	84.5			

表 6.1-4　　　　　　　　　　900ZLB-135（+3°）型水泵性能参数表

水泵型号	叶片安放角	流量 /(m³/s)	扬程 /m	转速 /(r/min)	功率/kW		效率 /%	泵叶轮直径 /mm
					轴功率	配用功率		
900ZLB-135	+3°	3.64	1.36	490	64.6	130	75.70	850
		3.00	3.50		119.35		86.20	
		2.34	5.07		148.75		78.20	

（7）配套电机功率。泵站所选水泵是立式机组，机组和电动机采用直联传动。

1）水泵轴功率计算：

$$N_{轴}=\frac{QH\gamma}{\eta}$$

式中　$N_{轴}$——水泵轴功率，kW；

γ——水的重度，取 9.81kN/m³；

Q——水泵流量，m³/s。

为使机组在任何情况下安全运行，电动机不超载，所选电动机额定功率要大于水泵最大轴功率，$N_{轴}$ 取水泵在校核工况下的轴功率。

2）与水泵配套的电动机功率计算：

$$N_p=KN_{轴}$$

式中　N_p——计算配套功率，kW；

K——备用系数；

$N_{轴}$——水泵轴功率，kW，取 1.30。

根据以上计算公式和原则，新涌排涝站电动机选配结果见表6.1-3。

根据水泵的轴功率及转速，以及备用系数要求及厂家配套标准系列电机。经计算，采用130kW异步电机可满足要求。

（8）水泵的出口断流设备。在新涌每台水泵出水口均设有一套拍门作为断流设备，在事故停泵时保护水泵设备的安全。

6.1.4 辅助机械设备

（1）起重设备。为便于泵站设备的安装检修，设置1套起重设备。由于单台泵组的最大起吊重量不大，选用起吊重量为5.0t的LD型电动单梁起重机1台，起重机起升高度为12m，跨度为7.0m。

（2）水力监测设备。在泵站进水池和出水池闸门外侧各设置一套水位计，测量水位的高低，用于水泵机组启停控制。所有的测量数据均送入泵站计算机监控系统。

（3）供水系统。泵站水泵导轴承的润滑用水及运行管理人员生活用水均取自市政自来水管网。机组启动前轴承需要先充水润滑，润滑水的通断由电磁阀控制。

（4）排水系统。泵站设置2台检修排水泵，检修排水泵的总流量满足5h排除单泵流道内积水和进、出口闸门（拍门）漏水量之和。检修排水泵型式采用移动式潜水泵，设计流量$Q=65.0m^3/h$，设计扬程$H=13.0m$，电机功率$N=4.0kW$，共2台。

在检修排水初期，将2台检修排水泵置于出水流道拍门与出口检修闸门之间的水道内将水抽至外江。当内水位下降至0.2m，可将叶轮提出转轮室进行拆卸、更换和维修。

（5）润滑油系统。泵站润滑油用油量较少，采用人工加油。在主厂房内只贮存少量润滑油用以补充机组运行的损耗，润滑油牌号：T-46。

6.1.5 泵房及水力机械主要设备布置

6.1.5.1 泵组的布置

新涌泵站的水泵采用立式轴流泵，采用干室泵房，3台水泵采用一列式布置。

6.1.5.2 泵房主要尺寸的确定

（1）水泵机组段长度的确定。根据立式轴流泵流道尺寸和水泵进、出水管、泵体最大外形尺寸，考虑水泵控制柜及泵房内的主要通道等的布置，满足水泵设备的安装和运行，确定水泵进水室宽度为3.2m，机组段长度为4.0m。

为满足水泵和电动机等设备的安装、检修和装卸要求，泵站内需设置安装检修场。安装检修间位于泵房右端，长5.0m，宽7.0m。

（2）泵房宽度的确定。考虑立式轴流泵的结构型式和水泵进、出流道布置确定泵房宽度。泵站泵房净宽度为7.0m。

（3）泵房各层高程的确定。

1）水泵安装高程。泵站水泵安装高程的确定除了必须满足在进水池最低运行水位要求外，也满足出水流道的出口上缘应淹没在出水池最低运行水位以下0.1~0.2m的要求。本阶段初步确定水泵叶轮中心安装高程定为-1.52m。

2）进水室底板高程。按照水泵叶轮的埋设要求，本阶段初步确定进水室底板高程定为-3.00m。

3）水泵层高程。泵站水泵基础面至水泵叶轮中心线的高度为0.94m，确定水泵层的高程为－0.59m。

4）电动机层高程。泵站电动机层高程的确定主要是满足联轴器的拆卸、安装要求和交通道路进厂高程，综合考虑确定电动机层高程2.60m。

5）安装检修场层高程。泵站安装检修场层与电动机层同高为2.60m。

6）桥机轨道顶高程。泵站桥机轨道顶高程按检修间地板高程、汽车车厢底版离地面高度、垫块高、最高设备（或部件）高度、捆扎长度、起吊物吊离车厢底板的必要高度和吊车吊钩至轨道面的最小距离，总高度为7.00m，则轨顶高程9.60m。

7）厂房屋顶梁底高程。本阶段起重机轨道顶与梁底高程初步按1.0m确定，高程10.60m。

6.1.6 主要设备汇总表

新涌泵站主要水力机械设备表见6.1-5。

表 6.1-5　　　　　　　新涌泵站主要水力机械设备表

序号	名　称	型号及规格	单位	数量	备　注
一	水泵电机组				
1	立式轴流泵	900ZLB-135，$Q=3.00\text{m}^3/\text{s}$，$H=3.5\text{m}$	台	3	叶片安放角度＋3°
2	电动机	$N=130\text{kW}$，$n=490\text{r/min}$，$U=380\text{V}$	台	3	
3	30°弯头	DN900	套	3	主机厂配套供货
4	拍门	DN1600	套	3	主机厂配套供货
5	异径管	DN900/DN1600	套	3	主机厂配套供货
6	钢管	DN1600	m×m	3×1.55	主机厂配套供货
7	起重设备	LD型电动单梁起重机，起重量5t，跨度为7.0m，起升高度12m	台	1	
二	水泵润滑供水系统				
1	闸阀	DN100，PN1.0MPa	个	1	
2	闸阀	DN50，PN1.0MPa	个	2	
3	止回阀	H14W-10T，DN50，PN1.0MPa	个	1	
4	电接点压力表	YX-150，DN25，0～0.1MPa，1.5级	个	4	
5	球阀	DN25，PN1.0MPa	个	6	
6	电磁阀	DN25，PN1.0MPa	个	3	
7	HDPE供水管	DN100	m	100	
8	镀锌钢管	DN50	m	50	
9	镀锌钢管	DN25	m	30	
10	阀门井	φ1400	座	1	
三	泵站检修排水系统				
1	潜水排污泵	$Q=65\text{m}^3/\text{h}$，$H=13.0\text{m}$，$N=4.0\text{kW}$	台	2	配DN80输水胶管及室外控制箱（一控二）
四	泵站测量系统				
1	投入式静压液位变送器	M26W测量范围0～5m电缆长度10m	套	3	其中一套供检修排水用

6.2 电气

6.2.1 电源引入方式

根据该工程在番禺区铁路新客站所担负的防洪、排涝功能，水闸泵站负荷等级确定为二级，新涌水闸—泵站采用双回 10kV 电源供电，结合当地电力规划及现有电力网现状，初步拟定电源的引接方式由附近的两个变电所或同一个变电所的不同 10kV 母线各引接一回作为水闸泵站专用线路，两个电源互为备用。电源具体引接哪所变电所，尚需下一阶段由业主到当地供电部门进行用电报装申请，当地供电部门现场勘察并协商确定。

新涌水闸泵站用电负荷情况见表 6.2-1。

表 6.2-1　　　　　　　　　　　新涌水闸泵站用电负荷情况表

序号	负荷名称	数量	单位	容量/kW	总容量/kW
1	泵站水泵	3	台	130	390
2	泵房起重机	1	台	2	2
3	泵站排污水泵	2	台	4	8
4	泵站螺杆启闭机	3	台	5.5	16.5
5	水闸工作门电动葫芦	1	台	15	15
6	泵站移动除湿机	2	台	1.5	3
7	泵站通风机	6	台	0.5	3
8	泵站照明	1	项		5
9	二次电源	1	项		2
10	直流电源	1	项		10
11	UPS 电源	1	项		3
12	检修电源	1	项		20

6.2.2 电气主接线

根据水闸—泵站设备台数、容量和电源引入方式，选定的电气主接线为：

高压侧 1 号、2 号电源进线分别引自附近 10kV 两个不同电源，10kV 侧为单母线分段接线（不设联络开关），两段 10kV 母线分别经 1 台 800kVA 降压变压器降为 0.4kV，变压器低压侧采用插接母线引接至 0.4kV 母线。0.4kV 侧采用单母线分段接线形式，两段母线之间设联络开关。供电运行方式为 2 台变压器互为备用。为方便运行管理，节约电能损耗，设站用变压器 1 台，站用变压器接至 1 号电源进线侧母线，在非汛期水闸泵站不用电的情况下，站用变压器供泵站部分照明及管理区日常生活、照明用电。

6.2.3 短路电流计算及电气设备选择

由于缺少电力部门提供的系统阻抗，10kV 进线开关柜短路容量按照对侧 10kV 母线短路容量选择为 31.5kA。

新涌泵站工程用电负荷总容量为 457kW，按照 2 台 130kW 水泵同时运行，其中 1 台 130kW 水泵采用软启动方式进行启动对变压器容量的要求，计算变压器容量不小于 680kVA。因此，选择变压器容量为 800kVA。

电气设备按正常工作额定电压和额定工作电流进行选择，按短路情况下进行热稳和动稳进行校验，并考虑到工程所在地气候湿热，故高低压电气盘柜及配电箱均采用湿热型产品，主要电气设备选择如下：

（1）变压器。考虑到无油化的要求，选用防火性能较好、低损耗、节能型干式变压器（SCB10）。变压器带保护外壳。

型号：　　　SCB10 - 800/10

额定容量：800kVA

额定变比：$10\pm2\times2.5\%/0.4kV$

联结组别：D，yn11

阻抗电压：$U_k=6\%$

（2）10V 高压开关柜。高压开关柜均选用较为先进可靠的铠装型移开式交流金属封闭开关设备，开关柜具有"五防"功能，并配用真空断路器。

开关柜型号：KYN28A - 12（TH）

额定电压：10kV

额定电流：1250A

开断电流：31.5kA

真空断路器型号：VD4（或相当品牌的产品）

额定电压：10kV

额定电流：1250A

开断电流：31.5kA

（3）0.4kV 低压开关柜。低压开关柜均选用较为先进可靠的 MNS 型低压抽出式开关柜。

（4）高、低压电力电缆。10kV 电缆均选用 ZR - YJV22 - 8.7/10kV 型阻燃交联聚乙烯绝缘聚氯乙烯护套电力电缆。1kV 电缆均选用 ZR - YJV22 - 0.6/1kV 型阻燃交联聚乙烯绝缘聚氯乙烯护套电力电缆。

新涌水闸—泵站主要电气设备材料见表 6.2 - 2。

表 6.2 - 2　　　　　　　　　新涌泵站主要电气设备材料表

序号	名　称	规　格	单位	数量	备　注
1	电力变压器	SCB10 - 800/10 $10\pm2\times2.5\%/0.4kV$ $U_d=6\%$　D，yn11　IP20	台	2	
2	高压开关柜	KYN28A - 12 VSV - 12 1250A 31.5kA	面	7	湿热型
3	低压开关柜	MNS	面	10	湿热型
4	照明灯具		项	1	
5	接地装置		项	1	
6	低压电缆	ZR - YJV22 - 0.6/1kV	项	1	
7	低压配电箱		个	3	湿热型

序号	名　　称	规　　格	单位	数量	备　注
8	高压电缆	ZR-YJV22-8.7/10kV	项	1	
9	防火材料		项	1	
10	照明配电箱		个	3	湿热型

6.2.4　水泵启动

考虑到新涌水闸—泵站单机容量较大，为减少母线电压波动和降低主变容量，水泵启动采用软启动方式，即在水泵电机主回路加装软启动器装置，软启动器装置设在现地水泵启动控制箱内。

所选软启动装置均可实现电动机的软启动和软停止。

6.2.5　过电压保护及接地

新涌水闸—泵站泵房、副厂房应装设防直击雷保护装置。按过电压保护规程要求并结合实际情况，采用避雷带作为防直击雷保护，另在建筑物屋顶装设一基快速放电型避雷针。

高低压配电室和控制室等所有金属构件、金属保护网、设备金属外壳及电缆的金属外皮等均应可靠接地，并与总接地网连接。

接地装置按照规程要求应充分利用直接埋入地中或水中的钢筋、压力钢管、闸门、拦污栅等金属件，以及其他各种金属结构等自然接地体。

水闸—泵站共设一套接地系统，防雷保护接地、工作接地及电子系统接地共用一套装置，接地电阻要求不大于1Ω。

6.2.6　电气设备布置

新涌水闸—泵站主要电气设备布置在副厂房内，10kV开关柜，干式变压器、低压配电柜及二次控制设备等，分别布置副厂房内单独的房间。

6.2.7　照明

泵房、副厂房应设置正常工作照明、事故照明以及必要的疏散指示装置。

泵房、副厂房内外照明应采用光学性能和节能特性好的新型灯具，安装的灯具应便于检修和更换。

在正常工作照明消失仍需工作的场所和运行人员来往的主要通道均装设事故照明。

6.2.8　节能减排

根据工程特点，从投资及节能两方面考虑，采取以下节能减排措施：

干式变压器选用节能的10型低损耗变压器。主变压器仅在排涝时使用，增设小容量的站用变压器作为日常管理及闸门用电的主供电源，避免了大容量变压器长期低负荷运行损耗过大的问题。

变配电所尽量靠近负荷中心，合理分布供电网络，使低压供电半径控制在合理的范围以内，供电线路的电压损失满足规范的允许值，减少线路电压损失，提高供电网络的供电质量及网络运行的经济效益。

合理提高供配电系统的功率因数，在各泵闸等负荷较为集中的地方安装无功补偿装置，减少负荷的无功功率损耗，提高功率因数，提高电气设备的有功出力，从而达到节能的目的。

照明设计时，采取了充分利用自然光、选择高效光源、采用高效节能的照明灯具、采用高效节能的照明电器附件等措施达到节能目的。

泵闸设计时，优化了机电设备布置，将发热量较大的高低压变配电设备室与需要配置空调的控制室、办公室分层布置，最大限度地减少机械通风、空调等设备使用频率。

6.3 控制保护及通信

6.3.1 自动控制与监视

新涌水闸—泵站位于钟村镇广州新客站地区，泵站为排涝泵站，设置 3 台 130kW 排涝水泵。水闸工作门为 1 孔平面滑动钢闸门，由 1 套固定式电动葫芦启闭。

为使水闸—泵站安全、可靠的运行，满足闸门及时启闭和根据水位自动运行的要求、满足泵站机组迅速开停的要求，同时实现对水闸—泵站发生的各种事故或故障能自动作出迅速而准确的反应（事故跳闸、紧急停机、备自投等）、及时发出相应的信号等功能，根据具体情况和目前国内泵站自动控制系统普遍采用的模式，并考虑具有一定的先进性，选用计算机监控系统作为本水闸—泵站的自动控制系统方案。

泵站设集中控制室，各主要设备均可在集中控制室监控。为方便在集中控制室了解水闸泵站的现场环境和设备情况，设置视频监视系统，摄像机分别安装在水泵室、厂区、水闸前后等位置。

新涌水闸—泵站监控、监视系统的总体设计原则遵循：经济实用、安全可靠、技术先进、易于维护、节能环保。

设计遵循国家最新版本的相关规程规范。

地处雷电活动频繁地区，现地监控系统和视频设备设置防雷保护，在施工时应按照相关规程规范做好防雷接地。

6.3.2 计算机监控系统的结构

计算机监控系统分为三层：水闸泵站主控层、泵站 LCU 监控层和现地控制层。主控层采用 1 台站级计算机兼操作员工作站和附属设备作为水闸泵站的控制中枢。泵站监控层设 1 套公用 LCU，由 1 套可编程控制器（PLC）构成，并配置触摸显示屏（LCD）作为人机界面，分别对泵站 3 台机组及附属设备和公用设备进行监控。现地控制层为水泵电动机控制柜、水泵进口工作闸门控制箱、检修水泵控制箱、水闸现地控制柜等。计算机监控系统网络拓扑结构采用工业以太网。

控制的优先权为：现地控制层最高，泵站 LCU 监控层次之，泵站主控层最低。

泵站公用 LCU 由 PLC 组成，其 CPU 为双机热备型式。水闸控制配置常规 PLC。PLC 具备以太网接口，可直接接入监控系统的工业以太网。

6.3.3 计算机监控系统的功能

6.3.3.1 主控层

主控层设在泵站中控室内，包括 1 套主机/操作员站（微机工作站），并兼作数据库服务器和操作员终端，1 台以太网交换机，1 台 A3 网络激光打印机，1 套 UPS 电源装置，1

套 GPS 时钟系统用于监控系统设备和保护系统设备的时钟同步。

主控层通过网络与泵站 LCU 监控层和水闸现地控制层进行数据交换，对水泵和水闸进行集中控制，监视各设备的运行工况，并具有事故报警、自动生成管理报表、系统自检等功能。

UPS 电源负荷统计见表 6.3－1。

表 6.3－1   **UPS 电源负荷统计表**

序号	负荷名称	负荷容量/kVA	放电时间/h	备　注
1	泵站 LCU 柜电源	0.5	1	
2	工控机电源	1.0	1	
3	网络设备电源	0.3	1	

6.3.3.2　泵站监控层

泵站监控层设 1 套公用 LCU，由 PLC 组成。公用 LCU 柜布置在泵站中控室内，通过 I/O 接口采集现地控制层送出的各种电量和非电量信号，通过网络上送主控层；经网络接收主控层的控制指令，通过 I/O 接口下发到现地控制层，对现地各类设备进行集中控制，并实现泵组与附属设备开停机的逻辑控制。在主控层故障退出的情况下，通过 LCU 柜上的 LCD，亦可对现地设备进行监视和控制。

监控对象主要包括以下内容：①10kV 配电装置；②泵组启停及运行监测；③主变压器运行监测；④0.4kV 配电装置；⑤220V 直流电源系统；⑥检修排水泵；⑦水位、流量等非电量监测；⑧水泵进水口闸门控制及监测。

6.3.3.3　现地控制层

（1）水泵电动机控制柜：柜内安装水泵电动机的主回路设备和控制回路设备。电动机采用软启动方式。水泵电动机采用以泵站公用 LCU 和主控层控制为主、现地简易常规控制为辅的控制方式。现地柜接收泵站公用 LCU 发来的控制命令、送出水泵电动机运行状态、工作电流、软启动器故障信号等需要监视的各电气量。当 LCU 或主控层退出时，可在现地通过水泵常规控制回路对水泵进行启动/停机操作。

泵组启动可在集中控制室远方顺控也可在现地控制柜手动启停，水泵电动机控制柜布置在主厂房水泵电动机机旁。

（2）水泵进口工作门控制箱：进口工作门启闭机为电动螺杆启闭机，控制方式采用现场手动和集中控制室远方自动启/闭。现场和集中控制室均可显示闸门位置高度。现地控制箱布置在闸门的启闭机旁。

（3）检修水泵控制箱：泵站设 2 台检修水泵，采用常规和水位自动控制。

（4）水闸现地控制层：水闸工作门采用以主控层控制为主、现地控制为辅的控制方式。现地控制层控制核心为带以太网接口的 PLC。水闸现地控制柜上分别安装 PLC、启闭机电气主回路设备、控制回路设备。水闸现地 PLC 直接与主控层通信，通过网络接收主控层发来的控制命令以实现远方控制，送出闸门开度、启闭机运行状态、闸前和闸后水位等需要监视的各电气量和非电气量信号。现地控制柜设置简易常规控制回路，当 PLC 或主控层退出时，可在现地通过简易常规控制回路对水闸工作门进行开启/关闭操作。

在水闸前后各安装 1 套水位测量传感器，信号接入 PLC，用于工作闸门自动运行控制和实现在泵站控制室远方水位监视。

6.3.4 继电保护及计量测量

为保证电气设备的安全可靠运行，根据《泵站设计规范》（GB/T 50265—2010）及《继电保护和安全自动装置技术规程》（GB 14285—2006）的规定，对泵站继电保护系统进行配置，保护装置选用国内成熟的定型微机保护装置。

6.3.4.1 主变压器保护

每台变压器各装设 1 套微机型保护装置，此装置布置在 10kV 配电装置上。保护配置如下：

（1）电流速断保护：作为变压器发生相间短路故障的主保护，保护瞬时动作于跳开变压器两侧断路器，并发出事故信号。

（2）过电流保护：作为变压器发生相间短路故障的后备保护及低压侧单相短路故障保护，保护延时动作于跳开变压器两侧断路器，并发出事故信号。

（3）过负荷保护：用于防止变压器过载而引起的过电流，保护延时动作于发出故障信号。

（4）温度过高保护：用于防止变压器因温度过高而引起的过负荷，保护延时动作于跳开变压器两侧断路器，并发出故障信号。

6.3.4.2 水泵电动机保护

新涌泵站的水泵电动机属于低压电机，不装设专门的微机型保护装置，电动机主回路断路器采用电子式脱扣器，实现电流速断、过流、过负荷及接地等保护。电动机软启动器带有堵转保护、欠载保护、相不平衡保护及大电流保护等。

6.3.4.3 10kV 站用变压器保护

采用跌落式熔断器作为短路和过负荷保护。

6.3.4.4 备用电源

2 台主变互为备用，0.4kV 侧为单母线分段，采用微机备自投装置。当任一路 10kV 进线失去电压或任 1 台主变故障时，装置动作自动投入 0.4kV 分段开关。备自投装置只允许投入 1 次。

微机备自投装置布置在 0.4kV 配电装置上。

6.3.4.5 计量、测量装置

新涌泵站 10kV 进线采用多功能电度表计量方式。站内所有主要电量的测量和计量采用综合电力仪表。非电量和各类信号如事故信号、故障信号、位置信号等均接入计算机监控系统。泵站的各种信号由设在集中控制室的公用 LCU 采集、显示、告警和上传。水闸的各类信号由水闸 PLC 采集并上传。

集中控制室操作员站可以显示主要设备的运行状态、断路器的位置信号、水闸开度、闸前后水位等各种电量和非电量。

6.3.5 直流系统

泵站设置 1 套 220V 直流电源系统，为 10kV 断路器的控制操作和微机保护测控装置提供电源。

直流系统采用智能高频开关直流电源成套装置，包括80Ah免维护铅酸蓄电池组、充电浮充电装置、绝缘监视、电压监视、信号、保护及馈电等组成部分。

直流系统装置及蓄电池组屏安装，该屏布置在集中控制室。

表 6.3-2　　　　　　　　　　　直 流 负 荷 统 计 表

序号	负荷名称	负荷容量/kVA	负荷电流/A	负荷系数	放电时间/h	备注
1	断路器控制	1.5	6.8	1	1	
2	保护装置	1	13.6	1	1	
3	事故照明	2	27.2	1	1	
4	UPS电源	1.5	6.8	1	1	

6.3.6　视频监视系统

为能在集中控制室了解水闸和泵站的现场环境和设备情况，设置视频监视系统。前端设备包括：在水闸前和闸室、高低压开关柜室、主厂房和水泵进水闸以及厂区主要位置安装的摄像机（包括云台、编解码器、专用照明装置等）。后台设备为在集中控制室配置1台8路硬盘录像机（视频监控主机）和1套视频监视器（21″液晶显示器）。

各摄像机采集的视频信号经过处理通过缆线接入视频监控主机，完成前端设备和图像切换的控制、云台和镜头的控制、系统分区控制和分组同步控制以及图像检索与处理等诸多功能，通过视频监视器可监视前端监控点的任意图像及监控系统运行控制参数。

视频监视兼有厂区保安功能。监视图像的显示方式可任意设定为人工调度显示或自动循环显示。

6.3.7　通信

新涌泵工程为改建泵站和水闸，考虑到当地公用通信网络比较发达暂不考虑设置专用通信系统，就近接入市话通信网，并配置移动电话，接入本地公用移动通信网。

6.3.8　主要设备选择

电气二次主要设备见表6.3-3。

表 6.3-3　　　　　　　　　　　电 气 二 次 主 要 设 备 表

序号	名　　称	规　　格	单位	数量	备　　注
1	泵站计算机监控系统				
1.1	主机/操作员站		套	1	
1.2	激光打印机	A3幅面	台	1	
1.3	GPS时钟同步		台	1	
1.4	语音报警装置		套	1	
1.5	UPS不间断电源	2kVA，1h	台	1	
1.6	操作控制台		套	1	
1.7	网络设备及附件		套	1	
1.8	泵站公用LCU控制柜		台	1	
1.9	软件		项	1	

序号	名　称	规　格	单位	数量	备　注
2	泵站现地控制设备				
2.1	水泵现地控制柜	含软启动器	台	3	
2.2	水泵进口工作门控制箱		个	3	
2.3	检修泵控制箱		个	1	
3	水闸现地控制设备				
3.1	水闸现地控制柜	含 PLC、LCD	台	1	
3.2	水位测量传感器	1～10m，绝对型编码	套	2	
3.3	软件		项	1	
4	保护、直流系统				
4.1	主变微机保护装置		台	2	
4.2	微机备自投保护装置		台	1	
4.3	10kVPT 监测装置		台	2	
4.4	直流电源	DC220V，80Ah	套	1	
5	视频系统				
5.1	彩色专业摄像机		套	7	
5.2	数字硬盘录像机	8路，专用键盘、硬盘	套	1	
5.3	视频监视器	21″彩色液晶显示器	台	1	
5.4	避雷器		项	1	
5.5	摄像机立杆及其他附件		项	1	
6	电缆及安装材料		项	1	
7	移动通信装置		台	3	

6.4 金属结构

6.4.1 概述

金属结构设施主要布置在新涌水闸及泵站，承担控制引水、挡潮、排涝和拦污的任务。

新涌水闸在屏山河侧和新涌侧均设有检修闸门，两道检修门中间设有工作门以及相应的启闭机械。新涌泵站进口设有拦污栅、检修门、工作门以及相应的启闭机械，出口设有检修门。

金属结构设备包括：平面铸铁闸门3套，平面滑动闸门5套，拦污栅3扇，固定式电动葫芦1套，电手动螺杆式启闭机3套。金属结构总工程量约74.5t，主要金属结构特征见表6.4-1。

表 6.4 - 1

新涌水闸及泵站工程金属结构特性表

序号	闸门名称	孔口及设计水头 $B×H-H_s$/(m×m-m)	闸门型式	孔数	扇数	闸门 门重 单重/t	共重/t	埋件 单重/t	共重/t	启闭机 型式	容量/kN	扬程/m	数量	单重/t	共重/t	备注
新涌水闸	屏山河侧检修门	5×1.7-1.7	平面滑动	1	1	3.5	3.5	2.5	2.5							
	工作门	5×3.5-3.5	平面滑动	1	1	5	5	2.5	2.5	固定式电动葫芦	2×50	5	1	3	3	
	新涌侧检修门	5×1.7-1.7	平面滑动	1	1	3.5	3.5	2.5	2.5							
新涌泵站	拦污栅	2.8×4.5	直立活动	3	3	3.5	10.5	2.5	7.5	7.5						
	进口检修门	2.8×3.2-3.2	平面滑动	3	1	2.5	2.5	与拦污栅共槽								
	进口工作门	2.8×2.3-4.5	平面铸铁	3	3	3.0	9.0	3.0	9.0	电手动螺杆启闭机	200/50	3	3	2	6	
	出口检修门	2.8×2.2-2.2	平面滑动	3	1	1.5	1.5	2.0	6.0							
合计							35.5		30						9	

6.4.2 新涌水闸

6.4.2.1 水闸功能

水闸布置型式为开敞式，具备双向挡水功能：在涨潮和雨季汛期防止屏山河水倒灌入新涌；在枯水期，防止新涌水体流入屏山河，维持新涌水位，保证景观水深要求。工作闸门挡水和操作水位组合见表 6.4 - 2。

表 6.4 - 2

工作闸门挡水和操作水位组合表

工 况		水 位 组 合	
		屏山河侧	新涌侧
屏山河侧挡水	设计	设计高水位	常水位
新涌侧挡水	设计	预排最低水位	最高控制水位
操作	排涝开启	预排最低水位	最高控制水位
	引水开启	0.5m 水位差	常水位
	防洪关闭	0.5m 水位差	常水位

6.4.2.2 闸门和启闭机布置

新涌水闸闸孔数量 1 孔，工作门采用直升式平面滑动闸门，在工作门两侧分别设置屏山河侧检修门和新涌侧检修门，用于工作门埋件检修。工作门孔口尺寸为 5m×3.5m，底坎高程 -1.50m，设计水头 3.5m，运用方式为动水启闭，选用固定式启闭机操作。检修门均为露顶式平面滑动门，水闸内外两侧各设 1 扇。内外两侧检修门孔口尺寸均为 5m×

1.7m，设计水头为 1.7m。考虑到过闸流速小，工作门埋件检修机会较少，检修门均不设永久起吊设施，平时检修闸门存放在门库内。

6.4.2.3 工作门及启闭机设计

工作闸门为露顶式平面滑动闸门，双吊点。闸门由门叶焊接件、止水装配件、主滑块装配件、反滑块装配件和侧导向装置组成。

门叶结构由面板、主横梁、边梁、水平次梁、纵隔板组成。门叶材料为 Q235-B。

止水装置采用常规预压式止水，侧止水为 P 形止水橡皮，底止水均采用条形止水。为满足双向挡水要求，在闸门的上下游两侧均布置 P 形橡皮，在水压作用下 P 形橡皮压缩 3mm，底止水依靠整体门重压缩 5mm。

主、反滑块及侧导向装置分别设 4 个。主滑块选用改性尼龙滑块，反滑块选用弧面铸铁滑块，侧导向装置为焊接弧面挡块，焊在门叶面板上。

闸门埋件为 Q235B 焊接结构件，止水座板面和滑轨工作面采用不锈钢（1Cr18Ni9Ti）护面。

工作闸门启闭设备选用 2×50kN 固定式电动葫芦，扬程 5m，启闭机由两台电动葫芦串联而成，为保证两电动葫芦同步运行，两电动葫芦低速轴通过中间轴刚性连接。电动葫芦配备有荷重显示仪和高度指示装置，具备远方和现地控制功能。

6.4.3 新涌泵站

新涌泵站共设 3 台水泵，每台水泵进口均设有拦污栅、进口检修门、进口工作门，出口设有出口检修门。

进口拦污栅为滑动直栅，孔口尺寸为 2.8m×4.5m，每孔 1 扇，共 3 扇。拦污栅和进口检修门共槽，拦污栅采用提栅清污方式，不设永久清污设施。

进口检修门为直升式平面滑动闸门，孔口尺寸为 2.8m×3.2m，3 孔共用 1 扇。底槛高程-3.0m，设计水头为 3.2m，平时存放在门库内。拦污栅和检修门均采用临时起吊设备操作。

进口工作门选用平面滑动铸铁闸门，孔口尺寸为 2.8m×2.3m，每孔 1 扇，共 3 扇。底槛高程为-3m，设计水头为 4.5m，止水型式为不锈钢刚性止水。启闭设备选用 200kN/50kN 电手动螺杆启闭机，扬程 3m。启闭机配备有荷重显示仪和高度指示装置。

出口检修门为直升式平面滑动闸门，孔口尺寸为 2.8m×2.2m，3 孔共用 1 扇闸门，底槛高程为-2.0m，设计水头为 2.2m。检修门平时存放在门库内，采用临时起吊设备操作。

6.5 通风与采暖

6.5.1 设计依据

（1）《采暖通风与空气调节设计规范》（GB 50019—2003）。
（2）《水力发电厂厂房采暖通风与空气调节设计规程》（DLT 5165—2002）。
（3）《采暖通风与空气调节设计规范》（GB 50019—2003）。
（4）《水利水电工程设计防火规范》（SDJ 278—90）。
（5）《水力发电厂机电设计技术规范》（SDJ 173—85）。

6.5.2 当地气象条件

新涌泵站位于广州市番禺区，该地区属亚热带海洋性季风气候，气温受偏南季候风影响，暖湿多雨，光照充足，无霜期长。年平均气温为21.8℃，最冷的1月平均气温仍达13.3℃，而7月平均气温为29℃。无霜期达346d，年均日照小时数2000小时。季候风区，季风明显，春夏秋三季多东南风，冬季多北风。每年5—11月为台风季节，年平均风速2.4m/s，当台风出现时，最大风速可达25m/s以上。

6.5.3 室外气象参数

泵站室外气象参数见表6.5-1（参考广州市室外气象资料）。

表6.5-1　　　　　　　　　　泵站室外气象参数表

序号	项　目	单位	数值
1	夏季通风室外计算温度	℃	31
2	夏季空调室外计算干球温度	℃	33.5
3	夏季空调室外计算湿球温度	℃	27.7
4	冬季通风室外计算干球温度	℃	13.3
5	历年平均气温	℃	21.8
6	历年平均相对湿度	%	80
7	历年绝对最高气温	℃	38.7
8	历年绝对最低气温	℃	0.0
9	夏季通风室外计算相对湿度	%	67
10	最热月平均气温	℃	29
11	最冷月相对湿度	%	70
12	最热月相对湿度	%	83
13	夏季大气压力	HPa	1004.5
14	冬季大气压力	HPa	1019.5
15	夏季室外平均风速	m/s	1.8
16	地面平均温度	℃	23.7
17	冬季采暖室外计算干球温度	℃	7
18	冬季空调室外计算干球温度	℃	5
19	冬季室外平均风速	m/s	2.4

6.5.4 室内设计参数

泵房室内设计参数见表6.5-2。

表6.5-2　　　　　　　　　　泵站室内设计参数表

位　置	夏　季		冬　季	
	温度/℃	相对湿度/%	温度/℃	相对湿度/%
通讯室、值班室、控制室、继保室	≤28	≤70	18~20	≤70
水泵房	≤33	≤80	≥5	≤80
高、低压配电间	≤35			
变压器室	≤35			

6.5.5 通风空调方案

工程所属位置热湿闷热，设备长时间处在湿度较大的环境中，因此，为设备的长期安全运行需设置通风系统，并在泵房设置1台移动除湿机以解决该处湿度过大问题。

排涝泵站为地面式泵房，泵室安装检修间、水泵层、高低压配电间、变压器室等采用机械排风结合自然通风方式。

室外新风由安装检修间大门进入室内，由安装在另一端墙上的壁式轴流风机排出室外。

高、低压配电间，变压器室采用自然进风机械排风的方式，进风口设过滤装置；所设的排风机均可作为事故后排风和检修排烟使用。

重要区域如继保室、通信设备室及值班控制室等采用空调并设置小型除湿机。

6.5.6 泵站通风空调主要设备表

新涌泵站通风空调主要设备清单见表6.5-3。

表 6.5-3　　　　　　　　　新涌泵站通风空调主要设备清单表

序号	设备名称	规格型号	数量	单位	备　注
1	柜机空调	KFR-50LW/V，$Q_L=5kW$	2	套	控制室
2	分体空调	制冷量：3.5kW	3	套	电工实验室、值班室、休息室等
3	低噪声轴流风机	CDZ3.55 通风量：2176m³/h 风压：109Pa 功率：0.12kW	1	台	水泵层
4	壁式轴流风机	XBDZ3.6 通风量：2480m³/h 风压：73Pa 功率：0.09kW	2	台	低压配电室、
5	壁式轴流风机	XBDZ4 通风量：3540m³/h 风压：89Pa 功率：0.12kW	2	台	高压配电室、
6	壁式轴流风机	XBDZ4 通风量：4470m³/h 风压：109Pa 功率：0.25kW	2	台	安装检修间
7	过滤百叶进风口	600mm×400mm	4	个	
8	除湿机	CWF5D 除湿量：5kg/h 风量：1500m³/h 功率：2.7kW	1	台	水泵房
9	卫生间排气扇		1	台	
10	除湿机	DH-825C，除湿量1L/h， $N=410W$	3	台	控制室等用

6.6 生活给排水系统

6.6.1 给排水设计有关的规程规范

《建筑给水排水设计规范》（GB 50015—2003）。

6.6.2 供水系统

（1）供水方案及给水系统。生活给水供泵站副厂房生活用水及厂外消防用水水源取自泵站外市政自来水管网，供水管道铺设到泵站外。排水主要是运行人员的生活污水。

（2）供水管道。供水主管管径为 $DN100$，生活给水系统及技术供水系统主管径为 $DN50$，初步采用无缝钢管。

（3）生活用水量及水压。根据泵站内人员定额及站区占地面积，生活用水量包括全站职工生活用水、站区绿化用水等，并考虑管网损失量和未预见水量，水量按 $2m^3/d$ 计，水压按 $0.35MPa$ 计。

6.6.3 排水系统

（1）生活污水排水。泵站排水主要为生活污水，经设置在副厂房侧面的生物化粪池后至污水处理设备，经处理后排入泵站旁边的内河涌。

（2）雨水排水。雨水为道路排水，顺道路坡降自流至路边排水沟，最终排入内河涌。

6.6.4 主要设备表

生活给水及排水系统主要设备材料见表 6.6-1。

表 6.6-1　　　　　　　新涌泵站生活给水及排水系统主要设备材料表

序号	设备名称	规格参数	单位	数量	备注
1	小便器	陶瓷	套	1	配给排水管件、阀件
2	蹲式大便器	陶瓷	套	2	配给排水管件、阀件
3	洗脸盆	陶瓷	套	1	配给排水管件、阀件
4	污水池	乙型	套	1	配给排水管件、阀件
5	明装水龙头	$DN15$	个	2	
6	延时自闭冲洗阀	$DN25$	个	2	
7	玻璃钢化粪池	$2m^3$	套	1	
8	污水处理设备	$1m^3$	套	1	
9	圆形砖砌检查井	$\phi1000$	座	2	
10	HDPE 双壁波纹管	$DN200$	m	80	
11	UPVC 排水管	$DN100$	m	50	

7 新涌水闸的消防设计

7.1 工程概况

新涌水闸工程位于番禺区钟村镇，其主要建筑物为水闸、泵站及副厂房。

水闸采用直升式钢闸门，启闭设备布置在水闸上方的平台上。

泵站均由进水池、泵站、出水池组成。进水侧装有水泵进口流道工作门，出水侧设有交通桥，装有水泵出口拍门。进出水平台均为露天开敞式。泵站由主泵房和安装间组成，泵房内安装 3 台单泵流量 3.67m³/s 的立式轴流泵（总装机容量 3×130kW），起吊设备为一台 5t 电动单梁起重机；安装间在泵房的右端。

泵站副厂房内设置变压器室、高（低）压配电室、环网室、控制室、通信室和值班室，布置有 10kV 高压开关柜、0.4kV 低开关柜、干式变压器、继保屏和控制台等。

7.2 消防设计原则

管理区相对比较集中，消防设计坚持"预防为主、防消结合"和"确保重点，兼顾一般，便于管理，经济实用"的工作方针。在重点部位设置必要的消防设备，安装防雷、防静电装置等，布置必要的防排烟系统及疏散通道，以自防自救为主，外援为辅，采取积极可靠的措施预防火灾的发生，一旦发生火灾则尽量限制其范围，并尽快扑灭，减少人员伤亡和财产损失。

7.3 规程规范

消防设计遵照的主要规程、规范如下：

(1)《水利水电工程设计防火规范》（SDJ 278—90）。

(2)《建筑设计防火规范》（GB 50016—2006）。

(3)《火灾自动报警系统设计规范》（GB 50116—98）。

(4)《建筑灭火器配置设计规范》（GB 50140—2005）。

(5)《火力发电厂与变电所设计防火规范》（GB 50229—2006）。

(6)《电力设备典型消防规程》（DL 5027—93）。

(7)《水利水电工程初步设计报告编制规程》（DL 5020—93）。

7.4 消防总体设计

工程消防设计的范围主要包括水闸、泵站、副厂房。

水闸、进水池、出水池均为混凝土结构，本身为非燃烧体建筑物，且又无燃烧源，因此不考虑设置消防设施。

水闸上方的闸室、泵站主厂房、安装间、副厂房等处均设置有机电设备，包括电机、电缆、变压器、配电盘、开关柜等，由于运行或故障（短路）有可能引起火灾，按照有关规范均考虑设置消防设施。

7.5 工程消防设计

7.5.1 生产厂房火灾危险性分类及耐火等级

根据《水利水电工程设计防火规范》（SDJ 278—90）的规定，泵站各生产场所的火灾危险性无甲类和乙类，主副厂房火灾危险类别为丙类、丁类及其以下。各生产场所的火灾危险性分类和最低耐火等级划分见表7.5-1。

表7.5-1　建筑物、构筑物生产场所的火灾危险性分类和最低耐火等级划分表

序号	主要建筑物、构筑物名称	火灾危险性类别	耐火等级
1	主泵房、安装间、闸室	丁	二
2	高、低压配电室	丁	二
3	控制室、电工实验室、值班室	丙	二

泵闸建筑物为钢筋混凝土结构，耐火砖为填充墙，建筑物各构件的燃烧性能和耐火极限见表7.5-2。

表7.5-2　　　　　　　建筑物各构件的燃烧性能和耐火极限表

构件名称	燃烧性能和耐火极限	二　级
泵房和安装间	防火墙	非燃烧体2.00h
	房间隔墙	非燃烧体0.50h
	柱	非燃烧体2.00h
	梁	非燃烧体1.50h
	楼板	非燃烧体1.00h
	吊顶	难燃烧体0.25h

7.5.2 防火分区的划分

按工程建筑物布局，泵闸均为整个分为3个完全独立的防火分区：闸室为一个防火分区；泵站主厂房、安装间为一个防火分区；副厂房作为又一个防火分区，泵闸对副厂房内火灾危险性类别为丙类的控制室、继保室、通信室之间已对防火墙作局部分隔。

7.5.3 安全疏散

因泵站面积较小，为单层丁类厂房，且同一时间的生产人数不超过30人，按《建筑设计防火规范》（GB 50016—2006）第3.7.2条和第3.7.4条的规定，泵站可只设置1个安全出口，泵站在水泵电机层（地面层）的安装间侧设有一个安全出口，直通屋外地面，厂房内任一点到安全出口的距离满足规范要求。

泵闸副厂房一层设有低压配电室、高压配电室及楼梯间，二层设有控制室、继保室、

通信室、值班室及楼梯间。

按《火力发电厂与变电所设计防火规范》（GB 50229—2006）第4.2.4条的规定，当配电装置室长度超过7.0m时，应设2个安全出口。故一层的高、低压配电室均设有2个安全出口，且有1个直通屋外地面。室内任一点到安全出口的距离满足规范要求。

室内任一点到安全出口的距离满足规范要求。

泵站因副厂房面积均较小，为二层丙类厂房，且同一时间的生产人数不超过20人，按《建筑设计防火规范》（GB 50016—2006）第3.7.2条和第3.7.4条的规定，副厂房的二层可只设置1个安全出口，直通屋外地面。且室内任一点到安全出口的距离满足规范要求的60.0m。

所有安全疏散用的门、走道、楼梯均符合规范要求：门净宽大于0.9m，向疏散方向开启；走道净宽大于1.2m；楼梯净宽大于1.1m，坡度小于45°。

7.5.4 厂区消防通道

大堤上设有公路到泵闸，道路宽度最窄处大于4.0m，上空净高均大于4.0m，消防车可直接到达主副厂房等消防重点部位。

7.5.5 泵站主厂房消防

按《建筑设计防火规范》（GB 50016—2006）第8.3.1条的规定，泵站厂房建筑占地面积小于300m²，可不设室内消防给水。按照规定设置两套室外地上式消防栓，和副厂房共用。

泵站主厂房为重要的生产场所，按《建筑灭火器配置设计规范》（GB 50140—2005），泵站的火灾危险性等级为轻危险级，在主厂房电动机层合适位置各配置2具MF/ABC4型手提式磷酸铵盐干粉灭火器。

7.5.6 副厂房消防

按《建筑设计防火规范》（GB 50016—2006）第8.3.1条的规定，副厂房建筑占地面积小于300m²，可不设室内消防给水。

副厂房为重要的生产场所，按《建筑灭火器配置设计规范》（GB 50140—2005），除了副厂房二层的控制室的火灾危险性等级为严重危险级外，其余各房间的火灾危险性等级均为中危险级。

一层的高、低压配电室、柴油机房内合适位置处各配置2具MF/ABC4型手提式磷酸铵盐干粉灭火器。

二层的控制室、电工实验室内合适位置处各配置2具MF/ABC5型手提式磷酸铵盐干粉灭火器；值班室内和走廊合适位置处配置2具MF/ABC4型手提式磷酸铵盐干粉灭火器。

工程各建筑物均采用自然排烟的方式，各变配电室的通风装置可作为事故后通风使用。

各房间对外的管沟、孔洞、应采用非燃烧材料堵塞。

7.5.7 水闸室消防

室内配置2具MF/ABC4型手提式磷酸铵盐干粉灭火器。

房间对外的管沟、孔洞、应采用非燃烧材料堵塞。

7.5.8 电缆及电缆沟消防

（1）高低压电力电缆、控制电缆及通信电缆均分开敷设。

（2）电缆桥架及电缆沟内各层间和电力电缆与控制电缆、通信电缆间均加设耐火隔板。

（3）为有效阻止电缆火灾延燃，电力电缆皆选用阻燃电缆。

（4）所有电气柜、盘（屏）的底部在楼板上预留电缆孔洞，在电缆敷设完成后，均采用防火材料封堵。电缆孔洞的封堵、要根据孔洞的大小选择不同的防火材料，比较大的孔洞选用耐火隔板、阻火包和有机防火堵料封堵，小孔洞选用有机防火堵料封堵。

（5）电缆穿入有防火要求房间的墙壁、楼板的孔洞，均用防火材料封堵。

（6）电缆数量较多的地点设置移动式灭火器。

（7）电缆沟主要采用阻火墙的防火方式，将沟分成若干阻火段，按照规范要求，结合泵站实际情况设置若干阻火墙，用来缩小事故范围、减少损失。电缆沟内阻火墙采用了成型的电缆沟阻火墙和有机堵料相结合的方式封堵。

7.5.9 消防电气

（1）消防电源、消防应急照明与消防疏散指示标志。

1）泵站设工作照明、消防应急照明和消防疏散指示标志，正常情况下均由交流电源供电，照明系统的交流电源分别引自两段 0.4kV 母线，互为备用，并在最末一级配电箱处设置自动投切装置，保证供电可靠与供电电压的稳定。

2）在较重要的工作场所、火灾疏散通道、公共楼梯出入口及转弯等处设置消防应急照明灯具及消防疏散指示标志灯具，当工作照明交流电源一旦失电，重要场所的照明由灯具自带的应急电池提供电源。自带应急电池的灯具，其应急照明时间大于 30min。

3）继续工作用的应急照明，其工作面上的最低照度值，不低于正常照明照度值的 10%。人员疏散用的应急照明，在主要通道地面上的最低照度值，不低于 0.5lx。

4）所有消防应急照明灯及疏散灯均加玻璃或非燃烧材料制作的保护罩保护。

5）消防用电设备的配电线路选用耐火电缆或电缆穿金属管保护。

（2）火灾报警系统。根据《水利水电工程设计防火规范》（SDJ 278—90）的规定，泵站不设火灾自动报警系统。

7.5.10 消防工程量

泵站消防工程量清单见表 7.5-3。

表 7.5-3　　　　　　　　　　泵站消防工程量清单表

序号	设　备　名　称	规格	单位	数量	备注
1	手提式磷酸铵盐干粉灭火器	MF/ABC4 型	具	14	
2	手提式磷酸铵盐干粉灭火器	MF/ABC5 型	具	4	
3	砂箱		套	1	室外
4	室外地上式消火栓	DN100　1.0MPa	座	2	
5	闸阀	DN100　1.0MPa	个	1	
6	阀门井	φ1000	座	1	

8 新涌水闸的施工组织设计

8.1 工程概况

新涌水闸（含泵站）工程位于幸福涌北端入屏山河出口处，为旧闸拆除重建。泵闸的工程等别为Ⅲ等，主要建筑物级别为3级。泵闸由外河侧海漫段、交通桥段、闸室段及内河侧海漫段组成，为单孔泵闸。新涌泵闸主要施工内容包括连接段堤防施工及泵闸建筑物施工两部分。主要工程量见表8.1-1。

表 8.1-1　　　　　新涌水闸（含泵站）主要工程量表

序号	项　　目	单位	工 程 量	
			泵闸	连接段堤防
一	土方			
1	土方开挖	m³	7859	3648
2	土方填筑	m³	10954	6192
3	回填水泥稳定土	m³		606
二	石方			
1	砂砾石垫层	m³	174	
2	抛石	m³	306	
3	浆砌石	m³	141	
4	浆砌石拆除	m³	221	
5	旧闸拆除（混凝土）	m³	147	
三	混凝土			
1	C30混凝土路面	m³		404
2	模板	m²	3610	
3	混凝土	m³	2470	
4	钢筋	t	184	
四	其他			
1	生态土工袋（20cm×32cm×64cm）	个		600
2	水泥土搅拌桩防渗墙	m	2305	
3	水泥土搅拌桩（直径60cm）	m	6252	
4	塑料排水板	m		9779
5	松木桩（尾径0.1m）	m		23940

8.2 施工条件

8.2.1 水文气象条件

（1）气象。工程所在地属典型的南亚热带海洋性季风气候区，气候温和潮湿，夏季湿热多雨，冬季温和，光热充足，温差较小，气候宜人。珠江三角洲地区是多雨地区，降雨丰沛，4—9月为雨季，10月至次年3月多为旱季。

该地多年平均气温21.9℃，最高气温一般出现在7—8月，历年最高气温37.5℃（1969年7月27日）；最低气温出现在12月至次年2月，历年最低气温为−0.4℃（1967年1月17日）。

本区多年平均降水量约为1633mm。降水量年内分配极不均匀，汛期4—9月降水量占年降水量的80%以上，其中又以5月、6月降水量最为集中，非汛期10月至次年3月降水量占年降水量不足20%。年降雨日数为148.6d。历年实测最大24h降雨量为385mm。

多年平均各月风速为2.0~2.5m/s，历年最大风速为24m/s，最大风速风向SSE，瞬间极大风速为37.0m/s。该地区冬、春季节以N、NNW风向为主，夏、秋季节以SE、SSE、S风向为主。

工程所在区域的灾害性天气主要为热带气旋，包括热带低压、热带风暴、强热带风暴和台风。热带气旋产生于西太平洋和南海海面，其形成的风暴潮构成该地区最大的自然灾害，其最大风力可达9级以上，热带气旋登陆时，造成潮位骤升，并带来暴雨，破坏力极大。

（2）水文。根据工程防洪潮标准及施工临时工程标准，新涌水闸（含泵站）水文成果见表8.2-1。

表8.2-1　　　　　　　　新涌水闸（含泵站）水文成果表

项　目	汛　期		指　标	数　值
幸福涌	汛期 5年一遇		涝水总量/万 m³	17.39
			最大流量/(m³/s)	9.70
			最高水位/m	1.10
	非汛期 5年一遇	10月至次年3月 方案	涝水总量/万 m³	7.968
			最大流量/(m³/s)	5.11
			最高水位/m	0.34
		11月至次年3月 方案	涝水总量/万 m³	5.330
			最大流量/(m³/s)	3.50
			最高水位/m	0.33
屏山河	汛期10年一遇		最高水位/m	1.31
	非汛期10年一遇		最高水位/m	0.35

8.2.2 地质条件

新涌改建闸址区的地层岩性主要为第四系的 Q_4^{mc} 淤泥质黏土和淤泥质粉质黏土、Q_3^{al}

粉细砂和中粗砂、白垩系的泥质粉砂岩和黏土岩。具体地层结构从上至下为：

第①层（Q_4^{ml}）为人工填筑土，主要分布于两岸堤身。灰黄色，表部为碎石土，干，较硬，厚约 0.30m。中下部为砂壤土，稍湿，较松散。该层厚度约 1.0m，层底高程 0.50～1.16m。

第②层（Q_4^{mc}）为海陆交互相软土层，分为 2 个亚层：第②-1 层为灰黑色淤泥质黏土，局部夹灰黑色淤泥质砂壤土，层厚 0.3～2.7m，层底高程－4.92～－1.54m，该层分布连续；第②－2 层为淤泥质砂壤土，层厚 1.75～4.80m，层底高程－9.08～－3.29m，该层分布连续。

第③层（Q_3^{al}）为粉质黏土，层厚 0.80～2.55m，层底高程－10.48～－4.09m。

第④层（Q_3^{al}）为灰黄色、灰白色粗砂，含泥质，层厚 2.05m，层底高程－12.53m。

第⑤层（Q^{el}）为残积土，岩性为黏土及粉质黏土，层厚 1.35～2.9m，层底高程－5.44～－10.35m，沿河涌分布不连续。

第⑥层（K）为白垩系沉积岩，主要为浅紫红色泥质粉砂岩、黏土岩，上部为全、强风化，揭露最低层底高程为－22.08m。

8.2.3 交通条件

工程区公路发达，可通过当地公路进入施工现场。工程位于中小河涌，大部分河段不具备通航条件，施工所需各种材料和设备可由陆路运输进场，部分物资也可水路运达施工区附近码头再转运进场。

8.2.4 水、电供应

施工生活用水和生产用水由附近供水管网取得，与当地供水部门联系，将附近接水口延伸至施工现场。施工用电就近引接地方网电，与当地有关部门联系解决。

8.2.5 主要建材供应

工程所需的主要建材包括土料、砂石料、块石、水泥、钢筋、木材等，其中水泥、钢筋、木材等可就近在广州市、番禺区的市场上采购；土料、砂石料、块石料购买当地商品料，经水陆路运输至工区。工程所需现浇混凝土购买商品混凝土，预制混凝土购买成品预制件。

8.3 施工导流

8.3.1 导流标准

新涌水闸（含泵站）工程等别为三等，主要建筑物级别为 3 级，据《水利水电工程施工组织设计规范》（SL 303—2004），本泵闸工程施工导流建筑物为 5 级，其相应的洪水重现期为 10—5 年；根据工程所在地市的洪潮水文资料及本工程特点，参照类似工程经验，确定导流建筑物设计标准分别取内涌侧 5 年一遇、外江侧 10 年一遇。新涌汛期 5 年一遇涝水总量为 17.39 万 m³，按照 24h 内将涝水排完的标准，设计流量为 2.0m³/s。

8.3.2 导流方式

由于受新客站地区工程总体进度计划的限制，本工程需跨汛期施工，因此采用一次断流、明渠导流、围堰全年挡水的导流方式。

8.3.3 导流建筑物设计

根据该工程地质地形条件及其特点，及该地区类似泵闸工程成功的设计、施工经验，本着安全、经济的原则进行围堰的型式选择，内涌、外江围堰均采用土工袋充砂围堰结构型式。

8.3.3.1 外江围堰

外江围堰断面型式为：外江 10 年一遇最高水位为 1.31m，考虑安全超高 0.50m、波浪爬高 0.40m，取堰顶高程 22m，围堰不承担两岸交通任务，堰顶宽 3.0m，堰体上、下游边坡均为 1∶2，围堰轴线长 45.0m。临江侧围堰断面为台阶状，用以提高围堰的水平抗滑稳定性。围堰防渗除利用堰体土工袋填充的砂料含泥量大、致密性好、渗透系数小外，还考虑在堰体临江侧铺一层土工膜，并沿河床底面淤泥反向延铺 5.0m，以加强堰体防渗能力。

8.3.3.2 内涌围堰

内涌围堰断面型式为：根据水力学计算，外江水位为 1.31m 时，内涌水位为 1.38m，考虑安全超高后堰顶高程取 1.80m。围堰轴线长 43.0m。堰顶宽取 3.00m，堰体上、下游边坡均为 1∶2。内涌堰体采用土工袋充填砂，砂料由当地外购，自卸船驳运至堰址，船上水力充填，堰体迎水侧铺一层土工膜，并沿河床底面淤泥反向延铺 5.0m，以加强堰体防渗能力。

8.3.3.3 导流涵管及明渠

导流涵管及明渠主要用于内涌排涝和自外江引水灌溉。结合工程地形条件和排涝要求，穿路堤处布置 2 根 $\phi1200$ 导流涵管，涵管两侧通过导流明渠与内涌、外江连通。

导流明渠长约 268m，底宽 3.0m，梯形断面，渠道进口底高程 -0.04m，出口底高程为 -0.8m，底坡为 0.3‰，涵管进口高程 -0.80m，出口高程 -0.80m，涵长 10m，涵管净间距 30cm，涵管基础为 20cm 厚 C10 素混凝土，碎石垫层厚 20cm。涵管安装完毕后，回填土至原路面高程。导流涵管外江侧设闸墩，闸孔为矩形，尺寸为 1.4m×1.6m（宽×高），闸门槽宽 15cm，闸门采用厚 12cm 木板制作。闸墩及其基础底板为 C20 混凝土，闸墩基础底板混凝土厚 20cm，碎石垫层厚 50cm，垫层下方布置 $\phi80$ 松木桩加固地基，松木桩长 4.0m，纵横间距 0.6m。

施工导流工程量见表 8.3-1。

表 8.3-1　　　　　　　　　　　　　施 工 导 流 工 程 量 表

序号	项　目	单位	工　程　量		备　注
			内涌围堰	外江围堰	
一	围堰				
1	堰基清淤	m³	475	524	清淤 70cm
2	堰基填砂	m³	475	524	填砂 70cm
3	土工袋充砂	m³	1118	1098	
4	土工膜	m²	664	729	200/0.5
5	小砂袋填筑	m³	229	272	

序号	项 目	单位	工 程 量		备 注
			内涌围堰	外江围堰	
6	土工格栅	m²	1318	1455	幅宽5m
7	围堰拆除	m³	1348	1371	
二	明渠及涵管				
1	土方开挖	m³	588		
2	导流明渠土方填筑	m³	4342		
3	松木桩（L=4m，直径8cm）	根	135		涵管基础处理，纵横间距0.6m
4	涵管	m	20		2根，直径1.2m
5	涵管基础混凝土C10	m³	8		
6	涵管闸墩混凝土C20	m³	2		
7	碎石垫层	m³	36		
8	木制平板闸门（1.1m×1.4m）	个	2		
9	涵管段土方回填	m³	228		

8.3.4 导流建筑物施工

8.3.4.1 围堰施工

（1）围堰基础处理。工程堰基以淤泥为主，其地基承载力低，不均匀沉降量大，先清淤70cm后，铺设一层土工格栅，然后铺填70cm砂土，再在其上铺设一层土工格栅，以减少因承载力不足引起的围堰沉降量。

（2）围堰填筑。堰填筑前进行岸坡清基，形成1:1.5边坡，分层吹填砂土袋。采用200m³自卸船驳运输砂土至现场，通过吹填泵管吹填。围堰迎水面小砂袋装土料为外购当地砂土料，由人工现场装袋、铺筑。

（3）围堰拆除。施工结束后，应拆除围堰。土袋采用人工拆除，钢管桩拔除在船上使用拔桩机进行。堰体水上部分土方用1m³挖掘机拆除，水下部分土方使用0.75m³抓斗式挖泥船挖除，60m³泥驳运输至临时码头转由10t自卸汽车运至弃渣区。

8.3.4.2 导流涵管及明渠施工

（1）明渠施工。

明渠土方开挖：采用1m³挖掘机开挖，渠道两侧堆放以备填筑渠道。

明渠土方填筑：采用1m³挖掘机挖装渠道两侧弃土，推土机碾压。

明渠回填：采用1m³挖掘机于渠道两侧取土回填。

（2）导流涵管施工。5t自卸汽车运输预制涵管至工作面，使用15t汽车吊就位，再由千斤顶、吊杆等进行调整、定位。涵管回填土方采用1m³反铲配合人工回填，涵管间土方采用蛙式打夯机压实，涵管顶部以上土方采用振动碾碾压。

8.3.5 基坑排水

8.3.5.1 初期排水

在进行初期排水时，应严格控制水位降幅，以每天50cm左右为宜，以防降水过快危及两岸的边坡安全。基坑初期排水选用 3 台型号为 IS100-65-200 的水泵，单台流量为 50m³/h，扬程 12.5m。

8.3.5.2 经常排水

经常性排水主要包括围堰渗水、降雨及施工废水，拟在基坑内设置排（截）水沟，并与集水井（浆砌石结构）相连，选用离心泵及时将水抽排至外江 2 台型号为 IS100-65-200 的水泵，单台流量为 50m³/h，扬程 12.5m。

8.4 主体工程施工

8.4.1 内涌及外江连接段堤防施工

主要工程项目包括堤防地基处理、土方开挖与填筑、生态土工袋、堤顶道路等，基本的施工程序为：清基、土方开挖→基础处理→生态土工袋施工→堤身土方填筑→堤顶路面及其他设施施工等。

8.4.1.1 基础处理

工程挡墙基础采用水泥搅拌桩处理，堤身内侧基础采用排水固结法处理。

（1）水泥土搅拌桩。水泥土搅拌桩施工采用 PH-5A 型钻机成孔，灰浆搅拌机制浆，灰浆泵压浆，初次成孔后再二次搅拌。水泥搅拌桩所在处淤泥层软弱且高程较低，难以满足施工机械承载力需要，为此，在施工前可先进行基础清淤并进行晾晒，之后回填厚约 0.5～1.0m 的砂土层，提高地基承载力。

（2）塑料排水板排水固结。部分区段堤身基础处理采用塑料排水板、堆载预压排水固结法。该法用堤身填筑土料作压载，采用分期加载的方法进行，施打塑料排水板前后各铺设厚 0.25m（压实后）的砂垫层再在其上采用履带式打桩插板机施打塑料排水板，后灌砂及填坑。之后分四次填土加载，层厚依此为 1.5m、1.0m、0.8m、时间间隔依此为 60d、50d、40d、30d。经初步计算，经过 180d 的加载后固结度可达到 81% 左右。

8.4.1.2 主要施工方法

（1）土方开挖。土方开挖采用 1m³ 挖掘机挖装，8t 自卸汽车运输，对拆除的土方可重新利用的部分，临时堆放在堤后合适位置备用，其余废弃料摊铺于护堤地范围内。

（2）土方填筑。填筑土料大部分由外部采购进场，采用 10t 自卸汽车自临时码头转运至工作面，推土机铺料平整，履带拖拉机碾压，压不到的边角部位采用蛙式打夯机夯实。填筑前应先清除施工范围内草皮、腐殖土，对堤身新老边坡接合处，每层土料填筑前应按设计开挖线开成台阶状，便于新旧土料的结合。

土方填筑分层施工。土料摊铺分层厚度按 0.3～0.5m 控制，土块粒径不大于 50mm。铺土要求均匀平整，压实一般要求碾压 5～8 遍。

（3）生态土工袋和舒布洛克施工。生态土工袋采购至现场，人工装土，采用机动三轮车运输装土的土工袋，人工堆放就位。舒布洛克砖采购至现场后，人工砌筑。

8.4.2 泵闸工程施工

泵闸工程作为完整的单项工程，其施工遵循常规的方法进行，其主要施工程序为：围堰修筑→旧闸拆除→土方开挖→基础处理→下部混凝土结构施工→上部混凝土结构施工→机电及金属结构设备安装及调试→整修及装饰。

8.4.2.1 基础处理

根据水工设计，新涌泵闸采用水泥土搅拌桩复合地基处理。水泥土搅拌桩施工前，为保证机械能安全作业，在基坑清淤后，施工场地回填约 0.5～1.0m 的砂土垫层，以提高地基承载力，满足施工需要。水泥土搅拌桩施工采用 PH-5A 型钻机成孔，灰浆搅拌机制浆，灰浆泵压浆，初次成孔后再二次搅拌。

8.4.2.2 其他主要施工方法

（1）清淤、土方开挖。采用 1m³ 挖掘机挖装，土方由 8～10t 自卸汽车运至渣场、淤泥由临时码头转 200m³ 泥驳运至指定的弃渣场，土料可利用部分堆至护堤地备用。岸坡开挖时预留 30～50cm 的保护层土料用人工开挖至设计边线。

（2）土方填筑。土料大部分由外部采购进场，采用 8t 自卸汽车自临时码头转运至工作面，推土机铺料平整，履带拖拉机碾压，压不到的边角部位采用蛙式打夯机夯实。土方填筑分层施工。土料摊铺分层厚度按 0.3～0.5m 控制，土块粒径不大于 50mm。铺土要求均匀平整，压实一般要求碾压 5～8 遍。

（3）混凝土。在地基处理验收合格后，即可进行混凝土浇筑仓面的准备工作。当模板、钢筋、预埋件等按设计要求完成后，即可按常规的施工方法进行混凝土浇筑施工。本工程所用混凝土均采用商品混凝土，确定浇筑时间后，由混凝土运送车运输，到达工地后泵送混凝土至浇筑仓面，并利用人工进行振捣。混凝土浇筑应先平仓后振捣，严禁以振捣代替平仓。混凝土浇筑应保持连续性，收仓时应使仓面浇筑平整，并在其抗压强度尚未到达 2.5MPa 前，不得进行下道工序的仓面准备工作。

混凝土浇筑时应及时了解天气预报，合理安排混凝土施工。中雨以上的雨天不得新开混凝土浇筑仓面，遇小雨进行浇筑时，应采取必要的措施。遇大雨时应立即停止进料，已入仓混凝土应振捣密实后遮雨。

混凝土浇筑完毕后，应及时洒水养护，在养护期内应始终保持混凝土表面的湿润，并避免太阳光暴晒。混凝土养护时间不宜少于 28d。

高温季节施工时应合理安排浇筑时间，采取措施降低混凝土浇筑温度，以控制混凝土的表面裂缝，保证工程质量。

（4）石方。抛石由 8～10t 自卸汽车运输石料，直接抛投，施工中应注意小石在里（不小于 30kg），大石在外（不小于 75kg），内外咬茬，层层密实，坡面平顺，无浮石、小石。

砌石以人工为主进行施工。石料外运至工区后由临时堆场人工装车，机动三轮车运送，现场人工选料砌筑，砂浆现场拌制。施工应严格按照浆砌石、干砌石施工规范要求进行。砌石不允许出现通缝，错缝砌筑；块石凹面向上，平缝坐浆，直缝灌浆要饱满，不允许用碎石填缝、垫底；块石要洗净，不许沾带泥土。

（5）金属结构。施工时可由平板车（或船舶）从制作场运至工地现场。采用 25t 履带吊吊运部件，并安装金属结构。

8.5 施工总布置

8.5.1 施工交通

工程区当地公路发达，可通过现有公路到达施工现场。工程位于中小河涌，受沿线跨涌桥涵等设施的影响，一般不具备全线通航条件，施工所需各种材料和设备可由陆路运输进场，部分物资也可水路运达施工区附近码头再转运进场。

施工期场内交通可利用现有路或经改建后使用。新建道路路面采用砂石路面，宽6m。本泵闸新建施工道路为1.5km，改建当地道路0.5km。

8.5.2 施工布置

施工总平面布置方案应遵循因地制宜、方便施工、安全可靠、经济合理、易于管理的原则。

针对工程的特点，泵闸工程施工区相对集中，生产及生活设施根据泵闸附近地形条件就近布置。施工道路最大限度地利用现有道路，施工设施尽量利用社会企业，减少工区内设置的施工设施的规模。根据施工需要，工区设置的主要布置综合加工厂、机械停放场、仓库及堆场等。

经初步规划，本工程施工临建量见表8.5-1。

表8.5-1　　　　　新涌水闸（含泵站）工程施工临建量汇总表

序号	名　　称	单位	数　量
1	施工道路		
1.1	新建道路（碎石路面，宽6m）	km	1.5
1.2	改建道路（碎石路面，宽6m）	km	0.5
2	临时码头	座	1
3	临时房屋建筑工程		
3.1	施工仓库	m²	100
3.2	办公及生活、文化福利建筑	m²	700

临时堆渣场、综合加工厂、施工仓库和管理房等在泵闸周围永久征地范围内设置，不计占地。施工占地见表8.5-2。

表8.5-2　　　　　新涌水闸（含泵站）工程施工占地汇总表

序号	名　　称	单位	数　量
1	导流建筑物占地	m²	1760
2	施工道路占地	m²	4500
	合计	m²	6260

8.5.3 土石方平衡及弃渣

新涌水闸主体工程土方填筑总量约2.02万m³（自然方），施工临时工程土方填筑总量约0.81万m³，共计2.83万m³（自然方）；主体及临时工程清基清淤及土方开挖总量约1.31万m³，经平衡计算，总利用量约0.37万m³、总弃渣量约0.94万m³，需外购土方约 2.46 万 m^3。

土石方平衡以最大限度地利用开挖土料和拆除的石料，以减少外购土石料量及弃渣场占地和工程投资。由于新客站地区的特殊性，堤后无护堤地，无弃渣条件。同时也不考虑另外征用弃渣场。全部渣土、淤泥等均运往 40km 外的业主指定的位置弃置。

8.6 施工总进度

8.6.1 编制原则及依据

（1）编制原则。根据工程布置形式、建筑物特征尺寸、水文气象条件，编制施工总进度本着积极稳妥的原则，尽可能利用非汛期进行土方施工。施工计划安排留有余地，做到施工连续、均衡，充分发挥机械设备效率，使整个工程施工进度计划技术上可行，经济上合理。

（2）编制依据。

1）《水利水电工程施工组织设计规范》（SL 303—2004）；

2）《广东省海堤工程设计导则》（试行）（DB44/T 182—2004）；

3）《广东省水利水电建筑工程预算定额》（试行）2006 年 2 月。

8.6.2 泵闸施工进度计划

（1）施工准备期。准备期安排 1 个月，利用第 1 年 9 月。准备期主要完成以下工作：临时生活区建设、水电及通讯设施建设、施工工厂设施建设、场内施工道路修建及导流工程等。

（2）主体工程施工期。水闸基本施工程序为：导流明渠及涵管施工→围堰修筑→泵闸基础砂土回填→土方开挖→基础处理→下部混凝土结构施工→上部混凝土结构施工→机电及金属结构设备安装及调试→整修及装饰。

新涌泵闸主体工程施工期约 8.5 个月，其中水泥土搅拌桩基础处理历时 36d，上、下部结构施工历时 138d。

连接段堤防施工与泵闸平行施工，施工程序为：土方开挖→基础处理→堤身土方填筑→堤顶路面及其他设施施工。

（3）工程完建期。工程完建期安排 15d，进行工区清理等工作。

8.6.3 主要施工进度指标

施工总进度主要指标见表 8.6-1。

表 8.6-1　　　　　　　　　施工总进度主要指标表

序号	项 目 名 称		单 位	数 量
1	总工期		月	10
2	土方开挖	最高月均强度	m^3/月	11500
3	混凝土浇筑	最高月均强度	m^3/月	556
4	土方填筑	最高月均强度	m^3/月	8400
5	施工期高峰人数		人	150
6	总工日		万工日	2.2

8.7 主要技术供应

8.7.1 建筑材料

新涌水闸所需主要建筑材料包括商品混凝土约 $2923m^3$、中粗砂料约 $276m^3$、砂砾石垫层料约 $819m^3$、块石料约 $516m^3$、水泥约 553t、钢筋约 193t、木材约 $231m^3$，均可在广州市或周边城市采购；土料外购总量约 2.46 万 m^3。

8.7.2 主要施工设备

工程所需主要施工机械设备见表 8.7-1。

表 8.7-1　　　　　　　　　　　主要施工机械设备表

序号	机 械 名 称	型 号 及 特 性	数 量
1	挖掘机	$1m^3$	3台
2	推土机	74kW	2台
3	履带拖拉机	74kW	1台
4	自卸汽车	8t	8辆
5	蛙式打夯机	2.8kW	2台
6	自卸船驳	$200m^3$	1艘
7	搅拌水泥桩机	PH-5A	1台
8	1.1插入式振捣器		4台
9	履带吊	25t	2台
10	灰浆搅拌机		2台
11	空压机	$3m^3/min$	2台
12	混凝土泵	$30m^3/h$	1台
13	塑料板插板机	PC-200型	1台
14	柴油打桩机	3.5t	1台

9 新涌水闸的建设工程用地

9.1 概述

9.1.1 水闸工程概况

新涌水闸位于广州番禺新客站区，工程对外交通条件良好。水闸的工程等别为Ⅲ等，主要建筑物级别为3级。水闸由外河侧海漫段、交通桥段、闸室段及内河侧海漫段等组成。

9.1.2 工程征地区自然和社会经济概况

新涌水闸工程位于番禺区钟村镇，所在地属典型的南亚热带海洋性季风气候区，多年平均气温21.9℃，历年最高气温37.5℃；历年最低气温为−0.4℃。本区多年平均降水量约为1633mm。钟村镇总面积52km²，下辖17个村委会、4个居民委员会。全镇总人口13.8万人，其中常住人口60504人（农业人口39712人），外来人口78407人。2007年全镇实现GDP59.3亿元；完成工业总产值182.5亿元；农业总产值4.24亿元；居民年人均可支配收入19243元，农民年人均纯收入9476元。

9.2 工程用地范围

番禺区新涌水闸工程建设用地范围按照水闸建设用地和施工组织设计的施工总布置图分为永久征地和施工临时用地。永久征地共1.41亩，其中耕地0.76亩，林地（大王椰子）0.36亩，塘地0.29亩；施工临时用地包括施工道路和导流建筑物占地，全部占用耕地面积为9.39亩。

9.3 工程用地实物调查

9.3.1 调查依据

(1)《水利水电工程建设征地移民设计规范》(SL 290—2003)。

(2)《水利水电工程水库淹没实物指标调查细则》(试行)（以下简称《细则》）。

(3) 广州市番禺区钟村镇新涌水闸工程平面布置图。

(4) 广州市番禺区钟村镇新涌水闸工程施工总布置图。

9.3.2 调查原则

(1) 按照对国家负责、对集体负责、对移民负责和实事求是的原则，进行调查。

(2) 实物调查应遵循依法、客观、公正的原则，实事求是地反映调查时的实物状况。

(3) 实物调查由项目主管部门或者项目法人会同建设征地区所在地人民政府共同进行。

9.3.3 调查内容及方法

根据 SL 290—2003 和《细则》的要求，结合水闸工程征地范围的实际情况，调查项目涉及农村调查和社会经济调查。

9.3.3.1 农村调查

农村调查的内容涉及土地（耕地、林地和塘地）和零星树木。

（1）土地部分。

1）土地利用现状的分类。根据《土地利用现状分类标准》（GB/T 21010—2007）进行工程征地范围内的土地分类。本工程土地调查涉及菜地和林地。

2）土地计量标准和单位。土地面积采用水平投影面积，以亩计（1 亩＝666.7m²）。

3）调查方法。对于工程征地范围内的耕地、园地和林地等各类土地面积，利用 1：500 实测的土地利用现状地形图，现场查清各类土地权属，以村民组为单位，量算耕地和林地等各类土地面积。

（2）零星树木。零星林木系指林地园地以外的零星分散生长的树木。调查方法为全面调查，分类统计。

9.3.3.2 社会经济调查

主要收集番禺区及钟村镇 2005—2007 年的统计年鉴和农业生产统计年报以及农业综合区划、林业区划、水利区划、土地详查等有关资料。

9.3.4 工程建设征地范围内实物指标

新涌水闸工程建设用地范围包括永久征地 1.41 亩，其中耕地 0.76 亩，林地（大王椰子）0.36 亩，塘地 0.29 亩；鱼类面积 1.14 亩，零星果树木 70 棵；临时用地为耕地 9.39 亩。其实物指标汇总见表 9.3 - 1。

表 9.3 - 1　　　　　　新客站新涌泵闸工程（征）用地实物指标汇总表

序号	项　　目	单位	合计	永久征地	临时用地
1	土地	亩	10.8	1.41	9.39
1.1	耕地	亩	10.15	0.76	9.39
1.2	林地（大王椰子）	亩	0.36	0.36	
1.3	塘地	亩	9.68	0.29	
2	鱼类面积	亩		1.14	
3	零星树木（大王椰）	棵		70	

9.4 移民安置规划

根据业主的意见，新客站新涌泵闸工程移民搬迁去向和安置方式由番禺区人民政府按照广州市番禺区人民政府征用土地办公室 2008 年 9 月颁发《关于国家、省重点项目村民住宅房屋拆迁补偿安置工作的指导意见》确定，安置后使移民生活达到或超过原有水平。

9.5 工程建设征地移民补偿投资估算

9.5.1 编制的依据
9.5.1.1 法律法规依据
（1）《大中型水利水电工程建设征地补偿和移民安置条例》（国务院第 471 号令）（以下简称《条例》）2006 年 7 月。

（2）《中华人民共和国土地管理法》2003 年修正。

（3）《广东省林地管理办法》（粤府令第 35 号修改）1998 年。

（4）广东省财政厅、林业局《转发财政部、国家林业局关于印发森林植被恢复费征收使用管理暂行办法》（粤财综〔2003〕18 号）。

（5）《广州市番禺区征用土地补偿费用计算暂行办法》（番府〔2001〕89 号）。

（6）《广州市番禺区征用土地补偿费用计算暂行办法》（番府〔2007〕69 号）。

（7）《关于 2005—2007 年种植业可用耕地三年平均年产值的复函》（番统函〔2008〕6 号）。

9.5.1.2 规程规范依据
《水利水电工程建设征地移民设计规范》（SL 290—2003）。

9.5.1.3 有关资料
（1）番禺区新客站泵站工程新涌泵闸工程实物调查成果。

（2）有关统计资料、物价资料和典型调查资料。

9.5.2 原则
（1）工程建设用地范围内实物的补偿办法和补偿标准，根据国家相关法律、法规、条例、办法、规程规范及技术标准等进行编制。

（2）工程建设征地范围内实物，按补偿标准给予补偿。

（3）概算编制按 2008 年第三季度物价水平计算。

9.5.3 概算标准的确定
9.5.3.1 土地补偿补助标准
根据有关规定，土地补偿补助标准按照补偿补助倍数乘以耕地被征收前 3 年平均年产值确定。

（1）征收土地补偿费。土地分为耕地、林地（大王椰子）和塘地等。

1）耕地。根据《关于 2005—2007 年种植业可用耕地三年平均年产值的复函》（番统函〔2008〕6 号），2005—2007 年农作物平均产值为 8652.85 元/亩，按照《大中型水利水电工程建设征地补偿和移民安置条例》的规定，耕地土地补偿倍数区 10 倍，安置补偿倍数取 6 倍，共为 16 倍，经计算，2008 年耕地补偿费为 138445.6 元/亩。

2）林地补偿费。根据《广东省林地保护管理条例》（1998 年）第十三条规定：林地补偿费：按被征用、占用林地前 3 年平均年产值 5～10 倍补偿。拟取 10 倍。安置补助费根据《关于印发〈广州市番禺区征用土地补偿费用计算暂行办法〉的通知》（番府〔2001〕89 号）的规定拟取 6 倍。大王椰子属于绿化乔木，选取胸径（直径）为 16～20cm 的补偿标准，综合单价为 13000 元/亩，考虑广州市物价增长情况，拟取增长幅度取 7%，2008

年为 13910 元/亩，林地补偿补助标准为 222560 元/亩。

3）塘地。参考《关于印发〈广州市番禺区征用土地补偿费用计算暂行办法〉的通知》（番府〔2001〕89 号）的规定，鱼塘地在市桥镇、钟村镇等属于一类地区，土地补偿费取耕地前三年平均产值的 12 倍，安置补偿费取耕地前 3 年平均产值的 6 倍，工 18 倍。结合《关于 2005—2007 年种植业可用耕地三年平均年产值的复函》（番统函〔2008〕6 号）测算的农作物前 3 年平均产值为 8652.85 元/亩，故鱼塘地补偿补助费为 155751.3 元/亩。

（2）征用土地。根据《广东省实施〈中华人民共和国土地管理法〉办法》（2003 修正）第三十七条规定：临时使用农用地的补偿费，按该土地临时使用前 3 年平均年产值与临时使用年限的乘积数计算。

1）耕地补偿费。征用耕地根据使用期影响作物产值给予补偿。该工程的临时占地期限根据施工组织设计的进度计划为 10 个月，按 1 年进行计算，计算单价为 8652.86 元/亩。征用耕地的土地补偿费用为征用耕地面积与相应征用土地补偿费单价之积。

2）耕地复垦费。

①复垦工程。《广东省实施〈中华人民共和国土地管理法〉办法》（2003 修正）第二十五条：因挖损、塌陷、压占等造成土地破坏的，用地单位和个人应当按有关规定进行复垦，由市、县人民政府土地行政主管部门组织验收，没有条件复垦或复垦不符合要求的，应当缴纳土地复垦费。按照番禺区国土房产部门土地复垦基金收费标准，耕地为 8 元/m²，折合 5333.6 元/亩。

②恢复期补助。参照其他工程标准拟定，按耕地 1000 元/亩补助。

9.5.3.2　其他补偿费

（1）青苗补偿费。菜地青苗补偿标准取耕地青苗补偿费，根据《关于 2005—2007 年种植业可用耕地三年平均年产值的复函》（番统函〔2008〕6 号），菜地的青苗补偿费为 4326.43 元/亩。

（2）鱼类补偿费。《关于印发〈广州市番禺区征用土地补偿费用计算暂行办法〉中青苗及地上附着物补偿标准进行调整的通知》（番府〔2007〕69 号）规定，鱼类按综合平均价 6000 元/亩，考虑广州市物价增长情况，整张幅度取 7%，按照 6420 元/亩补偿。

9.5.3.3　零星树补偿费

参照近期广州市其他水库补偿标准，大王椰子平均取胸径 9～20cm 之间，2004 年每棵为 1000 元，考虑广州市物价增长情况，增长幅度取 7%，平均每棵为 1311 元。

9.5.3.4　其他费用

其他费用包括勘测规划设计费、实施管理费和监理监测评估费。

（1）勘测规划设计费：根据移民工程量，计列 12 万元。

（2）实施管理费：按直接费的 3% 计列。

（3）监理监测评估费：按直接费的 1.5% 计列。

9.5.3.5　基本预备费

本阶段，按直接费和其他费用之和的 10% 计列。

9.5.3.6　有关税费

（1）耕地占用税：根据《中华人民共和国耕地占用税暂行条例》（国务院第 511 号令）

及中华人民共和国财政部、国家税务总局颁发的《中华人民共和国耕地占用税暂行条例实施细则》（国务院第 49 号令），广东省取 30 元/m² （折合 20001 元/亩）计列。

（2）耕地开垦费：根据《广东省财政厅关于印发〈广东省耕地开垦费征收使用管理办法〉的通知》（粤财农〔2001〕378 号）第四条规定，耕地开垦费按如下标准缴纳（按每平方米计）：广州市辖区（不含所辖县级市、县）为 20 元；按照国土资源部、国家经贸委、水利部国土资发〔2001〕355 号文件规定：以防洪、供水（含灌溉）效益为主的工程，所占压耕地，可按各省、自治区、直辖市人民政府规定的耕地开垦费下限标准的 70％收取。本工程主要以防洪为主，故耕地开垦费应缴纳 14 元/m²，折合 9333.8 元/亩。工程建设征地为原枢纽运行管理范围内的不计列土地开垦费。

（3）森林植被恢复费。广东省财政厅、林业局粤财综〔2003〕18 号《转发财政部、国家林业局关于印发森林植被恢复费征收使用管理暂行办法》的通知规定，森林植被恢复费收费标准：防护林每平方米收取 8 元。折合 5333.6 元/亩。

9.5.4　工程征（用）地移民补偿投资概算

根据工程征（占）地范围内的实物调查成果，按确定的补偿补助标准计算，新涌水闸工程征（用）地移民补偿总投资为 72.1 万元。其中移民补偿补助费为 48.1 万元；其他费用 14.16 万元；基本预备费 6.23 万元；有关税费 3.61 万元。概算见表 9.5－1。

表 9.5－1　　　　　　　　新涌水闸工程征地移民补偿投资概算表

序号	项　　目	单位	单价/元	数量	合价/万元
一	农村移民补偿费				48.1
（一）	土地补偿补助费				37.15
1	征收土地				23.08
（1）	耕地	亩	138445.6	0.76	10.52
（2）	林地（大王椰子）	亩	222560	0.36	8.03
（3）	塘地	亩	155751.3	0.29	4.53
2	征用土地	亩			14.07
（1）	临时用地				8.12
	耕地	亩	8652.86	9.39	8.12
（2）	复垦工程	亩	5333.6	9.39	5.01
（3）	恢复期补助				0.94
	耕地	亩	1000	9.39	0.94
（二）	其他补偿费				10.95
（1）	青苗补偿	亩	8652.86	9.39	8.12
（2）	鱼类补偿费	亩	6420	1.14	0.73
（3）	零星树木				2.1
	大王椰树	棵	1311	16	2.1

序号	项 目	单位	单价/元	数量	合价/万元
二	其他费用				14.16
	勘测设计科研费				12.00
	实施管理费	%	3		1.44
	监理监测评估费	%	1.5		0.72
第一～第二合计					62.26
三	基本预备费	%	10		6.23
四	有关税费				3.61
(1)	耕地占用税	亩	20001	1.41	2.82
(2)	耕地开垦费	亩	9333.8	0.64	0.6
(3)	森林植被恢复费	亩	5333.6	0.36	0.19
五	补偿投资总计				72.1

10 新涌水闸的水土保持设计

10.1 设计依据

(1)《中华人民共和国水土保持法》(1991年6月)。

(2)《中华人民共和国水土保持法实施条例》(国务院第120号令,1993年8月)。

(3)《中华人民共和国防洪法》(国务院1997年8月)。

(4)《中华人民共和国河道管理条例》(国务院1988年6月)。

(5)《广东省实施〈中华人民共和国水土保持法〉办法》(广东省人大常委会,1993年9月)。

(6)《水利水电工程等级划分及洪水标准》(SL 252—2000)。

(7)《开发建设项目水土保持技术规范》(GB 50433—2008)。

(8)《开发建设项目水土流失防治标准》(GB 50434—2008)。

(9)《土壤侵蚀分类分级标准》(SL 190—2007)。

(10)《水土保持监测技术规程》(SL 277—2002)。

(11)《水土保持工程设计概(估)算编制规定》(水利部水总[2003]67号文)。

(12)《关于开发建设项目水土保持咨询服务费用计列的指导意见》(水利部、保监[2005]22号函)。

(13)《广东省水土保持补偿费征收和使用管理暂行规定》(广东省人民政府1995年11月13日发布)。

(14)《划分国家级水土流失重点防治区的公告》(水利部[2006]2号)。

(15)《关于划分水土流失重点防治区的公告》(粤政发[2000]47号)。

10.2 项目概况

新涌水闸位于幸福涌北端入屏山河出口处,为旧闸拆除重建。泵闸的工程等别为Ⅲ等,主要建筑物级别为3级。泵闸由外河侧海漫段、交通桥段、闸室段及内河侧海漫段组成,为单孔泵闸。主要施工内容包括连接段堤防施工及泵闸建筑物施工两部分。

10.2.1 项目区概况

项目区地貌单元属于珠江三角洲冲积平原区,境内河流属平原河流,水流平缓,潮汐明显,流向多数由西北流向东南,年平均径流深800mm,年平均地表径流量为6.44亿m³。该区属于南亚热带季风性海洋气候,温暖、多雨、湿润,夏长冬短。其年平均气温22.2℃,极端最高气温为37.2℃,极端最低气温−0.4℃。不小于11℃积温7692.2℃。年平均雨量1646.9mm,年平均蒸发量1688.8mm,年平均风速2.4m/s,最大风速可达

25m/s 以上。全年无霜期 346d。年平均日照时数 1807.6h。

工程占地区内土壤类型以赤红壤冲积水稻土为主，成土母质主要是红色砂岩、页岩和第四世纪红色黏土。区内植物种类繁多，地带性植被为南亚热带季风常绿阔叶林，由于受人为耕作影响，天然林已极少，现状植被多以农作物、果林、园林为主。

区域内水土流失主要为水力侵蚀，侵蚀类型以面蚀为主。由于区域气候适宜，植被覆盖度高，水土流失轻微，土壤侵蚀模数约为 600t/(km²·a) 左右，属于轻度侵蚀。依据广东省人民政府水土流失"三区"划分公告，项目建设区属于重点监督区。根据《土壤侵蚀分类分级标准》(SL 190—2007)，项目区属于南方红壤丘陵区，该区土壤允许流失量为 500t/(km²·a)。随着的区域的产业结构、经济结构的调整，项目区的经济林、果林、苗圃、花卉、药材等经济作物种植面积逐年增加，起到了很好的水土保持作用，使区域生态环境得到明显改善，进一步促进和推动了水土保持建设。

10.2.2 工程占地及施工

新涌水闸工程占地面积 0.72hm²，其中永久占地 0.09hm²，临时占地 0.63hm²。工程建设占地情况见表 10.2-1。

表 10.2-1   新涌水闸工程建设占地情况表   单位：hm²

项　目	占地性质	耕地	林地	塘地	小计
主体工程区	永久	0.05	0.02	0.02	0.09
施工道路	临时	0.45			0.45
施工生产生活区	临时	0.18			0.18
合计		0.68	0.02	0.02	0.72

主体工程清基及土方开挖总量约 1.31 万 m³、拆除石方 0.04 万 m³，总填筑量土方 2.83 万 m³、石方 0.06 万 m³。经平衡计算，可利用量约土方 0.37 万 m³，总弃土、弃渣量约 0.98 万 m³。填筑料采取开挖利用和外购的方式，土石方平衡最大限度地利用开挖土料，减少外购土料量及弃渣场占地和工程投资。由于新客站地区的特殊性，堤后无护堤地，无弃渣条件。同时也不考虑另外征用弃渣场。全部渣土、淤泥等均运往 40km 外的业主指定的位置弃置。

泵闸工程作为完整的单项工程，其施工遵循常规的方法进行，其主要施工程序为：围堰修筑→旧闸拆除→土方开挖→基础处理→下部混凝土结构施工→上部混凝土结构施工→机电及金属结构设备安装及调试→整修及装饰。

内涌及外江连接段堤防施工主要包括堤防地基处理，土方开挖与填筑，生态土工袋，堤顶道路等，基本的施工程序为：清基、土方开挖→基础处理→生态土工袋施工→堤身土方填筑→堤顶路面及其他设施施工等。

10.3 水土流失预测

10.3.1 预测时段

水土流失预测分为工程建设期和自然恢复期两个预测时段。根据主体工程设计，本次泵闸工程建设施工总工期 10 个月，因此工程建设期水土流失预测时段确定为一年。施工结束后，植被恢复措施逐渐发挥作用，表层土体结构逐渐稳定，水土流失亦逐渐减少，经过一段时间恢复可达到新的稳定状态。根据广东惠州东江水利枢纽工程监测资料及结合当地自然因素分析确定，施工结束一年后项目区的植被能够逐渐恢复至原来状态。因此，自然恢复期水土流失预测时段为一年。

10.3.2 预测范围及内容

预测范围为水土流失防治责任范围中的项目建设区。根据《开发建设项目水土保持技术规范》（GB 50433—2008）的规定，结合该工程项目的特点，水土流失分析预测的主要内容有：①扰动原地貌和破坏植被面积预测；②可能产生的弃渣量预测；③损坏和占压的水土保持设施数量预测；④可能造成的水土流失量预测；⑤可能造成的水土流失危害预测。

10.3.3 扰动原地貌和破坏植被面积

根据主体工程设计，结合项目区实地踏勘，对工程施工过程中占压土地的情况、破坏林草植被的程度和面积进行测算和统计得出：本工程建设扰动地表总面积 0.72hm²，其中耕地 0.68hm²、林地 0.02hm²、塘地 0.02hm²。

10.3.4 弃土弃渣量

工程弃土弃渣量的预测主要采用分析主体工程施工组织设计的土石方开挖量、填筑量、土石方调配、挖填平衡及水土保持专业的分析等，以充分利用开挖土石方为原则。本工程弃土弃渣主要来源于清基清淤、基础开挖料和旧闸拆除，产生弃渣约 0.98 万 m³，均运往业主指定的位置弃置。

新涌泵闸主体工程清基及土方开挖总量约 1.31 万 m³，旧闸拆除石方 0.04 万 m³，总填筑量为土方 2.83 万、石方 0.06 万 m³。经平衡计算，可利用量约土方 0.37 万 m³，总弃土、弃渣量约 0.98 万 m³，土石方平衡见表 10.3 - 1。

表 10.3 - 1　　　　　　　　　　　土 石 方 平 衡 表　　　　　　　　　　单位：万 m³

开　　挖		填　　筑		利　　用		借　　调		废　　弃	
土方	石方	土方	石方	土方	石方	土方	石方	土方	石方
1.31	0.04	2.83	0.06	0.37		2.46	0.06	0.94	0.04

10.3.5 损坏水土保持设施面积

根据《广东省水土保持补偿费征收和使用管理暂行规定》，工程损坏和占压水土保持设施主要为少量大王椰林地，损坏数量为林地 0.02hm²。

10.3.6 可能造成的水土流失量

可能造成水土流失量的预测以资料调查法和经验公式法进行分析预测为主。经验公式法所采用的参数通过与本工程地形地貌、气候条件、工程性质相似的工程项目类比分析中取得，其计算公式为：

$$W = \sum_{i=1}^{n}(F_i \times M_i \times T_i)$$

式中　W——建设期、自然恢复期扰动地表所造成的总水土流失量；

　　　　F_i——各个预测时段各区域的面积，km²；

M_i——各预测时段各区域的土壤侵蚀模数，t/（km² · 年）；

T_i——各预测时段各区域的预测年限，年；

n——水土流失预测的区域个数。

根据广东省第二次土壤侵蚀遥感调查成果，区域水土流失侵蚀类型主要以水力侵蚀为主，属于轻度水力侵蚀，侵蚀模数背景值平均为 600t/（km² · 年）左右。

工程扰动后的建设期土壤侵蚀模数和自然恢复期土壤侵蚀模数的确定，采取类比工程和实地调查相结合的方法，选择广东惠州东江水利枢纽工程作为类比工程，其类比工程的地形、地貌、土壤、植被、降水等主要影响因子与本工程相似，具有可比性。

通过经验公式预测，工程建设可能产生的水土流失总量为 64t，其中水土流失背景值为 8t，新增水土流失总量为 56t。工程建设引起的水土流失中工程建设期水土流失 56t，占预测流失总量的 87%；自然恢复期 8t，占预测流失总量的 13%，新增水土流失量预测见表 10.3 - 2。

表 10.3 - 2　　　　　　　　　　　新增水土流失量预测表　　　　　　　　　　单位：t

项 目	背景流失量	预 测 流 失 量			新增流失量	新增比例/%
		建设期	自然恢复期	小计		
主体工程区	1	6	1	7	6	11
施工道路区	5	36	5	41	36	64
施工生产生活区	2	14	2	16	14	25
合计	8	56	8	64	56	100

10.3.7　水土流失危害预测

工程建设过程中不同程度的扰动破坏了原地貌、植被，降低了其水土保持功能，加剧了土壤侵蚀，对原本趋于平衡的生态环境造成了不同程度破坏，如果不采取有效的水土保持防治措施，将对区域土地生产力、生态环境、水土资源利用、防洪（潮）工程等造成不同程度的危害。

10.4　水土流失防治总则

10.4.1　防治原则

贯彻"预防为主，全面规划，综合防治，因地制宜，加强管理，注重效益"的水土保持工作方针，体现"谁造成水土流失，谁负责治理"的原则。将水土流失防治方案纳入工程建设的总体安排和年度计划，便于水土保持工程与主体工程"同时设计、同时施工、同时投产使用"，及时、有效地控制工程建设过程中的水土流失，恢复和改善项目区生态环境。

10.4.2　防治目标

项目区位于广东省境内的重点监督区，确定该项目采用水土流失防治一级标准，目标值应达到扰动土地整治率 95%、水土流失总治理度 95%、土壤流失控制比 0.8、拦渣率 95%、林草植被恢复率 97% 和林草覆盖率 25%。

10.4.3　防治责任范围

根据"谁开发、谁保护、谁造成水土流失、谁负责治理"的原则，凡在生产建设过程中造成水土流失的，都必须采取措施对水土流失进行治理；依据《开发建设项目水土保持技术规范》（GB 50433—2008）的规定，工程水土流失防治责任范围包括项目建设区和直接影响区。

（1）项目建设区。项目建设区范围包括建（构）筑物占地和施工临时占地，面积为0.72hm²，其中永久占地0.09hm²，临时占地0.63hm²。

（2）直接影响区。直接影响区是指工程建设期间对未征、租用土地造成水土流失影响的区域。根据工程施工对堤围两侧的影响，确定本项目直接影响区范围是堤围两侧征地范围以外2m范围，面积为0.23hm²。

因此，本工程水土流失防治责任范围面积0.95hm²，其中项目建设区面积0.72hm²，直接影响区面积0.23hm²。项目建设水土流失防治责任范围见表10.4-1。

表10.4-1　　　　　　　　　　　水土流失防治责任范围表　　　　　　　　　　单位：hm²

项　　目	项　目　建　设　区			直接影响区	防治责任范围
	永久占地	临时占地	小计		
主体工程区	0.09		0.09	0.01	0.10
施工道路区		0.45	0.45	0.20	0.65
施工生产生活区		0.18	0.18	0.02	0.20
合计	0.09	0.63	0.72	0.23	0.95

10.4.4　防治分区及防治措施

根据项目区地形地貌特点和工程类型及功能划分为四个分区，即主体工程区、施工道路区、施工生产生活区和临时堆土区，其中临时堆土区位于主体工程建设永久征地范围内。弃土弃渣由临时码头转运至指定的弃渣场弃置，由业主负责另行设计防护。

通过对主体工程设计的分析，主体工程中具有水土保持功能的措施基本能够满足水保要求，为避免重复设计和重复投资，本方案根据主体工程施工情况，有针对性的新增土地复垦、临时排水沟、临时拦挡和临时覆盖等水土保持措施。

10.5　水土保持措施设计

10.5.1　主体工程区

主体工程区设计的砌石护坡工程和绿化工程具有水土保持功能，满足水土保持要求，不再新增水土保持措施。

10.5.2　施工道路区

（1）土地复垦措施。施工道路临时占用耕地在施工完成后采用推土机平整至顶面坡度小于5°，然后进行翻耕施肥，恢复耕作功能。土地复垦措施面积为0.45hm²。

（2）临时排水沟。施工道路两侧设置临时排水沟，临时排水沟与周边沟渠相结合，对路面汇水进行疏导，防止道路两侧地面的侵蚀。临时排水沟采用土沟形式、内壁夯实，断面采用梯形断面，断面底宽0.40m，沟深0.40m，边坡比1:1，经计算，排水沟工程量

1280m³，临时排水沟设计见图 10.5-1。

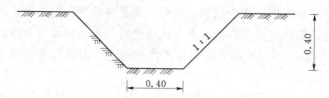

图 10.5-1　临时排水沟设计图（单位：m）

10.5.3　施工生产生活区

土地复垦措施。施工生产生后区临时占用耕地在施工完成后采用推土机平整至顶面坡度小于 5°，然后进行翻耕施肥，恢复耕作功能。土地复垦措施面积为 0.18hm²。

10.5.4　临时堆土区

（1）临时拦挡措施。为防止和减小降雨和径流造成的水土流失，对临时堆存的剥离表土采取临时拦挡措施。临时拦挡措施采用填筑袋装土布设在表土的四周，袋装土土源直接取用临时堆存表土，袋装土按照三层摆放，为保证稳定，底层袋装土应垂直堆土堆料放置，土袋规格采用 0.80m×0.50m×0.25m 规格，袋装土临时拦挡措施见图 10.5-2。临时拦挡需袋装土 30m³。

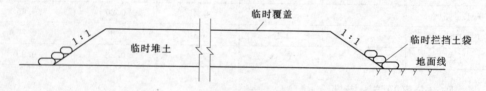

图 10.5-2　袋装土临时拦挡措施示意图

（2）临时覆盖措施。根据施工特点，由于临时堆土堆放时间短，且离居民区较近，为方便临时堆土的回采利用，在对临时堆料区采用袋装土填筑的方法进行拦护的同时采用防雨布进行临时覆盖，施工结束后对临时措施进行拆除，见图 10.5-2。临时覆盖措施面积为 660m²。

10.6　水土保持管理

下阶段应做好施工图设计，施工过程中应落实施工责任及培训制度，做好水土保持监测、监理工作。监理单位应根据建设单位授权和规范要求，切实履行自己的职责，及时发现问题、及时解决问题，对施工单位在施工中违反水土保持法规的行为和不按设计文件要求进行水土保持设施建设的行为，有权给予制止，责令其停工，并做出整改。水土保持监测、监理单位在工作结束后，要提交相应的资料和报告，配合完成水土保持设施竣工验收。

10.7　水土保持监测

根据《水土保持监测技术规程》（SL 227—2002）的规定，该项目水土保持监测主要是对工程施工中水土流失量及可能造成的水土流失危害进行监测；方案实施后主要监测各类防治措施的水土保持效益。

10.7.1 监测时段与频率

水土保持监测时段分工程建设期和自然恢复期两个阶段，主要监测时段为工程建设期。工程建设期内汛期每月监测 1 次，非汛期每 2 个月监测 1 次，24h 降雨量不小于 25mm 增加监测次数。自然恢复期每年进行两次监测，原则上为汛前、汛后各监测 1 次。

10.7.2 监测内容

水土保持监测的具体内容要结合水土流失 6 项防治目标和各个水土流失防治区的特点，主要对建设期内造成的水土流失量及水土流失危害和运行期内水土保持措施效益进行监测。主要监测内容如下：

（1）项目区土壤侵蚀环境因子状况监测，内容包括：影响土壤侵蚀的地形、地貌、土壤、植被、气象、水文等自然因子及工程建设对这些因子的影响；工程建设对土地的扰动面积，挖方、填方数量及面积，弃土、弃石、弃渣量及堆放面积等。

（2）项目区水土流失状况监测，内容包括：项目区土壤侵蚀的形式、面积、分布、土壤流失量和水土流失强度变化情况，以及对周边地区生态环境的影响，造成的危害情况等。

（3）项目区水土保持防治措施执行情况监测，主要是监测项目区各项水土保持防治措施实施的进度、数量、规模及其分布状况。

（4）项目区水土保持防治效果监测，重点是监测项目区采取水保措施后是否达到了开发建设项目水土流失防治标准的要求。

为了给项目验收提供直接的数据支持和依据，监测结果应把项目区扰动土地整治率、水土流失总治理度、土壤流失控制比、拦渣率、林草植被恢复率和林草覆盖率等衡量水土流失防治效果的指标反映清楚。

10.7.3 监测点布设

根据本工程可能造成水土流失的特点及水土流失防治措施，初步拟定 2 个监测点，其中堤坡开挖区、临时堆土场各布置 1 个监测点。

10.7.4 监测方法及设备

水土保持监测的主要方法是结合工程施工管理体系进行动态监测，并根据实际情况采用定点定位监测，监测沟道径流及泥沙变化情况，从中判断水土保持措施的作用和效果。其中对各项量化指标的监测需要选定不同区域具有代表性的地段或项目进行不同时段的监测。

简易监测小区建设尺寸按照《水土保持监测技术规程》（SL 277—2002）的规定，根据实际地形调整确定。监测小区需要配备的常规监测设备包括自记雨量计、坡度仪、钢卷尺和测钎等耗材，调查监测需配备便携式 GPS 机。

10.7.5 监测机构

按照《水土保持监测技术规范》（SL 277—2002）的要求，建设单位应委托具备国家水利部颁发的水土保持监测资质证书的单位进行。监测报告应核定建设过程及完工后 6 项防治目标的实现情况，满足水土保持专项验收要求。监测结果要定期上报建设单位和当地水行政主管部门作为当地水行政主管部门监督检查和验收达标的依据之一。

10.8 水土保持投资概算

10.8.1 编制原则

水土保持投资概算按照现行部委颁布的有关水利工程概算的编制办法、费用构成及计算标准，并结合工程建设的实际情况进行编制。主要材料价格及建筑工程单价与主体工程一致，水土保持补偿费按照广东省相关规定计算，价格水平年为 2008 年第四季度。人工费按六类地区计算。

10.8.2 编制依据

(1)《开发建设项目水土保持工程概（估）算编制规定》（水利部水总〔2003〕67号）。

(2)《开发建设项目水土保持工程概算定额》（水利部水总〔2003〕67 号）。

(3)《关于开发建设项目水土保持咨询服务费用计列的指导意见》（水保监〔2005〕22号）。

(4)《工程勘察设计收费管理规定》（国家计委、建设部计价格〔2002〕10 号）。

(5)《建设工程监理与相关服务收费管理规定》（发改办价格〔2007〕670 号）。

(6)《广东省水土保持补偿费征收和使用管理暂行规定》（粤府〔1995〕95 号）。

10.8.3 费用构成

根据《开发建设项目水土保持工程概（估）算编制规定》和《关于开发建设项目水土保持咨询服务费用计列的指导意见》，水土保持方案投资概算费用构成为：①工程费（工程措施、植物措施、临时工程）；②独立费用；③基本预备费；④水土保持设施补偿费组成。

独立费用包括建设管理费、工程建设监理费、勘测设计费、水土保持监测费和水土保持设施竣工验收费。

(1) 建设管理费。按工程措施投资、植物措施投资和临时工程投资三部分之和的 2% 计算。

(2) 工程建设监理费。本工程水土保持工程建设监理合并入主体工程监理内容，水土保持工程建设监理费与主体工程建设监理费合并使用，不再单独计列。

(3) 勘测设计费。勘测设计费参照《关于开发建设项目水土保持咨询服务费用计列的指导意见》（水保监〔2005〕22 号）和《工程勘察设计收费管理规定》（国家计委、建设部计价格〔2002〕10 号文）计取。

(4) 水土保持监测费。参照《关于开发建设项目水土保持咨询服务费用计列的指导意见》（水保监〔2005〕22 号）和《开发建设项目水土保持工程概（估）算编制规定》适当计取。

(5) 水土保持设施竣工验收费。水土保持设施竣工验收费与主体工程竣工验收费合并使用，不再单独计列。

(6) 基本预备费。根据《开发建设项目水土保持工程概（估）算编制规定》的规定，基本预备费按一至四部分之和的 3% 计算。

(7) 水土保持设施补偿费。根据《广东省水土保持补偿费征收和使用管理暂行规定》

（粤府［1995］95 号）的规定，水工程损坏水土保持设施补偿费按 0.5 元/m² 收取。

10.8.4　概算结果

结合工程情况，本次设计新增水土保持措施投资 9.86 万元，其中工程措施投资 2.83 万元，临时工程投资 2.13 万元，独立费用 4.60 万元，基本预备费 0.29 万元，水土保持设施补偿费 0.01 万元。新增水土保持措施投资概算见表 10.8-1。

表 10.8-1　　　　　　　　　　新增水土保持措施投资概算表

序号	工程或费用名称	单位	工程量	单价/元	费用/万元
一	第一部分 工程措施				2.83
(1)	土地复垦	m²	6300	4.49	2.83
二	第二部分 临时工程				2.13
(1)	排水沟	m³	1280	9.93	1.27
(2)	袋装土拦挡	m³	30	138.33	0.41
(3)	临时覆盖	m²	660	5.95	0.39
(4)	其他临时工程				0.06
	第一至二部分合计				4.96
三	第三部分 独立费用				4.60
(一)	建设管理费				0.10
(二)	勘测设计费				1.50
(三)	水土保持监测费				3.00
	第一至第三部分合计				9.56
四	基本预备费				0.29
五	水土保持设施补偿费	m²	200	0.50	0.01
	总投资				9.86

10.8.5　效益分析

水土保持各项措施的实施，可以预防或治理开发建设项目因工程建设造成的水土流失，这对于改善当地生态经济环境，保障防洪（潮）排涝工程安全运营都具有极其重要的意义。水土保持各项措施实施后的效益，主要表现为生态效益、社会效益和经济效益。

10.9　实施保证措施

为贯彻落实《中华人民共和国水土保持法》，建设单位应切实做好水保工程的招投标工作，落实工程的设计、施工、监理、监测工作，要求各项任务的承担单位具有相应的专业资质，尤其要注意在合同中明确承包人的水土流失防治责任，并依法成立方案实施组织领导小组，联合水行政主管部门做好水土保持工程的竣工验收工作。

水土保持工作实施过程中各有关单位应切实做好技术档案管理工作，严格按照国家档案法的有关规定执行。水土保持设施所需费用，应从主体工程总投资中列支，并与主体工程资金同时调拨。建设单位应按照水土保持工程分年投资计划将资金落实到位，并做到专款专用，严格控制资金的管理与使用，确保水土保持措施保质保量按期完成。

11 新涌水闸的环境保护设计

11.1 设计依据

11.1.1 设计依据的法规和技术文本

（1）《中华人民共和国环境保护法》（1989年12月）。

（2）《中华人民共和国水土保持法》（1991年6月）。

（3）《中华人民共和国水污染防治法》（2008年6月1日）。

（4）《中华人民共和国大气污染防治法》（2000年4月）。

（5）《中华人民共和国固体废物污染环境防治法》（1995年10月）。

（6）《中华人民共和国环境噪声污染防治法》（1996年10月）。

（7）《中华人民共和国土地管理法》（1998年8月）。

（8）《建设项目环境保护设计规定》（1987年3月）。

（9）《建设项目环境保护管理条例》（1998年11月）。

（10）《水利水电工程初步设计报告编制规程》（DL 5021—93）。

（11）《广东省建设项目环境保护管理条例》（1994年9月）。

（12）《广东省珠江三角洲水质保护条例》（1999年1月）。

（13）《广东省实施〈中华人民共和国环境噪声污染防治法〉办法》（1997年12月）。

（14）《广东省环境保护条例》（2005年1月）。

（15）《广东省固体废物污染环境防治条例》（草案修改稿）（2004年5月）。

（16）《广州市环境保护条例》（1997年9月）。

（17）《广州市环境噪声污染防治规定》（2001年10月）。

（18）《广州市水环境功能区区划》（1993年6月）。

（19）《广州市固体废物污染防治规定》（2001年6月）。

（20）《水电水利工程环境保护设计规范》（DL/T 5402—2007）。

11.1.2 设计原则

环境保护设计应针对工程建设对环境的不利影响，进行系统分析，将工程开发建设和地方环境规划目标结合起来，进行环境保护措施设计，力求项目区工程建设、社会、经济与环境保护协调发展。为此，环境保护设计应遵循以下原则：

（1）预防为主、以管促治、防治结合、因地制宜、综合治理的原则。

（2）各类污染源治理，经控制处理后相关指标应达到国家规定的相应标准。

（3）减少施工活动对环境的不利影响，力求施工结束后项目区环境质量状况较施工前有所改善。

(4) 环境保护措施设计应切合项目区实际，力求做到：技术上可行，经济上合理，并具有较强的可操作性。

11.1.3 设计标准

(1)《生活饮用水卫生标准》（GB 5749—2006）。

(2)《地表水环境质量标准》（GB 3838—2002）Ⅳ类标准。

(3)《污水综合排放标准》（GB 8978—1996）二级排放标准。

(4)《环境空气质量标准》（GB 3095—1996）二级标准。

(5)《声环境质量标准》（GB 3096—2008）2类标准。

(6)《建筑施工场界噪声限值》（GB 12523—90）。

11.1.4 环境保护目标

(1) 生态环境：项目区生态系统功能、结构不受到影响。

(2) 下游水体不因工程修建而使其功能发生改变。

(3) 最大程度减轻施工区废水、废气、固废和噪声对环境敏感点的影响。

(4) 施工技术人员及工人的人群健康得到保护。

11.1.5 环境影响分析

(1) 综合分析。广州市番禺区新涌泵闸工程对环境的不利影响主要集中在施工期。施工活动对施工区生态、水、大气、声环境将产生一定的不利影响；工程建设对提高防洪排涝能力、保证周围居民生命财产安全有积极的作用。

工程建设对环境的影响是利弊兼有，且利大于弊。工程产生的不利影响可以通过采取措施进行减缓。从环境保护角度出发，没有制约工程建设的环境问题，工程建设是可行的。

(2) 主要不利影响。

1) 水环境影响。施工期间的废污水主要是施工人员生活污水和机械车辆冲洗废水。

生活污水主要来自施工人员的日常生活产生的污水，经过处理后达标排放对纳污河道影响不大。

机械车辆冲洗废水中 SS 和石油类物质含量较高，直接排放会对水环境造成一定不利影响，但经过隔油和沉淀处理后排放，对水环境影响较小。

2) 环境空气影响。施工期间大气污染物主要是施工机械、车辆排放的 CO、NO_x、SO_2 及碳氢化合物以及车辆运输产生的扬尘，本工程施工强度不大，施工机械及车辆少，且周围没有居民区，环境影响小。

3) 噪声环境影响。施工区周围没有村庄等声环境敏感点，施工噪声影响较小。

运行期间水泵噪声较大，但由于泵房封闭，并且周围 200m 内没有村庄或居民，影响较小。

4) 固体废物影响。工程固体废物有生产弃渣和施工人员生活垃圾。生产弃渣按施工设计定点堆放，生活垃圾及时清运，采取这些措施后，固体废物对环境影响很小。

5) 占地影响。本工程共占压土地 10.8 亩，其中，永久占地 1.41 亩，临时占地 9.39 亩，永久占地将由建设单位给予补偿，当地政府进行土地调整，保证占地影响人口的生活水平不会降低。

6）生态环境影响。工程施工开始后，工程永久占地和临时占地上的植被将被铲除。工程区均为人工植被，没有原生植被，因此施工仅造成一定的生物量损失，不影响当地的生物多样性。

新涌泵闸施工涉及幸福涌的范围小，且幸福涌水质较差，水生生物较少，没有发现珍惜水生生物以及鱼类"三场"，泵闸仅间歇性的阻隔幸福涌与屏山河的水体交换和水生生物交流，对水生生物影响较小。

7）人群健康。施工区气候湿热，易孳生蚊虫。在施工期间，由于施工人员相对集中，居住条件较差，易引起传染病的流行。施工期间易引起的传染病有：流行性出血热、疟疾、流行性乙型脑炎、痢疾和肝炎等。应加强卫生防疫工作，保证施工人员的健康。

11.2　环境保护设计

11.2.1　水污染控制

施工人员产生的生活污水中含有的主要污染物为 BOD_5、COD、N、P 等，由于施工区无专用污水排放管网和设施，故施工及管理人员生活污水须经过处理，达标后方能排入幸福涌。工程施工区高峰期人数为 150 人，按高峰期用水量每人每天 $0.12m^3$ 计，废水排放率以 80% 计，每天产生生活污水约 $14.4m^3$，在施工区设置临时厕所，粪便采用无害化肥田处理方式，生活污水采用一体化生活污水处理装置进行处理。

生产废水主要是机械车辆冲洗废水，废水中 SS 和石油类浓度较高，需要经隔油、沉淀处理方能排放。在施工机械停放场周围布置集水沟，并在适当的地方设沉砂滤油池，隔油板前设置塑料小球作为过滤材料，冲洗废水经集水沟收集进入沉沙滤油池处理，处理后回用。机械车辆冲洗废水处理流程及收集系统见图 11.2-1。

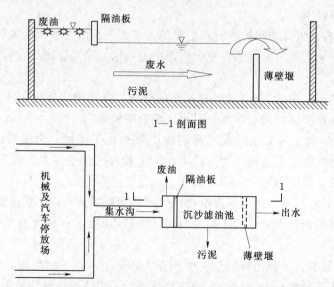

图 11.2-1　机械车辆冲洗废水处理流程及收集系统示意图

11.2.2　大气环境保护

（1）交通道路特别是临近生活区的路段，要经常洒水，无雨天要求每天洒水不少于 4

次。施工临时道路长 2km，用 2.5t 洒水车进行洒水，按照时速 15km/h、每月洒水天数 25d 计算，总计需要 133 个台时。

（2）进场设备尾气排放必须符合环保标准。

11.2.3 噪声控制

（1）合理进行场地布置，使生活区尽量远离高噪声场区。

（2）在临近生活区的施工区，应合理安排工作时间，禁止夜间和午休时间作业。

（3）在打桩机等高噪音环境下作业的施工人员实行轮班制，控制作业时间，并配备耳塞等劳保用品。

11.2.4 生态环境保护措施

（1）工程完工后，对临时施工场地及时平整，恢复植被。

（2）加强施工期间的环境管理，合理安排施工用地，尽可能少的破坏土壤环境，防止碾压和破坏施工范围之外的植被，减少人为因素对植被的破坏。

（3）在营区和施工区设置生态保护警示牌和环境保护宣传栏，在施工人员中加强生态保护宣传教育工作。

11.2.5 固体废弃物处置

固体废弃物主要包括工程产生的弃渣和施工人员产生的生活垃圾。

生活垃圾的处理处置：施工期高峰人数 150 人，按照每人每天产生 1kg 生活垃圾计算，每天最多产生生活垃圾 0.1t，总工日 2.2 万个，约产生生活垃圾 22t。在施工区域放置垃圾桶，并对垃圾进行集中收集，运往垃圾处理场进行处理。

11.2.6 人群健康保护

（1）进驻现场前对施工区和营区进行清理和消毒。

（2）施工单位应与当地卫生医疗部门取得联系，由当地卫生部门负责施工人员的医疗保健和急救及意外事故的现场急救与治疗。

（3）为保证工程的顺利进行，保障施工人员的身体健康，施工人员进场前应进行体检，传染病人不得进入施工区。

（4）施工过程中定期对施工人员进行体检，发现传染病人及时隔离治疗，同时还应加强流感、肝炎、痢疾等传染病的预防与监测工作。

（5）施工现场应设置临时厕所，粪便应及时清理。

11.3 环境管理

工程的环境保护措施能否真正得到落实，关键在于环境管理规划的制订和实施。

11.3.1 环境管理目标

根据有关的环保法规及工程的特点，环境管理的总目标如下：

（1）确保本工程符合环境保护法规要求。

（2）以适当的环境保护措施充分发挥本工程潜在的效益。

（3）实现工程建设的环境、社会与经济效益的统一。

11.3.2　环境管理机构及其职责

11.3.2.1　环境管理机构设置

工程建设管理单位配环境管理工作人员，安排专业环保人员负责施工中的环境管理工作。为保证各项措施有效实施，环境管理工作人员应在工程筹建期设置。

11.3.2.2　环境管理工作人员职责

（1）贯彻国家及有关部门的环保方针、政策、法规、条例，对工程施工过程中各项环保措施执行情况进行监督检查。结合本工程特点，制定施工区环境管理办法，并指导、监督实施。

（2）做好施工期各种突发性污染事故的预防工作，准备好应急处理措施。

（3）协调处理工程建设与当地群众的环境纠纷。

（4）加强对施工人员的环保宣传教育，增强其环保意识。

（5）定期编制环境简报，及时公布环境保护和环境状况的最新动态，搞好环境保护宣传工作。

11.3.3　环境监理

为防止施工活动造成环境污染，保障施工人员的身体健康，保证工程顺利进行，应开展施工区环境监理工作。环境监理工程师职责如下：

（1）按照国家有关环保法规和工程的环保规定，统一管理施工区环境保护工作。

（2）监督承包人环保合同条款的执行情况，并负责解释环保条款。对重大环境问题提出处理意见和报告，并责成有关单位限期纠正。

（3）发现并掌握工程施工中的环境问题。对某些环境指标，下达监测指令。对监测结果进行分析研究，并提出环境保护改善方案。

（4）协调业主和承包人之间的关系，处理合同中有关环保部分的违约事件。

（5）每日对现场出现的环境问题及处理结果作出记录，每月提交月报表，并根据积累的有关资料整理环境监理档案。

11.4　环境监测

为及时了解和掌握工程建设的环境污染情况，需开展相应的环境监测工作，以便及时采取相应的保护措施。针对本项目特点，环境监测主要进行水质、大气、噪声及人群健康监测。

（1）废污水监测。

监测断面布设：营地的生活污水排放口和机械车辆冲洗废水排放口。

监测内容为生活污水监测悬浮物、BOD_5、COD、N、P 共 5 项；机械车辆冲洗废水检测 SS、石油类。

监测频率：每季度监测 1 次。

（2）噪声监测。噪声监测点设置在与施工区临近的生活营区，每季度监测 1 次，共 2 次。

（3）大气监测。监测布点和频率可与噪声相同，监测项目为 NO_2、TSP。

（4）人群健康监测。

监测对象：重点是施工作业人员。

监测内容：主要调查施工人员中各种传染病的发病情况，并对可能发生的主要传染病进行监测。

11.5 环境保护投资概算

11.5.1 环境保护概算编制依据

（1）国家及行业主管部门和省（自治区、直辖市）主管部门发布的有关法律、法规及技术标准。

（2）水利水电工程环境保护设计概（估）算编制规程。

（3）水利水电工程及开发建设项目水土保持方案概（估）算编制规定和定额、施工机械台时费定额，有关行业主管部门颁发的定额。

（4）根据水利水电工程特点，应依据的其他规定。

11.5.2 环境保护投资概算

工程的环境保护投资包括环境监测费、环境保护临时措施、独立费用、基本预备费，工程环境保护投资为 16.46 万元，其中环境监测费 3.1 万元，环境保护临时措施 8.87 万元，独立费用 3.56 万元，基本预备费 0.93 万元。

表 11.5-1　　　　广州市番禺区新涌水闸工程环境保护投资概算表　　　单位：万元

工程和费用名称	建筑工程费	植物工程费	仪器设备及安装费	非工程措施费	独立费用	合计
第一部分　环境保护措施						
第二部分　环境监测				3.1		3.10
一、水质监测				1.40		1.40
二、环境空气监测				1.10		1.10
三、噪声监测				0.30		0.30
四、人群健康监测				0.30		0.30
第三部分　环境保护临时措施	1.4		6.00	1.47		8.87
一、废污水处理	1.40		6.00			7.40
二、扬尘控制				0.73		0.73
三、噪声控制	0					0.00
四、生活垃圾处理				0.30		0.30
五、人群健康保护				0.40		0.40
六、生态环境保护				0.04		0.04
第四部分　独立费用					3.56	3.56
一、建设管理费					0.60	0.60
二、环境监理费					2.00	2.00
三、科研勘测设计咨询费					0.96	0.96
第一至第四部分合计						15.52
基本预备费						0.93
环境保护总投资						16.46

序号	工程或费用名称	数量	单价/元	合计/万元	说　明
一	水质监测			1.40	
1	地表水	0	3500	0.00	
2	施工期污水监测	4	3500	1.40	生活污水和生产废水排放口高峰期监测 2 次
二	环境空气监测	2	5500	1.10	施工营区，高峰期每季度监测 1 次
三	噪声监测	2	1500	0.30	施工营区，高峰期每季度监测 1 次
四	人群健康监测			0.30	
	人群健康监测	3	1000	0.30	每季度监测 1 次
	合计			3.10	

表 11.5‐3　　　广州市番禺区新涌水闸工程环境保护临时措施投资概算表

序号	工程或费用名称	单位	数量	单价/元	合计/万元	说　明
一	废污水处理				7.40	
1	施工期生活污水处理				7.40	
2	施工区旱厕	个	2	2000	0.40	施工区设置 1 个，生活区设置 1 个
3	一体化生活污水处理装置	个	1	60000	6.00	
4	沉沙滤油池	个	1	10000	1.00	
二	扬尘控制				0.73	
	施工场地、道路洒水	台·时	133	55	0.73	
三	噪声控制	个	0	5000	0.00	
四	固体废物处理				0.30	
1	垃圾箱	个	4	200	0.08	
2	生活垃圾处理费	t	22	100	0.22	
五	人群健康保护				0.40	
1	施工区消毒、清理	处	1	1000	0.10	进场时生活区消毒
2	施工人员体检	人	30	100	0.30	施工人员体检
六	生态环境保护				0.04	
1	警示牌	个	1	150	0.02	
2	宣传栏	个	1	200	0.02	
	合计				8.87	

表 11.5-4 广州市番禺区新涌水闸工程环境保护独立费用投资概算表

编号	工程费用	单位	数量	单价/元	合计/万元	说　明
一	建设管理费				0.60	
	环境管理经常费		2%		0.24	
	环境保护设施竣工验收费		1%		0.12	
	环境保护宣传费		2%		0.24	
二	环境监理费	人·月	10	2000	2.00	
三	科研勘测设计咨询费				0.96	
	环境保护勘测设计费		8.00%		0.96	
	合计				3.56	

12 新涌水闸的工程管理

12.1 编制依据

(1)《堤防工程管理设计规范》(SL 171—96)。

(2)《水利工程管理单位定岗标准》2004 年。

(3)《堤防工程设计规范》(GB 50286—98)。

(4)《广东省海堤工程设计导则》(试行)等。

12.2 工程概况

广州新客站工程位于广州市番禺区,番禺区位于广州市南部、珠江三角洲腹地,东临狮子洋,与东莞市隔江相望;西及西南以陈村水道和洪奇沥为界,与佛山市南海区、顺德区及中山市相邻;北隔沥滘水道,与广州市海珠区相接;南及东南与南沙开发区相邻。本次设计包含工程有新客站 1 号水闸、3 号水闸(含泵站)、新涌水闸(含泵站)、海棠涌水闸(含泵站),除新涌水闸工程等别为Ⅲ等,主要建筑物级别为 3 级外,其余水闸工程等别均为Ⅳ等,主要建筑物级别均为 4 级。

12.3 管理机构的设置及人员编制

根据工程特点、规模和番禺区水利局意见,考虑新客站地区水利工程的特殊性、重要性,初步确定该工程建成后成立独立的管理单位,即"广州市番禺区新客站地区防洪排涝工程管理所(暂定名)",具体负责该区水利工程的日常维护、运行管理等事宜。该所直属番禺区水利局管辖。

管理所规模和人员编制本着精简高效的原则进行设置。根据《水利工程管理单位定岗标准》2004 年及类似工程实际管理现状,初步确定在上次编制基础上,管理所内增加负责上述 4 座闸管理的人员 15 人,其中管理所单位负责、行政管理、技术管理、财务与资产管理、水政监察岗位定员 2 人,4 座水闸现场管理人员 12 人(不包括幸福涌水闸,上次已计入过),辅助类岗位定员 1 人。

12.4 主要管理设施

(1)工程管理区及保护区范围。根据水法及《堤防工程管理设计规范》(SL 171—96)、《水闸工程管理设计规范》(SL 170—96)的要求,并结合地方具体情况和业主意见,划定水闸两侧边墩翼墙向外延伸 30m 范围、上下游各延伸 50m 为水闸工程管理范围区;划定河涌堤防外坡脚线以外 10m 为堤防管理范围区。为保证工程安全,除上述管理区之外，划定管理区外 50m 为工程保护区。

（2）交通及通信设施。

1）交通。根据工程管理和抗洪抢险需要，可修建与区域性水陆交通系统相连接的公路。本工程区现有交通方便，堤顶的永久交通可与附近地方道路直接连接，可满足工程管理和抗洪抢险需要，无需增建永久管理道路。

交通工具，根据管理机构的级别和管理任务的大小，按规定配置必需的交通工具，由管理所统一考虑。参照规范要求，管理站可配备维修车辆 2 辆、越野车 1 辆、驳船 1 艘。

2）通信。应充分利用原有通信系统，完善系统功能，增加相关设施。

（3）工程观测。工程竣工后，应做好工程的各项观测工作，及时监测工程运用期存在的问题。根据规范要求及工程实际运用情况，主要应对洪（潮）位、建筑物等观测。

（4）生物工程。保护堤防安全和生态环境的生物工程，主要有护堤地、草皮护坡等项目。

护堤地宜种植适宜当地土壤气候条件、材质好、生长快、经济效益高、与城市规划相协调的树种。

护坡用的草皮，以选用适合当地土壤气候条件，根系发育、生命力强的草种为宜。

（5）管理单位生产、生活区建设。按照有关规定，合理确定各类生产、生活设施的建设项目和建筑标准。按定员 13 人估算，需办公用房总面积 180m^2、生活文化福利用房总面积 525m^2，其中管理所内生活、办公总建筑面积 141m^2，现场用房面积 564m^2。管理所占地面积约 0.42 亩。

12.5 工程年运行管理费测算

为保证工程能正常发挥作用，根据有关规范及文件，参照本地区已建类似工程每年运行管理费用的统计资料，对工程的年运行管理费（包括工程观测费用）进行初步测算，供主管部门决策参考。

工程年运行管理费主要包括运行期各年所支出的职工工资及福利费、材料、燃料及动力费、工程维护费、防汛抢险费、管理及其他直接费用。工程年运行费按国民经济评价投资的 4% 估算，正常运行期年运行费为 47 万元，由市、区水利局统筹安排专项经费解决。

13 新涌水闸的设计概算

13.1 编制依据

(1)《广东省水利水电工程设计概（估）算编制规定》（试行）（粤水基 [2006] 2 号）。

(2)《广东省水利水电建筑工程概算定额》（粤水基 [2006] 2 号）。

(3)《广东省水利水电设备安装工程概算定额》（粤水基 [2006] 2 号）。

(4)《施工机械台班费定额》（粤水基 [2006] 2 号）。

(5) 补充定额采用（2006）广州市市政工程综合定额及广州市园林建筑绿化工程综合定额。

(6)《关于取消工程质量监督费、工程定额测定费的通知》（财政部、发改委财综 [2008] 78 号）。

13.2 基础价格

(1) 人工预算单价。根据粤水基 [2006] 2 号文的规定，人工预算单价为 30.92 元/工日（九类工资区）。

(2) 材料预算价格。采用 2008 年第四季度价格水平，根据粤水基 [2006] 2 号文的规定，工程主要材料按限价进入工程单价，主要材料预算价与限价之差列入相应部分；

主要材料限价：水泥 330 元/t；柴油 3500 元/m^3；钢筋 2500 元/t；砂 15 元/m^3；块石 30 元/m^3；碎石 45 元/m^3；商品混凝土 180 元/m^3。

(3) 施工电、风、水预算价格。施工电价为 0.96 元/(kW·h)；风价为 0.15 元/m^3；水价为 1.38 元/m^3。

13.3 费率标准

(1) 其他直接费，建筑工程 2.0%；设备安装工程 2.7%。

(2) 建筑工程现场经费费率见表 13.3-1。

表 13.3-1　　　　　　　　　　建筑工程现场经费费率表

序号	工 程 类 别	计算基础	现场经费/%	备　注
1	土方开挖工程	直接费	3	
2	土石方填筑工程	直接费	4	
3	混凝土工程	直接费	6	钢筋取 2%

序号	工 程 类 别	计算基础	现场经费/%	备　　注
4	模板工程	直接费	6	
5	钻孔灌浆及锚固工程	直接费	5	
6	疏浚工程	直接费	3	
7	其他工程	直接费	5	
8	绿化工程	直接费	4	
9	设备安装工程	人工费	40	

（3）建筑工程间接费费率见表 13.3-2。

表 13.3-2　　　　　　　　　　　　建筑工程间接费费率表

序号	工 程 类 别	计算基础	现场经费/%	备　　注
1	土方开挖工程	直接工程费	3	
2	土石方填筑工程	直接工程费	4	
3	混凝土工程	直接工程费	3	钢筋取3%
4	模板工程	直接工程费	4	
5	钻孔灌浆及锚固工程	直接工程费	5	
6	疏浚工程	直接工程费	3	
7	其他工程	直接工程费	4	
8	绿化工程	直接工程费	3	
9	设备安装工程	人工费	40	

（4）企业利润：按直接工程费和间接费之和的 7% 计算。

（5）税金：按直接工程费、间接费和企业利润之和的 3.41% 计算。

13.4 概算编制

13.4.1 建筑工程

（1）建筑工程投资按设计工程量乘工程单价进行计算。

（2）观测设备及安装工程投资按有关专业提供的投资计列。

13.4.2 安装工程

（1）设备费由设备原价、运杂费、采购保管费等组成。

（2）安装费按设计设备数量乘安装单价计算。

13.4.3 临时工程

（1）临时交通工程。按设计数量乘扩大工程指标进行计算。

（2）临时房屋建筑工程。施工仓库按 100 元/m² ，临时房屋按 150 元/m² 计算。

（3）其他临时工程。其他临时工程按直接工程费和间接费之和的 2% 计入工程单价中。

13.4.4　独立费用

（1）建设管理费：执行广州市财政局《关于转发〈基本建设财务管理规定〉的通知》（穗财建［2002］1754号）。

（2）工程建设监理费：执行《建设工程监理与相关服务收费管理规定》（发改价格［2007］670号）。

（3）生产准备费。

1）生产及管理单位提前进厂费。按建安量的0.2%计算。

2）职工培训费。按建安量的0.2%计算。

3）管理用具购置费。按建安量的0.02%计算。

4）备品备件购置费。按占工程设备费的0.4%计算。

5）工器具及生产家具购置费。按占设备费的0.1%计算。

（4）工程科学研究试验费。按建安工程费的0.2%计算。

（5）工程勘测设计费。

勘测设计费：勘测费按实物量计列，设计费执行国家计委、建设部计价格［2002］10号文及有关规定。

（6）建设及施工场地征用费：按有关专业提供的投资计列。

（7）其他。

工程定额测定费、工程质量监督费不计；工程保险费按建安工程费投资合计的0.45%计算；招标服务费按广州市番禺区番建设［2004］15号文。

13.5　预备费

（1）基本预备费费率为5%。

（2）不计取价差预备费。

13.6　概算投资

工程总投资：2484.42万元。其中建筑工程859.34万元；机电设备及安装工程833.13万元；金属结构设备及安装工程113.83万元；临时工程196.96万元；独立费用269.12万元；基本预备费113.62万元；建设及施工场地征用费72.1万元；环保16.46万元；水保9.86万元。

14 新涌水闸的国民经济评价

14.1 主要评价依据、方法及参数

14.1.1 主要评价依据

经济评价的主要依据：国家发改委和建设部 2006 年颁布的《建设项目经济评价方法与参数（第三版）》（以下简称《方法与参数》）、《水利建设项目经济评价规范》（SL 72—94）等。

14.1.2 主要参数

（1）计算期及折现率。根据本工程的建设安排，计算期取 31 年，其中建设期为 1 年，正常运用期为 30 年。计算基准点选在工程建设期的第一年年初，各项费用和效益均按年末发生。

折现率：依据《方法与参数》，测定社会折现率为 8%。

（2）价格水平和基准年。计算采用 2008 年第三季度价格水平。经济评价基准年为项目建设期的第一年，基准点为基准年年初。

14.2 费用计算

14.2.1 固定资产投资

工程费用主要包括固定资产投资、年运行费和流动资金。根据投资估算结果，本工程总投资 2484.42 万元，扣除其中内部转移支付的利润和税金，国民经济评价采用投资为 2380 万元。

14.2.2 年运行费

工程年运行费按国民经济评价投资的 2% 估算，正常运行期年运行费为 48 万元。

14.2.3 流动资金

流动资金是指维持项目正常运行所需的全部周转金，按照年运行费用的 15% 估算为 7 万元。

14.3 效益分析

广州铁路新客站位于番禺区钟村镇石壁村，规划用地面积 11.4km²，属市桥河流域钟村镇涝区。因铁路客运新站建设，城市化水平提高，远期钟村涝区均按城市排涝标准建设。钟村排涝区现状为农村排灌标准，排涝能力为 10 年一遇 24h 暴雨遭遇外江 5 年一遇洪潮水位 3d 排干，目前的排涝能力已不适应城市建设发展的要求。根据《广州铁路新客站地区防洪排涝规划》，确定广州新客站地区排涝标准为 20 年一遇 24h 暴雨 1d 排干不

受灾。

新涌水闸（泵站）工程位于幸福涌东北端，与屏山河相接。工程采用泵闸结合的形式，包括一座净宽 5m 的水闸和一座设计流量 $10m^3/s$ 的泵站，主要承担新客站地区的排涝任务。工程实施后一方面可以提高新客站地区的排涝标准，满足城市排涝要求；另一方面，也与新客站地区的景观要求相协调。广州铁路新客站地区将融枢纽核心功能与居住、商业、信息、服务业、娱乐业等复合功能于一体。作为未来珠三角乃至华南地区的重要交通枢纽，广州新客站地区将是番禺区乃至广州市的核心区域，对于整个番禺区的和谐发展将具有十分重要的推动作用。新客站地区现状用地主要为水塘、水田、苗圃，根据规划，随着新客站的建成以及当地排涝系统排涝标准的提高，城市建筑用地将占到大约一半的水平，这些工程措施的实施改善了本地区的投资、开发环境，从而带来土地的增值效益。

由于新客站的建设、排涝系统排涝标准的提高以及城市基础配套设施的建设完善，本区将从以农业发展为主转变为重要交通枢纽，从而推动当地城市化发展。据初步估算，可实现土地增值约 60 万元/亩，按照规划本地区城市建筑用地为 $5.32km^2$（即 7980 亩），总土地增值效益为 478800 万元。按工程建成后 10 年内土地增值可全部实现，年平均效益为 47880 万元。考虑土地增值效益是由新客站、排涝工程、外江堤防与市政基础设施共同带来的，土地增值效益应在它们之间进行分摊，考虑排涝工程分摊 30% 的土地增值效益，即为 14364 万元/年。本地区的排涝任务是由新客站地区河涌整治工程、水闸、泵站等排涝工程以及河网水系共同完成的，综合考虑新涌水闸（泵站）的排涝能力以及在排涝系统中的作用，估算其效益为 530 万元/年。

14.4 经济评价指标及结论

根据以上分析的费用、效益，编制本项目国民经济效益费用流量见表 14.4 - 1。计算评价指标为：经济内部收益率 14.5%，大于 8% 的社会折现率；按照 8% 的折现率计算的经济净现值为 588 万元，效益费用比为 1.22。

表 14.4 - 1　　　　　新涌水闸工程国民经济效益费用流量表　　　　单位：万元

年序	费 用 流 量				效 益 流 量			净效益流量
	投资	年运行费	流动资金	小计	土地增值效益	回收流动资金	小计	
1	2380			2380			0	-2380
2		48	7	55	530		530	475
3		48		48	530		530	482
4		48		48	530		530	482
5		48		48	530		530	482
6		48		48	530		530	482
7		48		48	530		530	482
8		48		48	530		530	482
9		48		48	530		530	482

年序	费 用 流 量				效 益 流 量			净效益流量
	投资	年运行费	流动资金	小计	土地增值效益	回收流动资金	小计	
10		48		48	530		530	482
11		48		48	530		530	482
12		48		48				−48
13		48		48				−48
14		48		48				−48
15		48		48				−48
16		48		48				−48
17		48		48				−48
18		48		48				−48
19		48		48				−48
20		48		48				−48
21		48		48				−48
22		48		48				−48
23		48		48				−48
24		48		48				−48
25		48		48				−48
26		48		48				−48
27		48		48				−48
28		48		48				−48
29		48		48				−48
30		48		48				−48
31		48		48		7	7	−41
评价指标	内部收益率/%			14.5				
	经济净现值/万元			588				
	效益费用比（$i_0 = 8\%$）			1.22				

14.5 敏感性分析

由于国民经济评价效益和费用指标具有一定的不确定性，通过主要指标的不利变化分析其对国民经济评价指标的影响。敏感性分析方案计算成果见表 14.5−1。计算结果表明，在项目投资增加 10%、效益减少 10% 情况之下，项目的经济内部收益率仍大于 8%。表明项目具有一定的抗风险能力。

　　　　　　　　　国民经济评价敏感性分析方案计算成果表

方　案	国民经济评价指标		
	内部收益率/%	经济净现值/万元	效益费用比
基本方案	14.5	588	1.22
投资增加 10%	11.5	518	1.11
效益减少 10%	11.1	259	1.10

注　计算经济净现值及效益费用比时采用 8% 的折现率。

14.6　国民经济评价结论

根据经济评价指标分析，钟村镇排涝区新涌水闸工程内部收益率 14.5%，大于社会折现率 8% 的要求；按照 8% 的折现率，经济净现值 588 万元，大于 0；效益费用比为 1.22，大于 1，本工程建设在经济上可行。敏感性分析表明项目具有较强的抗风险能力。同时环境效益、社会效益显著，建议工程尽早建设。

15 深涌水闸工程布置及主要建筑物

15.1 设计依据

15.1.1 工程等别和建筑物级别

根据《水闸设计规范》(SL 265—2001)的规定，水闸工程应根据最大过闸流量及其防护对象的重要性划分等别，且其级别不得低于河涌工程的级别。深涌水闸的最大过闸流量为 15.0m³/s，小于 100m³/s；水闸处于深涌入市桥水道河口处，市桥水道堤防的级别为 1 级。综合考虑确定深涌水闸的工程等别为Ⅳ等，主要建筑物级别为 1 级。

15.1.2 设计基本资料

15.1.2.1 地震设防烈度

根据 2001 年中国地震局编制的 1：400 万《中国地震动参数区划图》(GB 18306—2001)，工程区的地震动峰值加速度为 0.10g，动反应谱特征周期为 0.35s，相应的地震基本烈度为Ⅶ度。

根据《水闸设计规范》(SL 265—2001)的规定，本工程水闸的抗震设计标准为Ⅶ度。

15.1.2.2 流量及特征水位

市桥水道：设计水位 2.14（$P=1\%$）m（珠基高程，下同）

多年平均最高潮位 1.99m

多年平均高潮位 0.68m

多年平均低潮位 −0.79m

深涌：最高控制水位 1.5m

20 年一遇最高水位 1.49m

常水位 0.2m

预排最低水位 −0.5m

15.1.2.3 调蓄计算结果

自排情况下深涌水闸的调蓄计算结果见表 15.1-1。

表 15.1-1 深涌水闸调蓄计算成果表

时段	外江水位/m	闸前水位/m	水闸自排流量/(m³/s)	时段	外江水位/m	闸前水位/m	水闸自排流量/(m³/s)
1	−0.64	−0.5	0	4	−0.39	−0.39	0
2	−0.7	−0.5	0.6	5	−0.01	−0.1	0
3	−0.65	−0.5	1	6	0.39	0.36	0

时段	外江水位/m	闸前水位/m	水闸自排流量/(m³/s)	时段	外江水位/m	闸前水位/m	水闸自排流量/(m³/s)
7	0.64	0.65	10.2	16	−0.47	0.2	1.1
8	0.68	0.7	12.8	17	−0.34	0.2	0.7
9	0.59	0.62	15	18	−0.15	0.2	0.4
10	0.43	0.45	10.7	19	0.05	0.2	0.2
11	0.21	0.23	9.2	20	0.15	0.2	0.1
12	−0.02	0.2	3.8	21	0.13	0.2	0
13	−0.23	0.2	3	22	0.03	0.2	0
14	−0.39	0.2	2.2	23	−0.12	0.2	0.2
15	−0.48	0.2	1.6	24	−0.29	0.2	0

由表 15.1−1 中可知，水闸最大排涝流量 15.0m³/s，相应的内、外河水位分别是 0.62m 和 0.59m。

15.1.2.4 水文气象

多年平均降水量 1633mm；多年平均气温 21.9℃；多年平均风速 2.5m/s；多年平均蒸发量 1526mm。

15.2 闸址选择

15.2.1 选址原则

（1）满足《市桥河水系综合整治规划修编报告》和《番禺区水利现代化综合发展规划报告》，以及番禺区委、区政府的要求，贯彻"综合治理"的思想，使防洪排涝工程和堤防工程及生态景观营造有机结合。

（2）结合规划路网，贯彻减少占地及移民拆迁的原则。

（3）综合考虑水源水流条件、地形、地质、电源、堤防布置、对外交通、施工管理等因素。

（4）出水口应有良好出水条件，避免建在岸崩或淤积严重的河段。

15.2.2 闸址选择

深涌水闸为以排涝防洪为主的双向挡水运用水闸，主要承担陇枕围地区的排涝任务。

原深涌水闸位于深涌与市桥水道的交汇处，出闸后约 90m 即为市桥水道。由于市政规划道路、跨渠桥、跨路箱涵的影响，并综合考虑周围建筑以及工程布置、运用管理等要求，本次设计采用旧闸拆除，新址在旧闸址的基础上向深涌内退后 45m 左右，在原交通桥附近布置。

15.3 闸型选择

根据市政规划设计，深涌水闸周围为规划道路，右侧为居民小区和西丽大桥，周边环境对景观要求较高。作为市区水系中的水闸工程，设计中比选了悬挂式和直升式闸门，经综合分析，推荐采用悬挂式闸门形式。悬挂式闸门开启后悬挂于闸室内部，地面上不需要建排架等高耸建筑物，闸室顶部设景观平台，布置上与周边环境易于统一协调，起到美化环境的景观作用和为居民提供休闲娱乐的作用，形成生态景观节点。

15.4 工程总体布置

15.4.1 布置原则

深涌水闸是以排涝防洪为主，兼顾引水满足景观水面要求的双向运用的水闸。工程布置原则如下：

(1) 水闸的进出口段水流均匀流态平顺。

(2) 闸的轴线尽量与河道中心线正交。

(3) 根据建筑物的功能、管理及运用等要求，做到紧凑合理、协调美观。

(4) 水闸管理区与周边环境相协调，为景观设计搭造平台。

15.4.2 枢纽布置

水闸的中心线与深涌整治后的河涌中心线基本重合，枢纽布置根据市政综合规划指定区域，避开规划路道，并满足龙舟通行要求。现状深涌河道宽约18m，河底高程约−2.0m左右，闸址处两岸地面高程约2.5~2.8m，内涌设计堤顶高程1.60m，市桥水道堤防顶高程2.60m。由于深涌水闸所处深涌段已经整治，且景观能较好的和周围环境融合在一块，在新涌水闸重建后，深涌堤防按照原貌恢复。

深涌水闸是以排涝防洪为主的双向挡水运用水闸。水闸位于深涌北端入市桥水道河口处。水闸布置从市桥水道到深涌方向由市政穿路箱涵、箱涵水闸连接段、闸室段、海漫段及防冲槽等组成。

15.4.3 闸室布置

闸室结构采用开敞式，底板为平底板结构。

(1) 闸顶高程。根据《水闸设计规范》（SL 265—2001）的相关规定：水闸闸顶高程根据挡水和泄水两种运用情况而定，且不低于堤顶高程；闸室净空满足龙舟通过要求；闸顶高程还应满足闸门悬挂和牛腿布置的要求。由于工程处于沿海淤泥区，虽然基础做了相应处理，但仍存在部分沉降，闸顶预留一定的安全超高；经综合比较，水闸闸顶高程3.90m。

(2) 闸槛高程。水闸为排涝闸，在满足排水、泄水的条件下，闸槛高程可略低于河道底高程。根据整治后河涌底高程、地质情况、水流流态、泥沙以及原闸槛高程等条件，经技术经济比较，确定闸底槛高程为−2.20m。

(3) 闸孔宽度。闸孔总净宽根据水文排涝计算成果，同时考虑陇枕围地区多座水闸便于统一管理运行等要求确定，并尽量不小于水闸现状总净宽。深涌水闸为单孔闸，闸孔宽度7.00m。

(4) 闸室长度。闸室底板顺流向长度根据地基条件和结构布置要求，满足闸室整体稳定、防渗长度的需要以及闸门布置等需要，根据以上要求，确定为18.0m。根据管理维修需要，闸室前后各设置一道检修门槽。

(5) 底板及闸墩厚度。水闸底板厚度和闸墩厚度经结构计算并结合闸门埋件构造要求确定，水闸底板厚 1.0m，边墩厚 1.0m。为加强结构整体性，加大刚度，闸顶设 4 道横向联系梁，梁高 1.1m、宽 0.5m。考虑与周边环境结合，闸室顶部设厚 0.2m 的 SP 预应力空心板搭建景观平台，平台四周设不锈钢栏杆。

（6）箱涵与闸室过渡连接段。由于市政规划部门在水闸和市桥水道之间规划有道路，并且为贯通深涌和市桥水道，市政规划部门规划有穿路箱涵。重建深涌水闸与穿路箱涵之间设置过渡连接段。

连接段底板高程和水闸底板高程相同，为 −2.70m，顶部高程 2.60m。顶部设置三道横梁，并设置现浇钢筋混凝土盖板。

15.4.4　防渗排水布置

水闸地基位于淤泥质土，防渗布置根据地质条件和上下游水头差，上下游连接及止水排水设计等综合计算确定。深涌水闸的水平防渗长度为 32m，其中闸室段长度 18m，内涌侧混凝土铺盖长度 4m，接箱涵过渡段 10m。

计算方法采用流网法。经计算，闸基抗渗稳定满足要求。

水闸翼墙底部设一排 $\phi75mm$ PVC 排水管，间距 1.5m。

15.4.5　消能防冲布置

本次设计水闸具有双向挡水、泄水功能。根据水闸运行特点，水闸采用底流式消能，经计算，闸下尾水深度高于跃后水深，内、外河侧均不需设消力池。考虑水闸排涝时，闸门开启过程中可能存在不利情况，同时结合工程布置，闸底板首端设齿槛，兼起消能作用。

外河（市桥水道）侧箱涵过渡段底板设置一个 0.5m×0.5m 底坎，起到一定的消能作用。内河（深涌）侧设 4m 长的钢筋混凝土防渗铺盖、5m 长的格宾石笼海漫海漫段和 7m 长的防冲槽段。

15.4.6　两岸连接布置

水闸两岸连接需保证岸坡稳定，改善水闸进、出水流条件，提高泄流能力和防冲效果，且有利于环境绿化。两岸连接翼墙采用结构轻巧的悬臂式挡土墙结构，上、下游翼墙与闸室平顺连接，其扩散角采用 10°，平面布置采用圆弧与直线组合式。两侧翼墙墙顶高程均为 2.6m。

翼墙以外的两侧边坡做格宾石笼防护，以适应番禺地区软土河床的变形，格宾石笼厚 0.5m。

15.4.7　堤防连接段布置

深涌水闸位于深涌上，堤防连接段包括深涌侧堤防和市桥水道侧堤防。深涌水闸工程与深涌整治工程的工程分界线为桩号 K0＋022，平面布置上与整治后的河涌堤防平顺连接。

深涌两侧的堤防原为浆砌石挡墙，此次设计仅将内涌侧翼墙与原浆砌石挡墙平顺连接，并在外侧设抛石防护。

15.5　水力设计

15.5.1　闸孔净宽度

水闸以排涝防洪为主要功能，并满足龙舟通过要求。考虑最不利潮型及水闸的运行方式，排涝时最大过闸水位差为 0.03m，堰流处于高淹没状态，闸孔总净宽采用的堰流流量计算公式如下：

$$B_0 = \frac{Q}{\mu_0 h_s \sqrt{2g(H_0 - h_s)}}$$

$$\mu_0 = 0.877 + \left(\frac{h_s}{H_0} - 0.65\right)^2$$

式中 B_0——闸孔总净宽，m；

Q——过闸流量，m^3/s；

H_0——计入行近流速水头的堰上水深，m；

g——重力加速度，m/s^2，采用 9.81，m/s^2；

h_s——由堰顶算起的下游水深，m；

μ_0——淹没堰流的综合流量系数。

根据水文调洪计算，深涌水闸闸孔宽度 7.0m，闸孔净宽满足排涝要求。深涌水闸最大排涝流量 15.0m^3/s，单宽流量 2.10m^3/s，这在番禺区淤泥质基础的条件下是有利的。

15.5.2 消能防冲设计

水闸建在软土地基上，河床及岸坡抗冲能力较低，宜采用底流式水跃消能。消力池结构形式及尺寸很大程度上取决于下游水位情况，合理的消能设计应在确保工程正常运行安全的前提下，使其效率最高、工程投资最省。

消能防冲采用《水闸设计规范》（SL 265—2001）附录 B 中方法进行计算，消力池深度按下列公式计算：

$$d = \sigma_0 h_c'' - h_s' - \Delta Z$$

$$h_c'' = \frac{h_c}{2}\left(\sqrt{1 + \frac{8\alpha q^2}{g h_c^3}} - 1\right)\left(\frac{b_1}{b_2}\right)^{0.25}$$

$$h_c^3 - T_0 h_c^2 + \frac{\alpha q^2}{2g\varphi^2} = 0$$

$$\Delta Z = \frac{\alpha q^2}{2g\varphi^2 h_s'^2} - \frac{\alpha q^2}{2g h_c''^2}$$

式中 d——消力池深度，m；

σ_0——水跃淹没系数，可采用 1.05～1.10；

h_c''——跃后水深，m；

h_c——收缩水深，m；

α——水流动能校正系数，可采用 1.0～1.05；

q——过闸单宽流量，m^3/s；

b_1——消力池首端宽度，m；

b_2——消力池末端宽度，m；

T_0——由消力池底板顶面算起的总势能，m；

ΔZ——出池落差，m；

h_s'——出池河床水深，m。

消力池长度按下列公式计算：

$$L_{sj}=L_s+\beta L_j$$
$$L_j=6.9(h_c''-h_c)$$

式中 L_{sj}——消力池长度，m；

L_s——消力池斜坡段水平投影长度，m；

β——水跃长度校正系数，可采用 0.7～0.8；

L_j——水跃长度，m。

计算工况 1：引水时控制最大水头差不超过 0.1m。外河水位 0.2m，内河水位 0.1m；

计算工况 2：排涝时，外河水位 0.59m，内河水位 0.62m。

根据消能计算成果，两种计算工况下的闸下跃后水深均小于闸下游水深，内、外河侧均不需设消力池。考虑水闸排涝时，闸门开启过程中可能存在不利情况，设计时结合闸门型式、闸室布置要求，外河侧接箱涵过渡段，在连接市政箱涵处设置一底坎，在一定程度上起到消能作用。

接箱涵过渡段底板与侧向边墙采用框架结构，结构受力要求，经计算最终确定底板厚为 1.0m。根据消力池末端单宽流量及河床土质情况，经计算，内河侧海漫长度 9m。海漫末端设抛石防冲槽，槽深 1.3m。

15.5.3 闸门控制运用方式

深涌水闸是以排涝防洪为主的双向挡水运用的排涝闸，市桥水道百年一遇设计水位 2.14m、多年平均高潮位 0.68m，深涌 20 年一遇最高水位 1.49m、常水位 0.2m。闸门控制运用遵循以下原则：

（1）市桥水道水位高于 1.5m 时，关闸挡水。

（2）枯水期时防止深涌水体流入市桥水道，维持深涌景观水深要求，关闸挡水。

（3）外江水位低于河涌水位需要排涝时，开闸排涝。

15.6 防渗排水设计

（1）防渗长度计算。防渗长度按以下公式计算：

$$L=C\Delta H$$

式中 L——闸基防渗长度，即闸基轮廓线防渗部分水平段和垂直段长度的总和，m；

C——允许渗径系数值，C 可取 5。

计算防渗长度为 9.55m，深涌水闸的设计水平防渗长度为 32.0m，而且接市政方面设计的箱涵，满足的水平防渗长度要求。

（2）抗渗稳定计算。根据工程布置及地质勘察，水闸闸基为淤泥质砂壤土，易发生流土破坏，深涌水闸的闸基土允许渗流坡降建议值为 0.2。水闸的上、下游最大水位差为 2.64m，计算方法采用流网法。计算程序采用河海大学的 Autobank 程序软件。计算结果见图 15.6-1。

经计算，深涌水闸闸基水平段水力坡降最大值为 0.074 和出口段水力坡降最大值为 0.095，小于水平段允许水力坡降 0.25 和出口段允许水力坡降 0.6，闸基抗渗稳定满足要求。

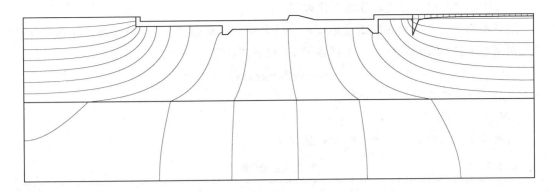

图 15.6-1　深涌水闸闸基水平段和出口段水力坡降等值线云图

（3）排水设计。水闸进口翼墙（内河涌侧）设置排水系统，以降低墙后地下水位，增加翼墙稳定性。在翼墙底部设一排 $\phi75mm$ PVC 排水管，间距 1.5m。

格宾石笼海漫为透水层，石笼下设 0.1m 碎石垫层及无纺土工布，起反滤作用。

15.7　结构设计

水闸各部位混凝土材料：闸室底板、边墩、混凝土海漫以及上下游翼墙为 C25、素混凝土垫层为 C10。抗渗等级为 W4。

结构设计的主要内容有闸室抗滑稳定计算、闸室基底应力计算、闸室底板和边墩结构计算、翼墙稳定及结构计算。

15.7.1　闸室稳定计算

15.7.1.1　计算荷载及组合

作用在闸室上的主要荷载有：闸室自重和永久设备自重、水重、静水压力、扬压力、浪压力、土压力、地震力等。

（1）闸室自重：闸室自重包括闸体自重及永久设备重、闸体范围内的水重等。

（2）静水压力：按相应计算工况下上下游水位计算。

（3）土压力：土压力按静止土压力计算。

（4）扬压力：扬压力为浮托力及渗透压力之和，根据流网法计算各工况渗透压力。

（5）浪压力：深涌河道断面较小，风浪的影响可忽略不计。

（6）地震力：地震动峰值加速度 0.10g，地震基本烈度为Ⅶ度。根据《水工建筑物抗震设计规范》（SL 203—97），采用拟静力法计算地震作用效应。

水平向地震惯性力：沿建筑物高度作用于质点 i 的水平向地震惯性力代表值按下式计算。

$$F_i = \alpha_h \xi G_{Ei} \alpha_i / g$$

式中　F_i——作用在质点 i 的水平向地震惯性力代表值；

ξ——地震作用的效应折减系数，除另有规定外，取 0.25；

G_{Ei}——集中在质点 i 的重力作用标准值；

α_i——质点 i 的动态分布系数；

α_h——水平向设计地震加速度代表值，$0.1g$。

地震动水压力：单位宽度的总地震动水压力作用在水面以下 $0.54H_0$ 处，计算时分别考虑闸室上下游地震动水压力，其代表值 F_0 按下式计算。

$$F_0 = 0.65\alpha_h\xi\rho_w H_0^2$$

式中　ρ_w——水体质量密度标准值；

　　　H_0——水深。

荷载按不同的计算工况进行组合，见表 15.7-1。

表 15.7-1　　　　　荷　载　组　合　表

荷载组合	计算情况	编号	荷　载					
			自重	静水压力	扬压力	波浪压力	水重	地震荷载
基本组合	完建期	工况 1	√		√		√	
	挡市桥水道水位	工况 2	√	√	√	√	√	
	市桥水道预排	工况 3	√	√	√	√	√	
特殊组合	检修期	工况 4	√	√	√		√	
	正常运用+地震	工况 5	√	√	√	√	√	√

15.7.1.2　计算工况

共选取五种不利设计工况：

(1) 施工完建：上、下游无水。

(2) 挡市桥水道侧水位：市桥水道最高控制水位 2.11m，深涌常水位 0.2m。

(3) 市桥水道预排：深涌常水位 0.2m，市桥水道预排最低水位-0.5m。

(4) 检修期：闸室两侧放检修闸门，市桥水道、深涌均为常水位 0.2m。

(5) 地震：正常运用，市桥水道、深涌均为常水位 0.2m+Ⅶ度地震。

15.7.1.3　稳定及应力计算

(1) 抗滑稳定计算。抗滑稳定计算采用以下公式：

$$K_c = f\sum G / \sum H$$

式中　K_c——闸室抗滑稳定安全系数；

　　　f——闸室基底面与地基之间的摩擦系数；

　　　$\sum G$——作用在闸室上全部竖向荷载；

　　　$\sum H$——作用在闸室上的全部水平向荷载。

(2) 抗浮稳定计算。闸室两侧设两道检修闸门，在闸室检修时应进行抗浮稳定计算。

$$K_f = \sum V / \sum U$$

式中　K_f——闸室抗浮稳定安全系数；

　　　$\sum V$——作用在闸室上全部向下的铅直力之和；

　　　$\sum U$——作用在闸室基底面上的扬压力。

(3) 闸室基底应力计算。基底应力按材料力学偏心受压公式进行计算，当结构布置及受力情况对称时，按下式计算：

$$P_{\min}^{\max} = \frac{\sum G}{A} \pm \frac{\sum M}{W}$$

式中　$\sum G$——作用在闸室上全部竖向荷载;

$\sum M$——作用在闸室上的全部竖向和水平向荷载对基础底面垂直水流方向的形心轴的力矩;

A——闸室基底面的面积;

W——闸室基底面对于该底面垂直水流方向的形心轴的面积矩。

当结构布置及受力情况不对称时,其计算公式如下:

$$P_{\min}^{\max} = \frac{\sum G}{A} \pm \frac{\sum M_x}{W_x} \pm \frac{\sum M_y}{W_y}$$

式中　$\sum M_x$、$\sum M_y$——作用在闸室上的全部竖向和水平向荷载对基础底面形心轴 x、y 的力矩;

W_x、W_y——闸室基底面对于该底面形心轴 x、y 的面积矩。

根据上述特征水位,按照闸内外侧经常出现的工况和不利组合进行基本组合和特殊组合,计算成果见表 15.7-2。

表 15.7-2　　　　　　　　　　深涌水闸稳定应力计算成果表

工况	$p_{\min}$ /kPa	$p_{\max}$ /kPa	$p_{平均}$ /kPa	基底应力允许值 /kPa	不均匀系数 $P_{\max}/P_{\min}$	不均匀系数允许值 $P_{\max}/P_{\min}$		抗滑稳定安全系数	抗滑稳定安全系数允许值	
						基本组合	特殊组合		基本组合	特殊组合
完建情况	85.95	86.65	86.30	50~70	1.008	2.00		∞	1.20	
挡外河水	74.15	107.06	90.61	50~70	1.444	2.00		6.26	1.20	
预排情况	86.14	93.53	89.83	50~70	1.086	2.00		23.59	1.20	
检修情况	73.44	76.83	75.13	50~70	1.046		2.50	∞		1.05
地震情况	90.80	101.77	96.29	50~70	1.121		2.50	3.12		1.00

根据计算,水闸抗滑稳定满足要求,但基础承载力不满足规范要求,闸基为淤泥质黏土,承载力为 50~70kPa 左右,为流塑—软塑状态,不能作为天然地基持力层。基础土层属抗震不利段,在地震动力作用下,软土层塑性区扩大或强度降低,从而产生不同程度的压缩和变形,容易导致不均匀沉陷或地基失效。而且下卧层淤泥质砂壤土地震时存在液化问题,必须进行基础处理。

15.7.2　闸室结构计算

闸室结构尺寸确定需满足结构受力条件及闸门埋件布置要求,深涌水闸的边墩厚为 1.0m,底板厚 1.0m。开敞式水闸虽在闸顶设横梁增强刚度和整体性,但横梁间距较大,结构计算时不考虑横梁的作用。内力计算按照《水闸设计规范》(NB/T 35023—2014)采用弹性地基梁法,以工作闸门为界分为上游段和下游段,计算时分别在上、下游段截取单宽的 U 形板条,计算程序采用《灌区建筑物的水力计算与结构计算》中的水闸稳定计算及底板计算(弹性基础梁法)。

计算荷载包括侧向土压力、水重、静水压力、地震力等,根据水闸控制运用方式,计算工况包括施工完建期、运用期、检修期和地震期，经分析，完建期、运用期及地震期为控制工况。其内力计算成果见表 15.7-3。

表 15.7-3 　　　　　　　　深涌水闸闸室内力计算成果表 　　　　　单位：kN•m

项　　目	完建期	运用期	地震期
底板门槛上游最大弯矩		243.2	280
底板门槛下游最大弯矩		−337.8	250.7
边墩上游最大弯矩	248.0		257.1
边墩下游最大弯矩	247.7		250.7

注　弯矩以底板底部受拉为正。

最终确定深涌水闸的边墩及底板受力钢筋配筋面积均为 1571mm²，选用 5Φ20。

15.7.3　翼墙稳定及应力计算

根据工程布置，深涌水闸的翼墙高度为 4.80m。挡墙结构采用悬臂式，墙后土压力按朗肯土压力理论计算。

计算工况选取不利水位组合。主要荷载包括土重、侧向土压力、水平水压力、水重、扬压力、结构自重等，侧向土压力按朗肯主动土压力计算。

稳定计算工况及水位组合选取如下：

工况 1（基本组合）：施工完建，墙前无水、墙后地下水。

工况 2（基本组合）：正常运行，墙前常水位 0.20m、墙后地下水位。

工况 3（特殊组合）：水位骤降，墙前−0.5m，墙后地下水位（仅上游翼墙需计算）。

工况 4（特殊组合）：地震情况，正常运行＋地震。

翼墙稳定计算成果见表 15.7-4。

表 15.7-4 　　　　　　　　深涌水闸翼墙稳定计算成果表

工　况　组　合		基　本　组　合		特　殊　组　合	
		工况 1	工况 2	工况 3	工况 4
抗滑稳定安全系数	$[K_c]$	1.537	2.232	1.844	1.781
	$[K_c]$	1.35		1.20	1.10
基底应力 /kPa	σ_{max}	123.261	108.816	110.993	114.690
	σ_{min}	105.223	104.604	105.596	98.730
	均值 σ	114.242	106.710	108.295	106.710
不均匀系数 $\sigma_{max}/\sigma_{min}$		1.171	1.040	1.051	1.162
允许不均匀系数 $[\sigma_{max}/\sigma_{min}]$		1.50		2.00	
基底应力允许值 $[\sigma]$		50~70			
1.2 $[\sigma]$		60~84			

由表 15.7-4 计算结果可知，翼墙抗滑稳定满足要求，但基础底面应力和应力不均匀系数不满足规范要求。因基础为淤泥质软土，不能作为天然地基持力层。基础土层属抗震不利段，地震时易出现不均匀沉陷或地基失效，且地震时存在液化问题，必须进行基础

158

处理。

15.7.4　接过渡段结构计算

过渡段结构采用整体式 U 形结构，上部设置三道横梁，在横梁上现浇混凝土板，做为盖板，板厚 0.3m。

计算采用《水利水电工程设计计算程序集》G14—带斜杆带弹性地基梁的平面框架内力及配筋计算。计算选用控制工况：完建期和地震。计算成果见表 15.7-5。

表 15.7-5　　　　　　　　　　深涌水闸交通桥结构计算成果表　　　　　　　　单位：kN·m

项　　目	完　建　期	地　　震
底板中部最大弯矩	180.4	262.0
底板端部最大弯矩	452.1	543.0
边墩底部最大弯矩	447.8	543.0

注　弯矩以底板底部受拉、闸墩外侧受拉为正。

根据表 15.7-5，按受弯构件对过渡段底板、墩子进行配筋计算，最小配筋率为 0.15%。经计算过渡段的受力钢筋选配Φ22@200。

15.7.5　闸门支座（牛腿）结构计算

根据水闸下翻板闸门布置，边墩内侧需设闸门支座。

（1）闸门支座附近闸墩的局部受拉区的裂缝控制应满足下列要求：

$$F_s \leqslant \frac{0.55 f_{tk} b B}{\dfrac{e_0}{B} + 0.20}$$

式中　F_s——由荷载标准值按荷载效应短期组合计算的闸墩一侧闸门支座推力值；

　　　　b——闸门支座宽度；

　　　　B——闸墩厚度；

　　　　e_0——闸门支座推力对闸墩厚度中心线的偏心距；

　　　　f_{tk}——混凝土轴心抗压强度标准值。

（2）闸墩局部受拉区的扇形局部受拉钢筋截面面积应满足下列公式要求：

$$F \leqslant \frac{1}{\gamma_d} \frac{B_0 - a_s}{e_0 + 0.5B - a_s} f_y A_{si} \sum_{i=1}^{n} \cos\theta_i$$

式中　F——闸墩一侧闸门支座推力的设计值；

　　　　γ_d——钢筋混凝土结构的结构系数；

　　　　A_{si}——闸墩一侧局部受拉有效范围内的第 i 根局部受拉钢筋的截面面积；

　　　　f_y——局部受拉钢筋的强度设计值；

　　　　B_0——受拉边局部受拉钢筋中心至闸墩另一边的距离；

　　　　θ_i——第 i 根局部受拉钢筋与闸门推力方向的夹角；

　　　　a_s——受拉筋合力点至截面近边的距离。

（3）闸门支座的裂缝控制要求：

$$F_s \leqslant 0.7 f_{tk} b h$$

式中 h——支座高度。

（4）闸门支座的纵向受力钢筋截面面积按下列公式计算：

$$A_s = \frac{\gamma_y F a}{0.8 f_y h_0}$$

式中 A_s——纵向受力钢筋的总截面面积；

f_y——纵向受力钢筋的强度设计值。

根据水闸闸门荷载计算，深涌水闸闸门上游支座 A（市桥水道侧）最大推力值为396kN、下游支座 B（深涌侧）最大推力值为 360kN。闸门支座计算成果见表15.7-6。

表 15.7-6 深涌水闸闸门支座计算成果表

名称	部位	支座宽度 b/m	支座厚度 h/m	闸墩局部受拉区配筋		支 座 配 筋	
				受力钢筋	钢筋夹角	受力钢筋	箍筋
深涌水闸	支座 A、B	0.80	0.70	6Φ16	0°	7Φ22	Φ16@150

15.8 地基处理设计

根据地质勘察及工程布置，深涌水闸闸基坐落在②-1层淤泥质黏土层上，该土层为海陆交互相沉积的软土层，为流塑—软塑状态，其天然孔隙比大于1.0，压缩系数大于$1.0\mathrm{MPa}^{-1}$，具高压缩性，另外，淤泥质软土还具有触变性和流变性等特点，容易产生沉降问题，承载力为 50～70kPa 左右，因此须进行基础处理。而且下卧层淤泥质砂壤土地震时存在液化问题，必须进行基础处理。

选择处理方案的原则是：经济简单、安全可靠、符合环保要求。常用的软基处理方案的特点见表15.8-1。

表 15.8-1 地基处理措施比选表

加固方法	基本机理	优 点	缺 点	注意事项
水泥土搅拌法 干法（粉喷搅拌）湿法（浆液搅拌）	利用水泥（或石灰）等材料作为固化剂通过特制的搅拌机械，就地将软土和固化剂（浆液或粉体）强制搅拌，使软土硬结成具有整体性、水稳性和一定强度的水泥加固土	1. 最大限度利用原土。2. 搅拌时无振动、无噪音和无污染，对周围原有建筑物影响很小。3. 与钢筋混凝土桩基相比，可节约钢材并降低造价	1. 塑性指数 $I_p > 25$ 时，容易在搅拌头叶片上形成泥团，无法完成水泥土拌和。2. 对含有氯化物的黏土，有机质含量高，pH值较低的黏土，含大量硫酸盐的黏土处理效果较差	1. 加固深度：干法不宜大于15m，湿法不宜大于20m。2. 大块物质（石块和树根等）在施工前必须清除。3. 土的含水量在50%～85%时，含水量每降低10%，水泥土强度可提高30%
混凝土预制桩	工厂或现场预制。利用锤击，静压或振动法施工	1. 质量可靠、制作方便、沉桩快捷。2. 桩长现场制作可达 25～30m，可打穿软土层直至持力层。3. 施工工期短	对淤泥层，打桩易产生位移偏位和倾斜	

加固方法	基本机理	优　点	缺　点	注意事项
换填垫层法	挖除浅层软弱土，填以抗剪强度高、压缩性低的天然或人工材料形成垫层	1. 施工简易、工期短、造价低。 2. 若选用砂石作为垫层材料，其良好的透水性可加速垫层下软弱土层的固结	处理深度较浅，不宜超过 3m。不适合处理深厚软弱土层	
真空联合堆载预压	真空预压与堆载预压联合实施。铺设水平排水和垂直排水，垫层上覆不透气密封薄膜，薄膜上堆载。通过在地面上安装的射流真空泵，抽出薄膜下土体中的空气，形成真空，使土体排水而密实	加速施工期沉降，工后沉降大量减少	工期较长	1. 用于无透水土层和均质黏性土。 2. 垫层上覆薄膜的密封性必须保证
动力排水固结法	设置水平排水和垂直排水，夯击原则是先轻后重，夯击多遍，少击多遍（传统强夯是以同一夯重锤多击）激发土体孔压，使土体产生微裂缝排水，以不完全破坏土体结构强度为前提，根据土体强度提高情况，逐步增加能量的动力固结	1. 比预压法工期短。 2. 投资省。 3. 可满足低透水性土深层加固的要求（可超过 20m）	对施工工艺要求较高	需严格控制夯击能从小到大变化，以夯坑周边土不出现明显隆起现象为控制标准
钻孔灌注桩	通过机械钻孔在地基土中形成桩孔，并在其内放置钢筋笼、灌注混凝土成桩	1. 施工无挤土、无（少）振动、无（低）噪音，环境影响小。 2. 成孔可穿过任何类型底层，桩长可达 100m	1. 造价较高。 2. 淤泥质土易造成塌孔	

由表 15.8 - 1 可知：换填垫层法不适于淤泥土层较厚的情况，而钻孔灌注桩造价高且施工易造成塌孔，由此进一步筛选组合出三种较优方案：水泥土搅拌法；真空联合堆载预压；动力排水固结法＋混凝土预制桩。三种方法的优缺点比较见表 5.8 - 2。

表 15.8 - 2　　　　　　　　　可选处理措施比选表

可选用方法	优　点	缺　点
水泥土搅拌法	1. 投资省。 2. 施工方法较成熟	1. 桩体质量不易保证。 2. I_p 指数高时施工困难
真空联合堆载预压	投资省	工期长
动力排水固结法＋混凝土预制桩	1. 预先处理表层一定厚度的土，使地形成硬壳层，可避免施打预制桩时的偏位和倾斜。 2. 桩体质量可保证	1. 对施工工艺要求较高。 2. 投资稍高。 3. 当底板底面下软土层发生自重固结、震陷或由于外江围堤基础的沉降而引起基面下软土层发生沉降时，易使底板底面与软土层发生脱离，使闸基土层发生渗透变形（管涌）破坏

综合考虑以上方法的优缺点、当地成熟的施工技术及施工工期的要求，最终推荐水泥土搅拌法。

（1）水泥土搅拌桩设计及计算。对于广东番禺软土地区，地基处理的任务主要是解决地基变形问题，即地基是在满足强度基础上以变形进行控制的，因此水泥土搅拌桩的桩长是通过变形计算确定。对于变形来讲，增加桩长，对减少沉降有利。

水泥土搅拌桩采用湿法加固。为充分发挥桩间土的作用，调整桩和土荷载的分担作用，减少基础底面的应力集中，应在基础与桩顶间设置褥垫层，垫层材料为水泥土，厚 0.3m。

（2）单桩竖向承载力特征值 R_a 计算：

$$R_a = u_p \sum_{i=1}^{n} q_{si} l_i + \alpha q_p A_p$$
$$R_a = \eta f_{cu} A_p$$

式中 f_{cu}——与搅拌桩桩身水泥土配比相同的室内加固土试块在标准养护条件下 90d 龄期的立方体抗压强度平均值，kPa，根据番禺区龙湾水闸水泥土搅拌桩配比试验的数据显示，淤泥质黏土，水泥掺量 18％ 时，90d 龄期的 f_{cu} 值约为 1560kPa；

   η——桩身强度折减系数，湿法取 0.3；

   u_p——桩的周长，m；

   n——桩长范围内所划分的土层数；

   q_{si}——桩周第 i 层土的侧阻力特征值。淤泥质粉质黏土取 5kPa，淤泥质粉质黏土取 8.0kPa，淤泥质粉质黏土取 6kPa，中细砂取 22.0kPa，残积土取 25.0kPa；

   l_i——桩长范围内第 i 层土的厚度，m；

   q_p——桩端地基土未经修正的承载力特征值；残积土取 1000kPa；

   α——桩端天然地基土的承载力折减系数，取 0.4。

应使由桩身材料强度确定的单桩承载力大于（或等于）由桩周土和桩端土的抗力所提供的单桩承载力。

（3）复合地基承载力计算：

$$f_{sp,k} = m \frac{R_a}{A_p} + \beta(1-m) f_{s,k}$$

式中 $f_{sp,k}$——复合地基承载力特征值，kPa；

   m——面积置换率；

   A_p——桩的截面积，m²；

   $f_{s,k}$——桩间土天然地基承载力特征值；

   β——桩间土承载力折减系数，由于桩端土未经修正的承载力特征值大于桩周土的承载力特征值，依据规范建议值，取 0.3；

   R_a——单桩竖向承载力特征值；

   A——地基加固面积。

162

（4）水泥搅拌桩复合地基变形计算。复合地基变形 s 的计算，包括搅拌桩群体的压缩变形 s_1 和桩端下未加固土层的压缩变形 s_2 两部分。

$$s_1 = \frac{(p_z + p_{z1})l}{2E_{sp}}$$

$$E_{sp} = mE_p + (1-m)E_s$$

式中　p_z——搅拌桩复合土层顶面的附加压力值，kPa；

　　　　p_{z1}——搅拌桩复合土层底面的附加压力值，kPa；

　　　　E_{sp}——搅拌桩复合土层的压缩模量，kPa；

　　　　E_p——搅拌桩的压缩模量，可取（$100\sim120$）f_{cu}，kPa；

　　　　E_s——桩间土的压缩模量，kPa。

$$s_2 = \varphi_s \sum_{i=1}^{n} \frac{p_z}{E_{si}} (z_i\alpha_i - z_{i-1}\alpha_{i-1})$$

式中　φ_s——沉降计算经验系数；

　　　　p_z——水泥土搅拌桩桩端处的附加压力，kPa；

　　　　n——未加固土层计算深度范围内所划分土层数；

　　　　E_{si}——搅拌桩桩端下第 i 层土的压缩模量，MPa；

z_i，z_{i-1}——桩端至第 i 层土、第 $i-1$ 层土底面一小距离，m；

α_i，α_{i-1}——桩端到第 i 层土、第 $i-1$ 层土底面范围内的平均附加应力系数。

根据计算，设计采用桩径 0.6m 的水泥土搅拌桩，正方形布置，间距 1.1m，桩长 10m。处理后的复合地基承载力为 110kPa。

根据计算处理后基底最大沉降量 21.74mm，符合规范要求。

15.9　主要工程量

深涌水闸主要工程量见表 15.9-1。

表 15.9-1　　　　　　　　　　　深涌水闸主要工程量表

序号	项　目		单位	工程量	备　注
一	闸				
1	C25 混凝土	闸墩	m³	294.64	
		闸底板	m³	192.67	
		箱涵过渡段底板	m³	125.61	
		箱涵过渡段墩子	m³	36.79	
		牛腿及横梁	m³	22.89	
		翼墙	m³	254.31	
		箱涵过渡段盖板	m³	28.41	
		铺盖	m³	12.77	
2	C10 混凝土垫层		m³	43.97	
3	海漫、护岸格宾笼石		m³	79.11	

序号	项 目		单位	工程量	备 注
4	格宾笼展开面积		m²	1107.61	规格涂PVC，网目尺寸60mm×80mm
5	碎石垫层		m³	150.42	
6	抛石		m³	59.83	
7	钢筋		t	96.81	
8	栏杆		t	7.29	不锈钢管（总长22m）
9	土工布		m²	190.32	350g/m²
10	土方开挖		m³	6920.42	
11	土方回填		m³	9286.81	
12	止水	止水紫铜片	m	43.26	厚1.2mm
		橡胶止水	m	13.86	
		聚硫密封胶	m³	0.05	
		聚乙烯泡沫板	m²	42.02	
13	直径75mmPVC管		m	25.20	
14	景观平台钢盖板		kg	1318.80	厚4mm
	浆砌石台阶				
15	1	浆砌石	m³	16.30	
	2	石渣垫层	m³	1.41	
	3	假斩石（踏步装饰）	m²	74.81	浆砌石踏步装饰
	4	1:3水泥砂浆（M7.5）	m³	1.12	
二	钢模板				
1	直模板		m²	1442.60	
2	曲模板		m²	320.48	
三	堤顶道路（包括连接段）				
1	钢筋		t	0.38	连接段（注：土方计入闸室段）
2	切缝（深5cm）		m	71.40	
3	混凝土面层（厚20cm）		m²	142.80	
4	6%水泥稳定碎石层（厚15cm）		m²	159.94	
5	8%石灰稳定土层（厚15cm）		m²	159.94	
6	路基夯实（厚80cm）		m²	164.73	
7	道路标线		m²	22.20	纵向标线0.15m宽，人行横道线0.4m宽
8	C20混凝土路缘石		m	71.40	150m×350m×500m
9	浆砌石拆除		m³	91.93	0.5m×1.0m×0.5m
10	干砌石砌筑		m³	12.34	尾径0.1m

序号	项　　目	单位	工程量	备　　注
四	基础处理			
1	搅拌桩	m	6191	桩径 0.6m，水泥掺入量 18%
五	搅拌桩基坑支护			
1	搅拌桩（基坑支护）	m	1038	桩径 0.6m，水泥掺入量 18%
六	建筑房屋			
1	管理房	m²	24	
2	发电机房及配电间	m²	40	
七	旧闸拆除			
1	钢筋混凝土拆除	m³	300	

15.10　安全监测设计

15.10.1　安全监测设计原则

从大量水闸的运行实践可以看出，水闸的破坏主要是由于软基的不均匀沉陷和底板扬压力过大造成的。按照水闸设计规范的要求，结合本工程的实际情况，特提出如下设计原则：

（1）监测项目的选择应全面反映工程实际情况，力求少而精，突出重点，兼顾全局。本工程以渗流监测和变形监测为主，渗流主要监测闸底板扬压力分布以及水闸与大堤结合部的渗透压力为主，变形主要以沉陷监测为主。

（2）所选择的监测设备应结构简单，精密可靠，长期稳定性好，易于安装埋设，维修方便，具有大量的工程实践考验。

15.10.2　水闸监测项目及测点布置

根据上述设计原则，结合本工程的实际情况，水闸监测项目布设有渗流监测、变形监测和上下游水位监测（流量），现将测点布置情况分述如下：

（1）渗流监测。为监测水闸底板扬压力分布情况，分别沿闸室中心线布设 5 支渗压计，为监测水闸与大堤结合部的渗透压力分布情况，在闸室每侧挡墙外侧与大堤结合部位分别安装 3 支渗压计。为了对上述监测项目实现自动化观测，仪器电缆均引向位于配电间的集线箱。

（2）变形监测。对水闸等引水工程来说，闸室的不均匀沉陷量过大，会造成闸墩倾斜，闸门无法启闭等影响涵闸正常运行的后果。为监测闸室的不均匀沉陷，在水闸的四周各布设一个沉陷标点。

（3）上下游水位监测。在闸前和闸后水流相对平顺的部位各布置一支水位计，以监测水闸的上下游水位。通过水位一方面可以通过水位关系曲线可以求得过闸流量，另一方面也可了解闸底板扬压力与上下游水位的关系。

（4）气温监测。在水闸附近布置一支温度计，一方面对仪器的温度参数进行修正；另一方面监测温度变化对水闸的影响。

15.10.3 监测设备选型

目前，应用于水利水电工程安全监测的设备类型很多，如振弦式、差动电阻式、电容式、压阻式等。除振弦式仪器外，其他仪器均存在长期稳定性差、对电缆要求苛刻、传感器本身信号弱、受外界干扰大的缺点。振弦式仪器是测量频率信号，具有信号传输距离长（可以达到2～3km）、长期稳定性好，对电缆绝缘度要求低，便于实现自动化等优点，并且每支仪器都可以自带温度传感器测量温度，同时，每支传感器均带有雷击保护装置，防止雷击对仪器造成损坏。

根据安全监测设计原则以及各种类型仪器的优缺点，工程中应用的渗压计采用振弦式。

15.10.4 监测自动化设计

工程水闸监测全部实现监测自动化。监测自动化系统是由数据自动采集系统和监测信息管理与分析系统两部分组成。数据自动采集系统主要是把分布在闸内的各类监测仪器的监测数据按照事先给定的时间间隔准确无误地采集到指定的位置，并按照一定的格式存储起来。监测信息管理与分析系统主要是对自动采集系统和人工采集来的监测数据实时进行管理、分析、处理，实时掌握工程的运行状况，为及时、准确判断工程的安全状况提供可靠的依据。工程的每个水闸放置1台数据自动采集装置，通过工程的通信系统将数据按照事先规定的频次传送到管理站。

15.10.5 监测工程量

深涌水闸监测工程量见表15.10-1。

表15.10-1 深涌水闸监测工程量

序号	项目名称	单位	数量
一	仪器设备		
1	渗压计	支	11
2	水位计	支	2
3	温度计	支	1
4	沉陷标点	个	4
5	水准工作基点	个	1
6	集线箱	个	1
7	电缆	m	620
8	直径50mm镀锌钢管	m	20
9	电缆保护管（直径50mmPVC管）	m	30
二	自动化采集系统		
1	现地监测单元	台	1
2	电源防雷器	只	1
3	隔离变压器200W	只	1
4	电源保护盒	台	1
5	通信保护盒	台	1
6	防水机箱	个	1

序号	项 目 名 称	单 位	数 量
三	仪器设备率定费	项	1
四	运输保险费	项	1
五	安装调试费	项	1
六	施工期观测与资料整理	项	1

注 水准仪及读数仪与罗家水闸共用一套。

15.11 周边景观及建筑外观设计

15.11.1 景观设计

15.11.1.1 规划理念

(1) 景观空间的开放性。

(2) 景观的可游性，可赏性和可参与性。

(3) 景观的生态性和以人为本的设计。

15.11.1.2 规划目标

(1) 保护自然，合理利用宝贵的自然和人文资源。

(2) 提高公共资源的使用效率。

(3) 强化景观空间的生态内涵，提升水闸区域景观水平。

15.11.1.3 设计说明

鉴于深涌水闸位于两条河流的交汇处，力图通过环境景观建设，紧密结合水闸建筑，提升深涌水闸的可观赏性；充分利用地形条件和竖向坡度现状，争取在最少的地形整治前提下，减少工程造价，同时创造出丰富多变的绿地空间景观。

因为该闸区有供游人观景的景观平台，因此在区域内设置相应的休闲步道，和观光步道，便于游人参观整个区域。功能和景观设施尽量考虑既具观赏性，又使用简洁和便于实施管理。

植物造景尽量少采用名贵树种和大树移植，发挥当地乡土树种的景观潜质，灌木和乔木高低搭配，做到四季常青，三季有花。

15.11.2 建筑外观设计

15.11.2.1 设计指导思想

(1) 根据地方规划及景观设计要求，实事求是，因地制宜，合理确定建筑地域及文化属性。

(2) 以人为本，功能至上，强调实用性、技术性，减少空间浪费。

(3) 结构形式经济合理，安全可靠，满足国家规范要求。

15.11.2.2 设计构思

由于管理设备房位于市区内，周边环境优美，虽然功能单一、体量较小，但景观要求比较高，设计上将其视为景观要素，并注重第五立面的设计，利用挑檐、构架、凸窗等造型元素体现简洁、高效的现代建筑风格。

管理房一层高，框架结构，总建筑面积 $91m^2$，室内外高差 0.65m，层高 4.2m；主体色调为白色，屋顶部分采用简洁的仿木色构架，强调色彩对比，使其融入环境。

16 深涌水闸机电及金属结构

16.1 电气一次

16.1.1 用电负荷基本情况

深涌水闸用电负荷为闸门启闭机、控制设备、照明用电及检修用电等,深涌水闸用电容量约为 22.5kW,用电负荷见表 16.1-1。

表 16.1-1　　　　　　　　　　　　用 电 负 荷 一 览 表

序号	名称	单机容量/kW	数量	总容量/kW	备注
1	电动机	15	2	15	一主一备
2	电机锁定负荷	2	1	2	
3	照明	0.5		0.5	
4	其他负荷	5		5	

注　总负荷约为 22.5kW。

16.1.2 电源引接方式

根据水闸在工程中所担负的防洪、排涝功能,用电负荷根据《供配电系统设计规范》(GB 50052—95)规定工程按二级负荷设计。

深涌水闸为双电源供电,电源的引接方式为:一回由当地电业部门提供的 AC380V/220V 市电,作为该水闸主供电源专用线路,由当地供电部门负责将电源引接至闸室配电柜;另一回备用电源由柴油发电机组发电经电缆引至闸室配电柜;主要为闸门启闭机、照明、检修、控制等负荷供电。市电与柴油发电机组通过自动电源转换开关,完成双回路供电系统的电源自动转换,以保证重要负荷供电的可靠性。为了满足液压启闭机电机起动要求(降压起动)及部分照明、检修等负荷用电,选择柴油发电机组容量为 48kW。

16.1.3 电气接线

市电与柴油发电机组发电均由电缆通过自动电源转换开关引至闸室配电柜,再由闸室配电柜向各用电设备供电。参考电气接线图(SCZ-D1-01)。由于该闸室负荷较小,不设无功补偿装置。

16.1.4 主要电气设备选择

(1)低压配电柜:

型式:　　　　　　　　　GGD　固定式

额定电压:　　　　　　　380V

额定电流：	630A
额定短路开断电流：	15kA
额定短时耐受电流：	15kA
额定峰值耐受电流：	30kA
防护等级：	IP4X

（2）双电源自动转换开关：

额定工作电压：	380V
额定工作电流：	100A
转换时间小于	100ms

（3）柴油发电机；按满足 1 台 15kW 启闭机启动及供部分照明、检修等负荷，选择柴油发电机容量为 48kW。

额定输出功率：	48kW
额定电压：	400V 三相四线
额定频率：	50Hz
额定功率因数：	0.8
噪音水平（dB）：	≤92

16.1.5 主要电气设备布置

配电柜、闸室启闭机控制柜、照明配电箱及检修插座箱等布置在启闭机室内。柴油发电机组布置在单独的房间内。进出线电缆均采用埋管或电缆桥架敷设。

16.1.6 照明

为降低损耗，照明采用节能型高效照明灯具；启闭机房照明布置工矿灯，柴油发电机房布置防爆灯，事故照明采用带蓄电池灯具。

16.1.7 防雷接地

按照有关防雷接地规范的设计要求，该建筑物需设防雷保护；在该建筑物屋顶设避雷带并引下与接地网可靠连接。

接地系统以人工接装置（接地扁钢加接地极）和自然接装置相结合的方式；在闸室及柴油发电机房等处设人工接地装置；自然接装置主要是利用水闸结构钢筋等自然接地体，人工接装置与自然接装置相连，所有电气设备均与接地网连接。接地网总接地电阻 $R_{总}$ ≤1 欧姆，若接地电阻达不到要求时，采用高效接地极或降阻剂等方式有效降低接地电阻，直至满足要求。

16.1.8 电缆防火

根据《水利水电工程设计防火规范》（SDJ 278—90）的要求，所有电缆孔洞均应采取防火措施，根据电缆孔洞的大小采用不同的防火材料，比较大的孔洞选用耐火隔板、阻火包和有机防火堵料封堵，小孔洞选用有机防火堵料封堵。电缆沟主要采用阻火墙的方式将电缆沟分成若干阻火段，电缆沟内阻火墙采用成型的电缆沟阻火墙和有机堵料相结合的方式封堵。

16.1.9 主要电气设备工程量

主要电气设备工程量见表 16.1-2。

表 16.1-2　　　　　　　　　　　　主要电气设备工程量表

序号	名　称	型号规格	单位	数量	，备注
1	供电线路				外接电源
2	配电柜	GGD	面	1	
3	照明配电箱		面	1	
4	照明灯具		项	1	
5	检修插座箱		面	1	
6	柴油发电机组	48kW	台	1	
7	电缆（0.6/1kV）	ZR-YJV22	km	0.3	
8	导线	BV	km	0.3	
9	护管	$\phi40$	km	0.1	
10	接地装置		项	1	
11	电缆封堵防火材料		项	1	

16.2　控制保护和通信

16.2.1　总则

广州市番禺陇枕围深涌水闸为1孔悬挂式闸门，由1套液压启闭机启闭。闸门的启闭近期由人工现场操作或根据水位自动运行，远期可实现远方集中控制。

视频监视系统本期工程仅初选前端设备（摄像机等），初步确定摄像机的安装位置，并规划线缆路径。

深涌水闸监控、监视系统的总体设计原则是：经济实用、安全可靠、技术先进、易于维护、节能环保。

工程地处雷电活动频繁地区，现地监控系统和视频设备设置防雷保护，在施工时应按照相关规程规范做好防雷接地。

工程设计遵循国家最新版本的相关规程规范。

16.2.2　现地控制单元

广州市番禺陇枕围深涌水闸现地控制单元采用以可编程控制器（PLC）控制为主、简易常规控制为辅的控制方式。PLC具有顺控、调节、过程输入/输出、数据处理、人机接口和外部通信功能。现地控制单元配备常规应急备用控制回路，在PLC故障时，能对闸门完成手动启闭操作。

PLC配置触摸显示屏（LCD）作为人机接口，LCD可显示闸门开度、液压系统压力和液位等参数、状态和故障信号、闸门前后水位等信号，并可设定闸门自动运行参数。

PLC集成以太网通信接口、编程端口以及RS232/RS485串行链路接口。以太网通信接口可满足将来通过网络与监控中心通信，以实现远方集中控制和监视。

在闸门前后各安装1套水位测量传感器，信号以绝对值编码数字量输出接入PLC，通过LCD显示闸门前后水位，并用于闸门根据水位自动运行和未来实现远方水位监视。

PLC采用模块化结构、通信和扩充性能良好、性价比高的国际知名品牌的产品，并具有抗干扰高、功耗低等优良性能。

PLC包括数字量输入信号（状态信息、故障和事件信息）、模拟量输入信号、数字量输出信号（操作命令及状态指示等）以及其他必要的输入/输出信号接口。

深涌水闸的现地控制单元液压启闭机控制接线图和PLC配置图样见初设附图。

现地控制单元控制柜上安装PLC、LCD、闸门操作按钮和开关、电流电压表、以及闸门控制回路所有必要的电气设备等。

现地控制单元的设备应能工作在无空调、无净化设施和无专门屏蔽措施的启闭机房。

16.2.3 继电保护与测量计量

根据相关规程规范的规定，对0.4kV电源进线装设断路器，以实现短路保护和过电流保护。对于液压启闭机油泵电动机回路，装设断路器和热继电器，以实现电动机的短路保护和电气过负荷保护。

在0.4kV配电柜内装设多功能电度表，在控制柜上安装电动机电流电压表。

16.2.4 视频监视

深涌水闸设置1台4端口视频服务器和3台摄像机（包括云台、编码器、专用照明装置等），将来通过视频服务器和通信网络，将视频信号传输到集中监控调度中心，实现远方监视闸室和水闸前后实景、水位以及周围环境情况。

本期工程仅初选视频前端设备-摄像机及配套设备，初步确定摄像机的安装位置和相关线缆路径。

摄像机的主要性能特点应具备：具有散热、防水设计，镜头与红外灯完全隔离，具有防水、防眩光、防尘等优点。配套室外用遮阳防护罩，一体化结构，适用于室内外各种暗光环境下的监控等。

在摄像机立杆上安装小避雷针，避雷针通过引下线与接地网连接使摄像机免受直击雷的攻击。摄像机的连接线缆均采用屏蔽电缆（屏蔽层接地），并经过接地的金属套管保护。

在室外安装的摄像机，其电源线、视频线和控制线的两端分别安装避雷器，使连接线上产生的感应雷在损坏摄像机和下一级设备前被避雷器屏蔽。

16.2.5 通信

本项目区不考虑设置专用通信系统，就近接入市话通信网，并配置移动通信设备，接入本地公用移动通信网。

电气二次主要设备见表16.2-1。

表16.2-1 电气二次主要设备表

序号	名　称	规　格	单位	数量	备　注
1	闸门现地控制单元	PLC控制、LCD显示	套	1	
2	水位测量装置		套	2	闸门前后水位
3	摄像机		套	3	
4	移动通信设备		套	2	
5	电缆		项	1	

16.3 金属结构

16.3.1 概述

深涌水闸金属结构设备主要承担挡水、排涝、维持景观水深的控制水流任务。

水闸在外江侧和内涌侧均设有检修闸门，两道检修门间设有工作门以及相应的启闭机械。（外江、内涌侧检修闸门分别共用南郊水闸外江、内涌侧检修闸门）

金属结构设备包括：悬挂式闸门 1 套，液压启闭机 1 套。金属结构设备总工程量约 33t，主要金属结构设备技术参数及工程量见表 16.3－1。

表 16.3－1　　　广州市番禺区沙湾镇深涌水闸重建工程金属结构特性表

序号	闸门名称	孔口及设计水头 $B \times H - H$,/(m×m－m)	闸门型式	孔数	扇数	闸门 门重 单重/t	闸门 门重 共重/t	闸门 埋件 单重/t	闸门 埋件 共重/t	启闭机 型式	启闭机 容量/kN	启闭机 扬程/m	启闭机 数量	启闭机 单重/t	启闭机 共重/t
深涌水闸	外江侧检修门	7×3.38－3,38	平面滑动	1				4	4						
	工作门	7×4.34－4.34	平面悬挂	1	1	13	13	6.5	6.5	液压机	2×250/2×250	2.4	1	5.5	5.5
	内涌侧检修门	7×2.9-2.9	平面滑动	1				4	4						
合计							13		14.5						5.5

16.3.2 水闸功能

深涌水闸布置型式为开敞式，要求具备双向挡水功能：在雨季汛期防止外江水倒灌入内涌；在枯水期，防止内涌水体流入外江，维持内涌水位，保证景观水深要求。因此，工作闸门要求能够双向挡水，动水启闭。闸门挡水和操作水位组合见表 16.3－2。

表 16.3－2　　　　　　　　　　闸门挡水和操作水位组合表

工　况		水　位　组　合 外　江	水　位　组　合 内　涌
外江侧挡水	设计	设计高水位	常水位
		多年平均高潮水位	设计低水位
	校核	设计高水位	设计低水位
内涌侧挡水	设计	多年平均低潮水位	设计高水位
		多年平均最低潮水位	常水位
	校核	多年平均最低潮水位	设计高水位
操作	排涝开启	多年平均低潮水位	常水位
	引水开启	内涌常水位加 0.5m 水位差	常水位
	防洪关闭	内涌设计高水位加 0.5m 水位差	设计高水位

16.3.3 闸门和启闭机布置

水闸工作闸门为悬挂式闸门，孔口尺寸为 7m×4.34m，设计水头为 4.34m，运用方式为动水启闭，选用 2×250kN（拉力）/2×250kN（压力）液压启闭机操作，行程 2.4m。在闸墩上设有闸门全开自动锁定和全关电动锁定机构，门体可以在开启状态下进行检修和维护。

为方便检修工作门门槽和底坎。水闸内外两侧各设一道检修门槽，检修闸门共用南郊水闸检修闸门。

16.3.4 悬挂式闸门设计

（1）门页结构。闸门由门叶焊接件、止水装配件、支铰装配件和反滑块装配件等主要部件组成。根据闸门结构运输单元要求，门叶沿纵向分为两节，结合面采用高强螺栓连接、抗剪螺栓定位和承担剪力。面板结合处开有坡口，闸门在工地现场组装后焊为整体。

门叶结构由面板、边梁、主横梁、水平次梁、纵隔板组成。门叶材料为 Q235－B，面板支承在主横梁、水平次梁、边梁组成的梁格上。主横梁支承在边梁上，边梁通过门顶支铰、液压启闭机、主滑块和闸墩侧墙的锁定装置把荷载传递给闸墩侧墙和底坎。边梁为箱形梁断面、主横梁与纵隔板为组合工字梁断面。

（2）止水装置。底封水由 P 型与 L1 型外 R 直角组合而成；侧止水采用双头 P 型橡皮。无论闸门的哪一侧需要挡水，均能依靠该侧的水压在橡皮上产生的压力使得橡皮自动压紧止水面，实现双向挡水要求。橡皮材料采用氯丁橡胶防 50 号，其物理性能满足《水利水电工程钢闸门设计规程》（SL 74—95）的要求。所有止水连接均采用热胶粘合。止水装置所用紧固件材质均为不锈钢。

（3）支铰装置。闸门支铰的铰链设在闸门顶部，铰座设置在闸墩牛腿上，启闭时闸门绕支铰转动。挡外江水时，闸门下端支撑在底坎上，主滑块和支铰形成两点支撑，此时边梁为简支梁结构；内涌水位高时，闸墩侧墙锁定兼作反向支撑，边梁为带悬臂段的简支梁结构。支铰轴承采用自润滑关节轴承并加密封保护。紧固件材质采用不锈钢。

（4）闸门锁定布置。在闸墩上设有闸门全开自动锁定和全关电动锁定机构。全开锁定采用挂脱自如式挂钩锁定。全关锁定机构采用电动推杆穿轴式锁定，电动推杆电机的防护等级不低于 IP68，靠电机驱动电动推杆移动来进行闸门全关锁定，使闸门具备反向挡水支撑、关门锁定、全开锁定 3 项功能。

16.3.5 启闭机设计

深涌水闸工作门由 2×250kN/2×250kN—2.4m 双吊点悬挂式液压启闭机操控。

（1）启闭机布置。液压启闭机由油缸、油缸铰座、液压泵站、管路及附件、电控设备等组成。油缸的下吊头和闸门的吊耳板连接，油缸上吊头悬挂在固定于闸墩牛腿上的油缸铰座上。液压泵站布置在水闸旁的启闭机室内，压力油经沿闸墩和交通桥敷设的液压管路进入油缸，实现闸门的启闭。

液压泵站设置 2 套油泵电机，互为备用。油箱采用上置式，结构紧凑，节省设备空间。

（2）液压启闭机系统设计。为满足双吊点液压启闭机的同步要求，采用由单向阀和调速阀组成的桥式双向节流调速回路和旁路纠偏系统。为保证同步精度，油缸的行程测量装置采用内置式位移传感器，其误差小于 1mm；并采用进口防水型接近开关作为上、下极限位置保护。液压启闭机电气采用现地 PLC 控制，设有现地操作盘柜，并留有远方控制通信接口，需要时可远方集中控制。

17 深涌水闸施工组织设计

17.1 工程概况

深涌水闸位于广州番禺陇枕围地区。陇枕围沙陇运河排涝区位于番禺区中部的西端，西邻龙湾涌、北接市桥水道，南靠沙湾水道。工程对外交通条件良好。

本次设计的深涌水闸位于深涌与市桥水道交汇口，为旧闸拆除重建。深涌水闸的工程等别为Ⅳ等，主要建筑物级别为1级。深涌水闸为单孔水闸，由内涌侧抛石槽段、海漫段、闸室段及外河侧箱涵（市政规划）连接段组成。深涌水闸主要施工内容包括水闸建筑物施工及连接段堤防施工两部分。深涌水闸主要工程量见表17.1-1。

表17.1-1 深涌水闸主要工程量表

序号	项　　目	单位	工程量
一	土方		
1	土方开挖	m³	6920
2	土方填筑	m³	9287
3	土工布	m²	190
二	石方		
1	碎石垫层	m³	150
2	抛石	m³	60
3	浆砌石	m³	16.3
5	海漫、格宾笼石	m³	79
6	干砌石	m³	12.3
7	旧闸拆除（钢筋混凝土）	m³	300
三	混凝土		
1	混凝土面层（20cm）	m²	142.8
2	模板	m²	1763
3	混凝土	m³	1012
4	钢筋	t	96.81
四	其他		
1	水泥土搅拌桩支护（直径60cm）	m	1038
2	水泥土搅拌桩（直径60cm）	m	6191
3	管理房	m²	24
4	发电机房及配电间	m²	40

17.2 施工条件

17.2.1 水文气象条件

（1）气象。番禺位于北回归线以南，冬无寒冬，夏无酷暑，气候温暖，雨量充沛。在气候区划上属于南亚热带湿润大区闽南—珠江区，海洋对当地气候的调节作用非常明显。根据工程地区附近市桥气象站 1960—2001 年资料统计，该地多年平均气温 21.9℃，最高气温一般出现在 7—8 月，历年最高气温 37.5℃，最低气温出现在 12 月至次年 2 月，历年最低气温为－0.4℃。

从该地区的暴雨洪水特性看，每年 4—6 月为前汛期，降雨以锋面雨为主，暴雨量级不大，局地性很强，时程分配比较集中，年最大暴雨强度往往发生在该时段内。7—8 月为后汛期，受热带天气系统的影响，进入盛夏季节，降雨以台风雨为主，降雨时程分配较均匀，降雨范围广，总量大。番禺区的洪水主要来自西江、北江和流溪河，因此区内洪水受流域洪水特性所制约，具有明显的流域特征。

（2）水文。根据工程防洪潮标准及施工临时工程标准，深涌水闸水文成果见表 17.2-1。

表 17.2-1　　　　　　　　　　　　　深涌水闸水文成果表

项　目			深涌水闸
陇枕围	汛期 10 年一遇	涝水总量/万 m³	26.30
		最大流量/(m³/s)	13.20
		最高水位/m	0.70
	非汛期 10 年一遇	10 月至次年 3 月方案 涝水总量/万 m³	11.49
		10 月至次年 3 月方案 最大流量/(m³/s)	7.60
		10 月至次年 3 月方案 最高水位/m	0.59
		11 月至次年 3 月方案 涝水总量/万 m³	10.54
		11 月至次年 3 月方案 最大流量/(m³/s)	6.20
		11 月至次年 3 月方案 最高水位/m	0.49
外江	汛期 10 年一遇	最高水位/m	2.47
	非汛期 10 年一遇	最高水位/m	2.27

17.2.2 地质条件

深涌重建闸址区地面高程一般 2.2～2.5m。重建闸址以北约 100m 为市桥水道，市桥水道流向近东西向，水下地面高程最深达－6.68m；深涌水下地面高程－1.50～－1.80m。深涌西侧现状为施工工地，高程 2.20～2.67m。

根据地质勘察及土工试验成果，在勘探深度（最大勘探深度 35.2m）范围内，重建闸址区的地层岩性主要为第四系的 Q_4^{mc} 淤泥质黏土和淤泥质粉质黏土、Q_3^{al} 中细砂和燕山期侵入岩。

闸址区地下水类型主要为第四系孔隙潜水和基岩裂隙水。勘探期间河涌两岸地下水埋深 4.2m 左右，地下水位－1.65m。拟建水闸区的地表水对混凝土无腐蚀性。

17.2.3 交通条件

工程区公路发达，可通过当地公路进入施工现场。工程位于中小河涌，大部分河段不具备通航条件，施工所需各种材料和设备可由陆路运输进场，部分物资也可水路运达施工区附近码头再转运进场。

17.2.4 水、电供应

施工生产、生活用水由附近供水管网取得，与当地供水部门联系，将附近接水口延伸至施工现场。施工用电就近引接地方网电，与当地有关部门联系解决。

17.2.5 主要建材供应

工程所需的主要建材包括土料、砂石料、块石、水泥、钢筋、木材等，其中水泥、钢筋、木材等可就近在广州市、番禺区的市场上采购；土料、砂石料、块石料购买当地商品料，经水陆路运输至工区。工程所需现浇混凝土购买商品混凝土，预制混凝土购买成品预制件。

17.3 施工导流

17.3.1 导流标准

工程等别为一等，主要建筑物级别为一级，据《水利水电工程施工组织设计规范》（SL 303—2004），本水闸工程施工导流建筑物为4级，其相应的导流建筑物洪水重现期为10—20年；考虑到导流工程使用年限为一个非汛期（10月至次年3月），且导流建筑物规模小，确定导流洪水设计标准为10年一遇。深涌非汛期10年一遇涝水总量为11.49万 m^3，按照24h内将涝水排完的标准，设计流量为1.33 m^3/s。内涌非汛期10年一遇最高水位为0.59m。

17.3.2 导流方式

工程导流采用一次断流、涵管导流、围堰非汛期挡水的导流方式。

17.3.3 导流建筑物设计

根据工程地质地形条件及其特点，以及本地区类似水闸工程成功的设计、施工经验，本着安全、经济的原则进行围堰的型式选择，外江侧围堰布置在旧闸内侧，采用砂袋装土结构型式，内涌围堰采用均质土围堰。

17.3.3.1 外江围堰

外江围堰断面型式：外江侧围堰布置在原有水闸的内侧，由水闸挡外江水位，围堰挡导流涵管排涝水流，设计水位为内涌侧非汛期10年一遇最高水位0.59m，考虑安全超高0.60m，堰顶高程应取1.20m。围堰不承担两岸交通任务，堰顶宽3.0m，堰体采用小砂袋填筑，堰体上、下游边坡均为1:1.5，围堰轴线长约7.2m。

围堰防渗在堰体迎水面铺设一层土工膜，沿河床底面淤泥延铺2.0m，以加强堰体防渗能力。

17.3.3.2 内涌围堰

内涌围堰用于拦截内涌水流，不承担两岸交通任务，堰顶宽取3.0m，非汛期10年一遇最高水位0.59m，考虑安全超高后，堰顶高程取1.2m。围堰轴线长约25.4m。堰体采用砂土填筑，堰体上、下游边坡均为1:2。迎水面铺设厚50cm小砂袋以提高抗冲刷能力，砂料由当地外购。堰体迎水侧铺一层土工膜，并沿河床底面淤泥延铺。

17.3.3.3 导流涵管

导流涵管主要用于内涌排涝。结合工程条件和排涝要求，布置 2 根 $\phi 1000$ 涵管。

涵管进口高程 -0.30m，出口高程 -0.80m。涵管下面设 C20 混凝土座垫，混凝土座垫下为 20cm 厚黏土垫层，涵管黏土垫层下方布置 $\phi 80$ 松木桩加固地基，松木桩长 2.0m，纵横间距 0.6m。涵管安装完毕后，回填土至原地面高程，施工导流工程量见表 17.3－1。

表 17.3－1 施 工 导 流 工 程 量 表

序号	项　目	单位	工程量	备　注
一、外江侧围堰				
1.1	堰基清淤	m³	97	清淤 70cm
1.2	土工格栅	m²	130	幅宽 5m
1.3	小砂袋填筑	m³	284	
1.4	土工膜	m²	77	200/0.4
1.5	围堰拆除	m³	241	
二、内涌侧围堰				
2.1	堰基清淤	m³	308	清淤 70cm
2.2	砂土填筑	m³	669	
2.3	小砂袋填筑	m³	136	
2.4	土工膜	m²	250	200/0.4
2.5	土工格栅	m²	414	幅宽 5m
2.6	围堰拆除	m³	684	
三、导流明渠及涵管				
3.1	涵管土方开挖	m³	2331	
3.1.1	利用		1632	
3.1.2	弃渣		699	
3.2	涵管土方回填	m³	1672	实方
3.2.1	利用开挖料		1632	
3.2.2	外购		41	实方
3.3	涵管黏土垫层	m³	61	
3.4	涵管座垫混凝土 C20	m³	100	
3.5	松木桩（L＝4m，直径 8cm）	m³	8	
3.6	涵管	m	163	直径 1.0m，Ⅱ级管

17.3.4 导流建筑物施工

17.3.4.1 围堰施工

（1）围堰基础处理。工程堰基以淤泥为主，其地基承载力低，不均匀沉降量大，先清淤 70cm 后，铺设一层土工格栅，以减少因承载力不足引起的围堰沉降量。1m³ 挖掘机挖装，8t 自卸汽车运料弃渣。

（2）围堰填筑。外江侧围堰：砂袋装土料为外购当地砂土料，由人工现场装袋、铺筑。

内涌侧围堰：采用 1m³ 挖掘机挖装，8t 自卸汽车运输，74kW 推土机平整，小型平碾碾压。

（3）围堰拆除。施工结束后，应拆除围堰。土袋采用人工拆除，堰体土方采用 1m³ 挖掘机拆除，由 8t 自卸汽车运输至弃渣区。

17.3.4.2 导流涵管及明渠施工

导流涵管施工：5t 自卸汽车运输预制涵管至工作面，使用 5t 汽车式起重机吊就位，再由千斤顶、吊杆等进行调整、定位。涵管回填土方采用 1m³ 挖掘机配合人工回填，涵管间土方采用打夯机压实，涵管顶部以上土方采用振动碾碾压。

17.3.5 基坑排水

17.3.5.1 初期排水

基坑初期排水选用 1 台型号为 IS100 - 65 - 200 的水泵，单台流量为 50m³/h，扬程 12.5m，一天可排完。

17.3.5.2 经常排水

经常性排水主要包括围堰渗水、降雨及施工废水，拟在基坑内设置排（截）水沟，并与集水井相连，选用离心泵及时将水抽排至外江，选用 1 台型号为 IS100 - 65 - 200 的水泵，单台流量为 50m³/h，扬程 12.5m。

17.4 主体工程施工

17.4.1 内涌及连接段堤防施工

主要工程项目包括堤防地基处理，土方开挖与填筑，堤顶道路等，基本的施工程序为：清基、土方开挖→基础处理→堤身土方填筑→堤顶路面及其他设施施工等。

17.4.1.1 基础处理

本工程挡墙基础采用水泥搅拌桩处理。

水泥土搅拌桩施工采用 PH - 5A 型钻机成孔，灰浆搅拌机制浆，灰浆泵压浆，初次成孔后再二次搅拌。水泥搅拌桩所在处淤泥层软弱且高程较低，难以满足施工机械承载力需要，为此，在施工前可先进行基础清淤并进行晾晒，之后回填厚约 0.5～1.0m 的砂土层，提高地基承载力。

17.4.1.2 主要施工方法

（1）土方开挖。土方开挖采用 1m³ 挖掘机挖装，8t 自卸汽车运输，对拆除的土方可重新利用的部分，临时堆放在堤后合适位置备用，其余废弃料摊铺于护堤地范围内。

（2）土方填筑。填筑土料大部分由外部采购，采用 10t 自卸汽车自临时码头转运至工作面，推土机铺料平整，履带拖拉机碾压，压不到的边角部位采用蛙式打夯机夯实。填筑前应先清除施工范围内草皮、腐殖土，对堤身新老边坡接合处，每层土料填筑前应按设计开挖线开成台阶状，便于新旧土料的结合。

土方填筑分层施工。土料摊铺分层厚度按 0.3～0.5m 控制，土块粒径不大于 50mm。铺土要求均匀平整，压实一般要求碾压 5～8 遍。

17.4.2 水闸工程施工

水闸工程作为完整的单项工程，其施工遵循常规的方法进行，其主要施工程序为：围堰修筑→旧闸拆除→土方开挖→基础处理→下部混凝土结构施工→上部混凝土结构施工→机电及金属结构设备安装及调试→整修及装饰。

17.4.2.1 基础处理

根据水工设计，深涌水闸采用水泥土搅拌桩复合地基处理。水泥土搅拌桩施工前，为保证机械能安全作业，在基坑清淤后，施工场地回填约 0.5～1.0m 的砂土垫层，以提高地基承载力，满足施工需要。水泥土搅拌桩施工采用 PH-5A 型钻机成孔，灰浆搅拌机制浆，灰浆泵压浆，初次成孔后再二次搅拌。

17.4.2.2 其他主要施工方法

（1）土方开挖。采用 1m³ 挖掘机挖装，土方由 8～10t 自卸汽车运至渣场，土料可利用部分堆至护堤地备用。岸坡开挖时预留 30～50cm 的保护层土料用人工开挖至设计边线。

（2）土方填筑。土料大部分由外部采购进场，采用 8t 自卸汽车自临时码头转运至工作面，推土机铺料平整，履带拖拉机碾压，压不到的边角部位采用蛙式打夯机夯实。土方填筑分层施工。土料摊铺分层厚度按 0.3～0.5m 控制，土块粒径不大于 50mm。铺土要求均匀平整，压实一般要求碾压 5～8 遍。

（3）混凝土。在地基处理验收合格后，进行混凝土浇筑仓面的准备工作。当模板、钢筋、预埋件等按设计要求完成后，即可按常规的施工方法进行混凝土浇筑施工。工程所用混凝土均采用商品混凝土，确定浇筑时间后，由混凝土运送车运输，到达工地后泵送混凝土至浇筑仓面，并利用人工进行振捣。混凝土浇筑应先平仓后振捣，严禁以振捣代替平仓。混凝土浇筑应保持连续性，收仓时应使仓面浇筑平整，并在其抗压强度尚未到达 2.5MPa 前，不得进行下道工序的仓面准备工作。

混凝土浇筑时应及时了解天气预报，合理安排混凝土施工。中雨以上的雨天不得新开混凝土浇筑仓面，遇小雨进行浇筑时，应采取必要的措施。遇大雨时应立即停止进料，已入仓混凝土应振捣密实后遮雨。

混凝土浇筑完毕后，应及时洒水养护，在养护期内应始终保持混凝土表面的湿润，并避免太阳光暴晒。混凝土养护时间不宜少于 28d。

高温季节施工时应合理安排浇筑时间，采取措施降低混凝土浇筑温度，以控制混凝土的表面裂缝，保证工程质量。

（4）石方。

1）抛石。由 8～10t 自卸汽车运输石料，直接抛投，施工中应注意小石在里（不小于 30kg），大石在外（不小于 75kg），内外咬茬，层层密实，坡面平顺，无浮石、小石。

2）砌石。以人工为主进行施工。石料外运至工区后由临时堆场人工装车，机动三轮车运送，现场人工选料砌筑，砂浆现场拌制。施工应严格按照浆砌石、干砌石施工规范要求进行。砌石不允许出现通缝，错缝砌筑；块石凹面向上，平缝坐浆，直缝灌浆要饱满，不允许用碎石填缝、垫底；块石要洗净，不允许沾带泥土。

3）格宾笼石。海漫和护岸采用格宾笼石，格宾笼由厂家采购至现场，制作步骤为：在铺设之前先组合各独立单元→铺展格宾单元并将其连接；→用石块填充→加盖并用钢丝绞合。

（5）金属结构。施工时可由平板车（或船舶）从制作场运至工地现场。采用25t履带吊吊运部件，并安装金属结构。

17.5 施工总布置

17.5.1 施工交通

工程区当地公路发达，可通过现有公路到达施工现场。工程位于中小河涌，受沿线跨涌桥涵等设施的影响，一般不具备全线通航条件，施工所需各种材料和设备可由陆路运输进场，部分物资也可水路运达施工区附近码头再转运进场。

施工期场内交通利用现有路或经改建后使用。需新建施工道路1.0km，采用砂石路面，宽6m。

17.5.2 施工布置

施工总平面布置方案应遵循因地制宜、方便施工、安全可靠、经济合理、易于管理的原则。

针对本工程的特点，水闸工程施工区相对集中，生产及生活设施根据水闸附近地形条件就近布置。施工道路最大限度地利用现有道路，施工设施尽量利用社会企业，减少工区内设置的施工设施的规模。根据施工需要，工区设置的主要布置综合加工厂、仓库等。

经初步规划，深涌水闸工程施工临建量汇总见表17.5-1。施工占地汇总见表17.5-2。

表17.5-1　　　　　　深涌水闸工程施工临建量汇总表

序号	名　称	单位	数　量
1	施工道路		
	新建道路（碎石路面，宽6m）	km	1.0
2	临时码头	座	1
3	临时房屋建筑工程		
1)	施工仓库	m²	100
2)	综合加工厂	m²	200
3)	办公及生活、文化福利建筑	m²	400
4)	施工供水、供电设施	m²	50

表17.5-2　　　　　　深涌水闸工程施工占地汇总表　　　　　　单位：m²

序号	名　称	数　量
1	导流建筑物占地	760
2	综合加工厂	600
3	现场管理房	200
4	仓库	200
	合计	1760

17.5.3 土石方平衡及弃渣

深涌水闸主体工程土方填筑总量约 0.93 万 m^3，施工临时工程土方填筑总量约 0.52 万 m^3，共计 1.45 万 m^3；主体及临时工程土方开挖总量约 0.84 万 m^3，经平衡计算，总利用量约 0.28 万 m^3、总弃渣量约 0.92 万 m^3，需外购土方约 1.22 万 m^3。

土石方平衡以最大限度地利用开挖土料和拆除的石料，以减少外购土石料量及弃渣场占地和工程投资。由于该地区的特殊性，堤后无护堤地，无弃渣条件。同时也不考虑另外征用弃渣场。全部渣土、淤泥等均运往 40km 外的业主指定的位置弃置。

17.6 施工总进度

17.6.1 编制原则及依据

（1）编制原则。

根据工程布置形式、建筑物特征尺寸、水文气象条件，编制施工总进度本着积极稳妥的原则，尽可能利用非汛期进行土方施工。施工计划安排留有余地，做到施工连续、均衡，充分发挥机械设备效率，使整个工程施工进度计划技术上可行，经济上合理。

（2）编制依据。

1）《水利水电工程施工组织设计规范》（SL 303—2004）。

2）《广东省海堤工程设计导则》（试行）（DB44/T 182—2004）。

3）《广东省水利水电建筑工程预算定额》（试行）2006 年 2 月。

17.6.2 水闸施工进度计划

（1）施工准备期。准备期安排 1 个月，利用第一年 9 月。准备期主要完成以下工作：临时生活区建设、水电及通信设施建设、施工工厂设施建设、场内施工道路修建及导流工程等。

（2）主体工程施工期。水闸基本施工程序为：导流明渠及涵管施工→围堰修筑→水闸基础砂土回填→土方开挖→基础处理→下部混凝土结构施工→上部混凝土结构施工→机电及金属结构设备安装及调试→整修及装饰。

深涌水闸主体工程施工期约 7.5 个月。

连接段堤防施工与水闸平行施工，施工程序为：土方开挖→基础处理→堤身土方填筑→堤顶路面及其他设施施工。

（3）工程完建期。工程完建期安排 15d，进行工区清理等工作。

17.6.3 主要施工进度指标

施工总进度主要指标见表 17.6 - 1。

表 17.6 - 1　　　　　　　　　　　施工总进度主要指标表

序号	项 目 名 称		单 位	数 量
1	总工期		月	10
2	土方开挖	最高月均强度	m^3/月	16000
3	混凝土浇筑	最高月均强度	m^3/月	420
4	土方填筑	最高月均强度	m^3/月	9200
5	施工期高峰人数		人	100
6	总工日		万工日	1.7

17.7 主要技术供应

17.7.1 建筑材料

深涌水闸所需主要建筑材料包括商品混凝土约 1300m³、块石料约 200m³、水泥约 400t、钢筋约 110t、木材约 200m³，均可在广州市或周边城市采购；土料外购总量约 1.22 万 m³。

17.7.2 主要施工设备

工程所需主要施工机械设备见表 17.7-1。

表 17.7-1　　　　　　　　　主要施工机械设备表

序号	机 械 名 称	型号及特性	数　　量	备　注
1	挖掘机	1m³	3 台	
2	推土机	74kW	2 台	
3	履带拖拉机	74kW	1 台	
4	自卸汽车	8t	8 辆	
5	蛙式打夯机	2.8kW	2 台	
6	自卸船驳	200m³	1 艘	
7	搅拌水泥桩机	pH-5A	1 台	
8	插入式振捣器		4 台	
9	履带吊	25t	2 台	
10	灰浆搅拌机		2 台	
11	空压机	3m³/min	2 台	
12	混凝土泵	30m³/h	1 台	

18 深涌水闸建设工程用地

18.1 概述

18.1.1 水闸工程概况

深涌水闸位于广州番禺沙湾镇，工程对外交通条件良好。水闸的工程等别为Ⅳ等，主要建筑物级别均为1级。水闸由内涌侧抛石槽段、海漫段、闸室段及外河侧箱涵（市政规划）连接段组成。深涌水闸为单孔水闸，闸顶高程4.4m，闸槛高程分别为−2.2m，闸孔尺寸为7m，闸室长度为18m。

18.1.2 工程征地区自然和社会经济概况

深涌水闸位于番禺区钟村镇，番禺区位于广州市南部、珠江三角洲腹地，在北纬22°26′~23°05′、东经113°14′~113°42′之间。东临狮子洋，与东莞市隔江相望；西及西南以陈村水道和洪奇沥为界，与佛山市南海区、顺德区及中山市相邻；北隔沥滘水道，与广州市海珠区相接；南及东南与南沙开发区相邻。全区总面积约775.8km²。所在地属典型的南亚热带海洋性季风气候区，多年平均气温21.9℃，历年最高气温37.5℃；历年最低气温为−0.4℃。本区多年平均降水量约为1633mm。钟村镇总面积52km²，下辖17个村委会、4个居民委员会。全镇总人口13.8万人，其中常住人口60504人（农业人口39712人），外来人口78407人。2007年全镇实现GDP59.3亿元；完成工业总产值182.5亿元；农业总产值4.24亿元；居民年人均可支配收入19243元，农民年人均纯收入9476元。

18.2 工程征（用）地范围

番禺区深涌水闸工程建设征（用）地5.38亩，全部为耕地（水浇地），其中永久征地2.05亩，临时用地3.78亩。临时用地分为两部分，一部分是工程建设用地中的临时用地1.14亩（1.54亩处于永久征地范围之外）；另一部分施工用地2.64亩，包括导流建筑物占地、综合加工厂、现场管理房和仓库。

18.3 工程用地实物调查

18.3.1 调查依据

（1）《水利水电工程建设征地移民设计规范》（SL 290—2003）。

（2）《水利水电工程水库淹没实物指标调查细则》（试行）（以下简称《细则》）。

（3）番禺区深涌水闸工程平面位置布置图。

（4）番禺区深涌水闸工程施工总布置图。

18.3.2　调查原则

（1）按照对国家负责、对集体负责、对移民负责和实事求是的原则，进行调查。

（2）实物调查应遵循依法、客观、公正的原则，实事求是地反映调查时的实物状况。

18.3.3　调查内容及方法

根据 SL 290—2003 和《细则》的要求，结合水闸工程征地范围的实际情况，调查项目涉及农村调查和社会经济调查。实物调查由设计部门会同项目主管部门（项目法人）和建设征地区所在地人民政府共同进行。

18.3.3.1　农村调查

农村调查的内容涉及土地和零星树木。

（1）土地部分。

1）土地利用现状的分类。根据《土地利用现状分类标准》（GB/T 21010—2007）进行工程征地范围内的土地分类。本工程土地调查涉及耕地。

2）土地计量标准和单位。土地面积采用水平投影面积，以亩计（1 亩＝666.7m²）。

3）调查方法。对于工程征地范围内的耕地面积，利用 1∶500 实测的土地利用现状地形图，现场查清各类土地权属，以村民组为单位，量算面积。

（2）附属设施。附属设施主要调查内容包括：水池、厕所等。

水池：按照建造水池所用的混凝土以 m³ 计算；厕所以个计。

（3）零星树木。零星林木系指林地园地以外的零星分散生长的树木。调查方法为全面调查，分类统计。

18.3.3.2　社会经济调查

主要收集番禺区及钟村镇 2005—2007 年的统计年鉴和农业生产统计年报以及农业综合区划、林业区划、水利区划、土地详查等有关资料。

18.3.4　工程建设征地范围内实物指标

深涌水闸工程建设用地范围包括永久征地 2.05 亩，临时用地为耕地 3.78 亩，厕所 1 个，水池（混凝土）13.16m³，零星树木（大王椰子）22 棵；主要实物指标汇总见表 18.3-1。

表 18.3-1　　　　　深涌水闸工程征（用）地实物指标汇总表

序号	项　　目	单位	合计	永久征地	临时用地
1	耕地	亩	5.83	2.05	3.78
2	附属物				
2.1	厕所	个			1
2.2	水池（混凝土）	m³		13.16	
3	零星树木（大王椰）	棵		22	

18.4　移民安置规划

根据业主的意见，深涌水闸工程移民搬迁去向和安置方式由番禺区人民政府按照广州市番禺区人民政府征用土地办公室 2008 年 9 月颁发《关于国家、省重点项目村民住宅房屋拆迁补偿安置工作的指导意见》，安置方式以自建为主，村集体提供安置用地，由项目单位完成报批手续后，被拆迁户根据规划等要求在安置用地上自行复建房屋，安置用地报批过程中产生的相关费用由项目单位负责。安置后使移民生产生活达到或超过原有水平。

18.5 工程建设征地移民补偿投资概算

18.5.1 编制的依据

18.5.1.1 法律、法规

（1）《大中型水利水电工程建设征地补偿和移民安置条例》（国务院第 471 号令）2006 年 7 月。

（2）《关于水利水电工程建设用地有关问题的通知》（国土资发〔2001〕355 号）。

（3）《广东省实施〈中华人民共和国土地管理法〉办法》（2008 修正）。

（4）《广东省林地管理办法》（粤府令第 35 号修改）1998 年。

（5）广东省财政厅、林业局《转发财政部、国家林业局关于印发〈森林植被恢复费征收使用管理暂行办法〉的通知》（粤财综〔2003〕18 号）。

（6）《关于印发〈广州市番禺区征用土地补偿费用计算暂行办法〉的通知》（番府〔2001〕89 号）。

（7）《关于印发〈广州市番禺区征用土地补偿费用计算暂行办法〉中青苗及地上附着物补偿标准进行调整的通知》（番府〔2007〕69 号）。

（8）《关于 2005—2007 年种植业可用耕地三年平均年产值的复函》（番统函〔2008〕6 号）。

18.5.1.2 规程

《水利水电工程建设征地移民设计规范》（SL 290—2003）。

18.5.1.3 有关资料

（1）番禺区泵站工程深涌水闸工程实物调查成果。

（2）有关统计资料、物价资料和典型调查资料。

18.5.2 原则

（1）征地移民补偿投资应以调查的实物指标为依据，按照国家有关法律和《条例》的规定进行编制。

（2）工程建设用地范围内实物的补偿办法和补偿标准，根据国家和地方相关法律、法规、条例、办法、规程规范及技术标准等进行编制。

（3）工程建设征地范围内实物，按补偿标准给予补偿。

（4）概算编制按 2008 年第三季度物价水平计算。

18.5.3 概算标准的确定

18.5.3.1 土地补偿补助标准

根据有关规定，土地补偿补助标准按照补偿补助倍数乘以耕地被征收前三年平均年产值确定。

（1）征收土地补偿费。土地只涉及耕地根据《关于 2005—2007 年种植业可用耕地三年平均年产值的复函》（番统函〔2008〕6号），2005—2007年农作物平均产值为8652.85元/亩，按照《大中型水利水电工程建设征地补偿和移民安置条例》的规定，耕地土地补偿倍数区10倍，安置补偿倍数取6倍，共为16倍，经计算，2008年耕地补偿费为138445.6元/亩。

（2）征用土地。根据《广东省实施〈中华人民共和国土地管理法〉办法》（2003修正）第三十七条规定：临时使用农用地的补偿费，按该土地临时使用前三年平均年产值与临时使用年限的乘积数计算。

（3）耕地补偿费。征用耕地根据使用期影响作物产值给予补偿。该工程的临时占地期限根据施工组织设计的进度计划为10个月，按1年进行计算，计算单价为8652.86元/亩。征用耕地的土地补偿费用为征用耕地面积与相应征用土地补偿费单价之积。

（4）耕地复垦费。

1）复垦工程。《广东省实施〈中华人民共和国土地管理法〉办法》（2003修正）第二十五条：因挖损、塌陷、压占等造成土地破坏的，用地单位和个人应当按有关规定进行复垦，由市、县人民政府土地行政主管部门组织验收，没有条件复垦或复垦不符合要求的，应当缴纳土地复垦费。按照番禺区国土房产部门土地复垦基金收费标准，耕地为8元/m²，折合5333.6元/亩。

2）恢复期补助。参照其他工程标准拟定，按耕地1000元/亩补助。

18.5.3.2 附属物

（1）水池。《关于印发〈广州市番禺区征用土地补偿费用计算暂行办法〉中青苗及地上附着物补偿标准进行调整的通知》（番府〔2007〕69号）规定，水池按照680元/m³。

（2）厕所。结合实际调查情况经过测算分析并参照相近区域附属建筑物确定补偿标准为992元/个。

18.5.3.3 其他补偿费

（1）青苗补偿费。菜地青苗补偿标准取耕地青苗补偿费，根据《关于2005—2007年种植业可用耕地三年平均年产值的复函》（番统函〔2008〕6号）的规定，菜地的青苗补偿费为4326.43元/亩。

（2）鱼类补偿费。根据《关于印发〈广州市番禺区征用土地补偿费用计算暂行办法〉中青苗及地上附着物补偿标准进行调整的通知》（番府〔2007〕69号）的规定，鱼类按综合平均价6000元/亩，考虑广州市物价增长情况，增长幅度取7%，按照6420元/亩补偿。

18.5.3.4 零星树补偿费

参照近期广州市其他水库补偿标准，大王椰子平均取胸径9～20cm之间，2004年每棵为1000元，考虑广州市物价增长情况，增长幅度取7%，平均每棵为1311元。

18.5.3.5 其他费用

包括勘测规划设计费、实施管理费和监理监测评估费。

（1）勘测规划设计费：根据移民工程量，计列12万元。

（2）实施管理费：按直接费的3%计列。

（3）监理监测评估费：按直接费的1.5%计列。

18.5.3.6　基本预备费

按直接费和其他费用之和的10％计列。

18.5.3.7　有关税费

（1）耕地占用税：根据《中华人民共和国耕地占用税暂行条例》（国务院第511号令）及中华人民共和国财政部、国家税务总局颁发的《中华人民共和国耕地占用税暂行条例实施细则》（第49号令）的规定，广东省取30元/m²（折合20001元/亩）计列。

（2）耕地开垦费：根据《广东省财政厅关于印发〈广东省耕地开垦费征收使用管理办法〉的通知》（粤财农［2001］378号）第四条的规定，耕地开垦费按如下标准缴纳（按每平方米计）：广州市辖区（不含所辖县级市、县）为20元；按照国土资源部、国家经贸委、水利部国土资发［2001］355号文件的规定：以防洪、供水（含灌溉）效益为主的工程，所占压耕地，可按各省、自治区、直辖市人民政府规定的耕地开垦费下限标准的70％收取。工程主要以防洪为主，故耕地开垦费应缴纳14元/m²，折合9333.8元/亩。工程建设征地为原枢纽运行管理范围内的不计列土地开垦费。

18.5.4　补偿投资概算

根据工程征（用）地范围内的实物调查成果，按确定的补偿补助标准计算，深涌水闸工程征（用）地移民补偿总投资为63.82万元。其中移民补偿补助费为38.81万元；其他费用13.7万元；基本预备费5.26万元；有关税费6.01万元。概算见表18.5-1。

表18.5-1　　　　　　　　番禺区深涌水闸工程征地移民补偿投资概算表

序号	项目	单位	数量	单价/元	合价/万元
一	农村移民补偿费				38.81
1	土地补偿补助费				34.05
1.1	征收土地				28.38
	耕地（水浇地）	亩	2.05	138445.6	28.38
1.2	征用土地	亩			5.67
（1）	耕地（水浇地）	亩	3.78	8652.85	3.27
（2）	复垦工程	亩	3.78	5333.6	2.02
（3）	恢复期补助	亩	3.78	1000	0.38
2	附属物				0.99
（1）	厕所	个	1	992	0.1
（2）	水池	m²	13.16	680	0.89
3	青苗补偿	亩	2.05	4326.43	0.89
4	零星树木（大王椰树）	棵	22	1311	2.88
二	其他费用				13.7
1	勘测设计科研费	％			12
2	实施管理费	％		3	1.2
3	监理监测评估费	％		1.5	0.6

序号	项　　目	单位	数量	单价/元	合价/万元
第一～第二合计					52.56
三	基本预备费	%		10	5.26
四	有关税费				6.01
1	耕地占用税				4.10
	永久征地	亩	2.05	20001	4.10
2	耕地开垦费	亩	2.05	9333.8	1.91
五	补偿投资总计				63.82

19 清流滘涌工程布置及主要建筑物

19.1 设计依据

19.1.1 工程等别及建筑物级别

武汉大学于 2007 年 6 月编制完成了《广州市番禺区水利现代化综合发展规划报告》，根据其一类、二类河涌的功能分类标准，确定清流滘涌为二类河涌。

石楼镇清流滘涌整治工程主要为清流滘涌两岸堤防整治，穿堤涵闸、泵闸、水窦及其他附属工程。

防洪排涝工程设计标准为 20 年一遇 24h 设计暴雨 1 天排完不成灾，相应内河涌堤防按 20 年一遇防洪标准设计，根据《堤防工程设计规范》（GB 50286—98）的规定，堤防级别为 4 级，相应穿堤建筑物级别不低于堤防级别。

19.1.2 地震设防烈度

根据 2001 年中国地震局编制的 1：400 万《中国地震动参数区划图》（GB 18306—2001），工程区的地震动峰值加速度为 0.10g（相应的地震基本烈度为 Ⅶ 度），动反应谱特征周期为 0.35s，相应地震基本烈度为 Ⅶ 度。清流滘涌堤防主要建筑物级别为 4 级，根据《堤防工程设计规范》（GB 50286—98）的规定，可不进行抗震设计。

19.1.3 设计参数

根据水文计算，河涌设计特征水位见表 19.1-1。

表 19.1-1　　　　　　　　　　内河涌主要设计参数表

项　　目	清流滘涌	项　　目	清流滘涌
设计高水位/m	1.00	设计景观水位/m	0.20
设计低水位/m	−0.50	设计流量/(m³/s)	18.50

19.1.4 建筑材料特性

本工程附近没有可供开采的料场，所用建筑材料全部由市场购买，所用材料指标参考类似工程确定，土料主要物理力学指标见表 19.1-2。

表 19.1-2　　　　　　　　　　内涌填土物理力学指标建议值

填土岩性	含水率/%	湿密度/(g/cm³)	比重	液限/%	塑限/%	塑性指数	压缩系数/MPa⁻¹	压缩模量/MPa	渗透系数/(cm/s)	黏聚力/kPa	内摩擦角/(°)
黏性土	21	1.80	2.70	43	25	18	0.38	5.0	$1×10^{-5}$	15	15
中粗砂	19	1.95	2.65						$5×10^{-3}$	0	30

注　表中力学指标为固结快剪指标。

19.2　工程总体布置

19.2.1　工程总体布置

清流滘涌属天六涌排涝区，排涝区东面以莲花山水道为界与海鸥围相望，西南临市桥水道，工程范围为现有老河涌全段，整治的线路基本沿现状河涌线路布置，对不满足过流要求的河段进行必要的拓宽，对穿堤建筑物需要改建的基本在原址拆除重建。

19.2.2　河涌整治岸线布置原则

河涌整治应立足"全面规划、统筹兼顾、突出治涝、重视水环境与生态、综合利用、讲求效益"的方针，为人们提供安全、舒适、现代文化魅力、绿色的水系带。

内河涌治导线的确定必须满足以下条件：①自排和强排条件下通过设计洪峰流量。强排情况下通过洪峰流量调节计算，确定的河涌常水位和最高水位满足相关要求；②尽量不改变现状河涌流势，河涌岸线应平顺；③尽量与城建规划相结合，与规划用地协调布置；④堤防水工结构设计，要因地制宜，在充分利用现有堤岸的基础上，设计力求安全、经济、美观、实用。

基于上述原则，清流滘涌整治的线路基本沿现状河涌线路布置，对不满足过流要求的河段进行必要的拓宽。

19.2.3　整治岸线布置

工程设计范围起点清流西闸桩号0+000.00～1+437.60，工程总长度1437.60m。清流滘涌整治工程的河涌轴线基本沿老河涌轴线布置，其堤线布置应满足河涌过流的需要，并与河涌轴线平行布置，在现状河涌宽度不满足过流要求的河段，应对河涌进行扩宽。

具体布置如下：

(1) 清流西闸桩号0+000.00～0+498.31河涌大致为东南—西北走向，河涌基本顺直。涌顶大多地段有明显的交通通道，但由于个别地段过于狭窄，交通不畅，本次设计堤顶道路仍尽量在原路面基础上进行拓宽重建，按照3.5m宽路面设计，受沿岸房屋的影响，不能满足3.5m宽的维持原宽度。

(2) 桩号0+498.31附近为河涌转弯处，段落中心线长度约35m，河涌凹侧为滩地。本次设计仍保留原滩地，堤顶道路仍在原道路基础上改建。

(3) 桩号0+498.31～1+437.60段，该段堤线基本平顺，涌道畅通，河涌走向由东南—西北走向，转为西南—东北走向。涌顶大多地段有明显的交通通道，但由于个别地段过于狭窄，交通不畅，本次设计堤顶道路仍尽量在原路面基础上进行拓宽重建，按照3.5m宽路面设计，受沿岸房屋的影响，不能满足宽3.5m的维持原宽度。桩号1+100处堤顶跨越一东西走向公路桥，公路桥较完整，基本满足过流能力，新改建堤顶道路与公路桥平顺相接；河涌涌尾桩号1+437.60，此处和天六涌相接。

19.3　河涌断面设计

19.3.1　河涌纵向比降的确定

河涌纵向比降的确定，主要依据现有河涌纵向比降和河涌自排水位的要求确定，并考虑断面设计流速的不冲不淤要求。

由于清流滘涌和天六涌相接，清流滘涌起于清流西闸，天六涌止于清流东闸，两条河涌长度分别为 1437.60m 和 943.50m，全长 2381.1m。清流西闸、清流东闸底板高程均为 －2.7m，水闸与河涌之间的连接段较完整。受两个水闸底板高程的控制，清流滘涌（0＋000.00～1＋437.60）段的纵比降定为 0.33‰。纵坡成果见表 19.3-1。

表 19.3-1　　　　　　　　清流滘涌纵坡成果表（双向排涝，坡降 0.33‰）

桩号	现状河底高程/m	设计河底高程/m	清淤深度/m
0＋000.00	－1.84	－2.30	0.46
0＋097.70	－1.73	－2.27	0.54
0＋197.62	－1.36	－2.23	0.87
0＋297.62	－1.41	－2.20	0.79
0＋397.62	－1.73	－2.17	0.44
0＋498.31	－1.94	－2.13	0.19
0＋597.32	－1.44	－2.10	0.66
0＋697.32	－1.31	－2.07	0.76
0＋797.32	－1.18	－2.03	0.85
0＋847.32	－1.27	－2.02	0.75
0＋897.32	－1.48	－2.00	0.52
0＋997.32	－1.47	－1.97	0.50
1＋092.32	－1.49	－1.93	0.44
1＋197.34	－1.17	－1.90	0.73
1＋297.32	－1.37	－1.87	0.50
1＋397.30	－1.81	－1.83	0.02

19.3.2　河涌过流能力验算

河涌过流能力验算可用明渠均匀流进行简化计算，采用以下水力学公式：

$$Q = vF$$

$$v = C\sqrt{Ri}$$

$$C = \frac{1}{n}R^{\frac{1}{6}}$$

$$n = \frac{n_1 b + 2n_2\sqrt{1+m^2}\,h}{b + 2\sqrt{1+m^2}\,h}$$

式中　　n——糙率系数；

　　　　R——水力半径，m；

　　　　i——河涌纵向比降；

　　　　v——断面平均流速，m/s；

　　　　F——河涌过水断面面积，m^2；

　　n_1，n_2——河涌底和边坡的糙率；

192

b——河涌底宽；

h——水深；

m——边坡系数。

在水力学计算时，本次计算水力坡降采用设计比降0.33‰，其特性见表19.3-2。表中所列设计流量为单向排水时的流量，计算底宽及对应开口宽为满足过流的最小宽度。现状宽度大于计算宽度时，以现状宽度为准，现状宽度小于计算宽度时应拓宽。

表19.3-2 　　　　　　　清流滘涌水力要素特性表（糙率＝0.026）

设计流量 /(m³/s)	水力坡降	边坡系数	设计底高程 /m	水深 /m	流速 /(m/s)	底宽 /m	最小开口宽 /m
18.50	1/3000	3	−1.83	2.83	0.97	4.0	18.0

工程设计断面中，最小底宽为4.00m，最小开口宽为18.0m，满足过流要求。

由《水力计算手册》，表33-2-12查得黏土在$R=1m$时的允许不冲流速为0.75～1m/s，本河涌水力半径为1.71m，取$\alpha=1/4$，则允许不冲流速为0.85～1.14m/s；在清水渠道中，不淤流速可取0.30m/s，故从计算成果中可知本河涌在自排时不存在冲刷与淤积的问题。

19.3.3 河涌疏浚设计

清流滘涌现状部分河段淤积严重，需按设计断面疏浚，但当现状涌底高程低于设计高程时保持现有高程。具体情况见表19.3-1。

所清除淤泥利用"水上挖掘机配小型泥驳和自卸船驳清淤法"，即利用组装在船舶上的小型挖掘机水上挖泥清淤法。本法适用于在水深条件合适的段落，或利用每日涨潮的时段施工。由挖掘机挖出的淤泥卸入自行泥驳内，由泥驳转运至外江上的大型自卸运泥船驳，再由自卸船驳运至指定的弃泥区。

19.3.4 堤顶高程的确定

根据《堤防工程设计规范》（GB 50286—98）的要求，堤顶高程应按设计洪水位加堤顶超高确定。堤顶超高计算公式为：

$$Y=R+e+A$$

式中　Y——堤顶超高，m；

　　　R——设计波浪爬高，m；

　　　e——设计风壅增水高度，m；

　　　A——安全加高，m，4级堤防取0.6m。

根据《堤防工程设计规范》（GB 50286—98）的规定，河涌堤防为4级，不允许越浪的安全超高为0.6m，清流滘涌最高水位为1.0m，清流滘涌堤顶设计高程取1.6m。

19.4 护岸设计

19.4.1 堤岸现状及存在的问题

（1）部分河段淤积严重，堤顶高程低，排水不畅的现象时有发生。

（2）生活、生产废弃物多堆放于河涌边坡，缩窄了河涌过流断面，使河涌过流能力降低。

（3）由于当地民房很多都是自行建盖未经规划，民房散乱，导致沿河涌道路宽窄不一，曲曲折折；且水泥和碎石路面路段破损严重，需拆除重建；还有部分地段为土质路面，且堤顶狭窄不具备通车条件，致使防洪通道不畅。

（4）两岸堤坡多为砌石护坡，但损坏比较严重，且部分堤段高程不能满足防洪要求，堤防安全存在隐患。

（5）由于堤防管理范围不明确，且当地居民多数选择傍河而居，民房很多都是沿河而建，临河两岸存在乱搭乱建情况，严重影响两岸生态环境。

19.4.2　堤岸型式设计原则

河涌堤岸型式及断面设计在满足使用功能的基础上充分考虑"生态优先、以人为本、人水协调"的原则。在使用功能上应满足自排条件下通过洪峰流量的要求及进行行洪洪水调蓄的基本要求。同时，考虑现有河涌断面型式、地质条件及边坡稳定的需要，以及该地区的开发宗旨和建设山水生态园区的要求，根据河涌的基本功能，在考虑生态和亲水的前提下根据不同的现场条件，通过对不同断面型式的方案比较，选择合适的堤岸型式和断面型式。

堤型设计应与该区现代化建设相结合，应该与周围环境相融洽，因此设置亲水踏步，并在沿河堤岸设置绿化休闲景观带，突出"水秀、花秀"的特质。

19.4.3　堤岸型式设计

19.4.3.1　方案比选

根据广州市当地特色，目前河涌堤岸型式主要有直立式、复式、超级堤三种形式。

（1）直立式堤型。该堤型大都采用混凝土或浆砌石，少数采用干砌块石而成。单一的直立式混凝土或砌石岸墙，占地少，但形式单调不美观，缺少"人水和谐"的生态环境，番禺地区河涌下多软土地基，若修建直立式堤，基础处理难度大，投资相对较高。

（2）复式断面。复式断面的堤岸型式是断面中间增加一个二级平台。其适应于空间相对较大，在河道水位反复较大、较多的情况下，河涌由于有潮水的涨落引起相应的水位变化，在涨潮水位时有一级平台，在落潮后，又有二级平台，两个平台丰富了河涌绿化的层次，使河道更为壮观，立体感更强。但复式断面占地相对较大，用地紧张时修建有较大难度。不适合两侧密布民房的情况。

（3）超级堤。超级堤防断面型式是指坝身宽度为坝身高的30倍，一般可达数十米，洪水来时临河堤坡也可过水，其流速较小，不致造成冲刷破坏，其缓坡上可修建一级平台、二级平台，根据修建堤岸的空间大小，甚至有三级平台和四级平台，且斜坡以1：5～1：30放坡。使得河涌在确保排涝和人类活动安全的同时能与景观、道路、绿化以及休闲娱乐设施相结合，营造一个与河道景观、园区景观相和谐的排涝工程。但占地大，投资过高。

以上三种堤岸型式方案比较详见表19.4-1。

表 19.4－1   堤 岸 型 式 汇 总 表

方案	堤型	主要功能	占地	优 点	缺 点	备注
1	直立堤	防洪排涝功能	最小，满足排涝即可	①利用现有护岸，节省部分工程量；②占地少，拆除民房量少，减少移民投资	①把人与自然河道分离，不亲水，不美观；②工程对基础要求高，处理难，费用高	推荐
2	复式断面	防洪排涝、亲水、生态等功能	相对较大	①边坡缓、安全、美观、舒适感好；②设二级平台，层次性好	①占地相对较大；②只适合一些宽阔的、人群活动的地带，不适合长距离利用；③对河涌两岸空间要求较大	不推荐
3	超级堤	防洪排涝、亲水、生态娱乐等功能	每侧堤岸将多占 30m 以上	①边坡很缓，给人以平坦舒适感；②可以适当在缓坡上设置小型的娱乐和健身场所；③设亲水平台，亲水性好；④生态性好	①占地大，移民拆迁困难工程实施难度大，征地拆迁费用占工程投资的比重较大；②土石方较大，工程费较高	有较大荒滩野地或新建堤防时采用

19.4.3.2 堤型选定

（1）超级堤方案：本段河道堤后多为民房和鱼塘，选用此方案要占压民房和鱼塘，导致拆建和移民占地投资过大，因此超级堤方案对本区河涌治理不太适用。

（2）复式断面：经现场查勘，清流滘涌两岸民房密集，多数选择傍河而居，民房很多都是沿河而建，且多为两三层楼房，根据当地以往经验，拆迁难度很大，移民费用过高，且往往会造成十分不良的社会后果，影响社会稳定，不符合"以人为本"的治河理念。所以复式断面方案不符合本河涌的设计要求和实际情况。

（3）直立堤方案：此方案最为节省空间，虽然不是很美观，但在挡墙和堤顶道路之间留有一定的绿化空间，可以做景观绿化、造型，在局部较宽地段可以做景观节点，在一定程度上弥补了这种不足。因此，该方案经比较最为经济可行。

经技术比较，几种护坡方案直立式堤型最为可行经济，本阶段暂时推荐直立浆砌石挡墙加固方案，个别较开阔堤段采用抛石固脚缓边坡绿化。

本次河涌整治的基本断面拟定主要立足现有断面，尽可能地利用现有堤岸进行处理，避免造成大的开挖回填工程。利用原有堤岸可在有效降低工程投资的同时较大程度地减少对原有生态系统和排涝体系的破坏。根据河涌的具体情况，尽量利用老河涌的堤岸进行顺坡加高。

19.4.3.3 浆砌石挡墙结构设计

本设计护坡方式大部分为浆砌石挡墙结构，浆砌石挡墙应每 10m 分缝，缝宽为 20mm，采用沥青松木板作为填缝材料。浆砌石挡墙设一排 PVC 排水管，管径 75mm，间距 1.5m 布置，具体做法见附图集。

19.4.4 河涌堤防结构设计

河涌堤防断面结构设计根据堤基地质情况、筑堤材料、结构型式、施工及应用条件等，经稳定计算和技术经济比较后确定。堤身断面力求简单、美观、便于施工和维修，结构应安全、经济、耐用，并能就地取材。

19.4.4.1 堤顶及路面结构

（1）堤顶宽度：堤顶宽度应根据防汛管理施工构造及其他要求确定。根据《堤防工程设计规范》（GB 50286—98）的规定，3 级以下堤防顶宽不宜小于 3.0m，根据当地经济发展总体规划和堤顶防汛交通要求，堤顶道路参照 3 级公路设计标准。左、右两岸堤顶硬化宽度 3.5m，堤顶路面采用水泥混凝土路面，厚度为 0.2m，上、下基层厚各 0.15m，路面横坡采用 2%。

（2）道路设计标准：堤顶道路设计，不仅要充分考虑交通量，而且要充分考虑到防洪抢险的特殊要求。堤顶道路平时车流量不多，但汛期抢险交通量将会猛增，抢险车辆吨位大，且常常超载严重，单轮荷载较大，行车速度相对较慢。根据这些使用功能、特点，本次道路设计标准参照平原微丘三级公路标准。但由于堤线布置的不规则性，满足不了三级公路对路线平面布设的要求，所以结合具体情况予以降低标准。参照《城市道路设计规范》（CJJ 37—90），堤顶道路属于次干路或支路，堤顶车道荷载参照公路—Ⅱ，并予以适当降低，取均布荷载为 6kN/m²，车辆限重为 5t。

由于当地雨水充沛，简单路面常遭雨水冲刷破坏且易生长杂草难以维护，堤顶路面宜采用水泥混凝土路面。本河涌依据现状，河涌两岸布置宽 3.5m 水泥混凝土路，由于两岸多建有两三层楼房，且布局散乱未经规划，导致部分堤顶路路宽不足 3.5m，宽度不足 3.5m 的保持原宽度。根据规范要求两岸堤顶道路须设置错车台，本次设计清流滘涌两岸共设置错车台个数为 5 个，同时上堤路口兼顾错车之用。

水泥混凝土路面厚 20cm，路面下设厚 15cm 水泥稳定碎石土上基层、厚 15cm 石灰稳定土作为底基层，基层下 800mm 深度范围内填筑土压实度应达到重型击实 94%。

19.4.4.2 护坡型式的确定

堤身防护通常可采用纯草皮护坡、混凝土或浆砌石等刚性护坡、三维土工网植草护坡及钢筋石笼覆土植草护坡等，近年也有采用抗紫外生态袋作为护坡或挡墙材料。针对各种材料的不同特性，在河涌设计时可根据具体情况选用合适的护坡材料。

各种护坡材料优劣特点比较见表 19.4-2。

表 19.4-2 护坡材料特性比较表

编号	护坡材料	特　性	造　价	适用情况
1	纯草皮护坡	施工简单，造价便宜，适用于边坡较缓的情况，不需做反滤层	约 20 元/m²	缓于 1:2 的边坡
2	三维土工网草皮护坡	是在纯草皮护坡的基础上加三维土工网以提高边坡的抗冲刷能力，不需做反滤层	约 35 元/m²	缓于 1:2 的边坡
3	格宾石笼植草护坡	属柔性护坡，多孔洞结构生态好，可适应不均匀变形，抗冲刷能力强，需做反滤层	以厚 25cm 格宾护坡外覆土植草下铺土工布反滤为例，约 143 元/m²	适用于水位变动区缓于 1:2 护坡

编号	护坡材料	特　　性	造　　价	适用情况
4	生态土工袋植草护坡	属柔性护坡，透水不透土，可适应不均匀变形，抗冲刷能力强，不需做反滤层	以护坡厚 32cm 为例，约 200～350 元/m²	适用于各个部位
5	混凝土护坡	硬性护坡，抗冲刷能力强，但不适应不均匀变形，基础处理要求严格，造价较高，生态差	以厚 20cm C20 素混凝土护坡下铺 30cm 反滤层为例，约 160 元/m²	适用于各个部位
6	浆砌石护坡	硬性护坡，抗冲刷能力强，但不适应不均匀变形，基础处理要求严格，造价高，生态差	以厚 30cm 浆砌石护坡下设 30cm 垫层为例，约 90 元/m²	适用于各个部位

清流滘涌大多堤段处于人口密集区，两岸堤顶房屋密布，堤外为当地居民赖以生存田地和池塘，对绿化要求较高。依据现状，在房屋密集、河涌相对较窄段堤段采用浆砌石挡墙护坡形式。在房屋稀少、河涌相对较宽堤段，采用草皮护坡，基础采用格宾石笼、抛石挤淤和松木桩联合处理，保证岸坡稳定。

19.4.4.3　排水设施

为防止雨水漫排冲刷边坡，本工程堤顶道路建成后实行有组织排水。在两岸道路临水侧每 25m 设置一个集水井，埋设直径 20cm 的 PVC 管将水引入河涌。集水井采用 C20 混凝土砌筑，净宽 0.30m，深 0.30m，集水井具体位置可根据现场地形适当调整。

19.4.4.4　辅道路口

在设计范围内，原则上原有辅道予以保留、改建，局部进行调整，上堤辅道顶宽不小于现状顶宽，两侧边坡 1:2，纵坡为 1:15。路口硬化标准与堤顶道路一致。

19.4.5　堤基处理

19.4.5.1　处理原则

根据地勘资料，清流滘涌的堤基第②—1层为淤泥质黏土层、粉质黏土，第②—2层为淤泥质粉砂，是海陆交互相沉积的软土层，为流塑-软塑状态，抗剪强度低、压缩性高以及具有触变性和流变性，现状堤基无法满足堤防变形和稳定要求，因此必须进行基础处理。

19.4.5.2　软土层的处理

（1）常用软土地基的处理方法如下：

1）置换法。对淤泥层厚度较薄堤段可采用块石置换法：一是挖除堤基下一定深度范围的淤泥换填块石；二是采用强夯法，填石排淤置换。

2）排水固结法。排水固结法是处理软黏土地基的有效方法之一，该法是先在地基中设置砂井（袋装砂井或塑料板排水板）等竖向排水体，然后对地基进行加载，使土体中的孔隙水排出，逐渐固结，从而提高地基承载力。工程上加载的主要方法有堆载法、真空预压法以及两者结合使用的方法。

堆载法一般用填土、砂石等散粒材料作为堆载体，有控制的分级逐渐预压，直至设计标高。排水固结法能否获得满足工程要求的实际效果，主要取决于地基土层的固结物理特性、土层厚度、预压荷载和预压时间等因素，如果软土层较深厚，而固结系数又比较小，则排水固结所需要的时间较长，为此，堆载预压法主要受到了固结时间上的限制。

真空预压法是在软土地基表面现铺设砂垫层，然后埋设排水垂直通道，再用不透气的封闭膜使其与大气隔绝，薄膜四周埋入土中，通过砂垫层内埋设的吸水管道，用真空装置进行抽气，使其形成真空，增加地基的有效应力。真空预压法不需要堆载，省略了加载和卸载的工序，缩短了预压时间，但施工工艺较复杂。

对大部分软土层较厚或由于堤身新建培高而不满足地基承载力，需要解决地基沉降问题的，可采用排水固结法进行处理。其中有塑料板排水固结法与普通砂井排水固结法。根据一维固结理论，黏性土达到一定固结度所需时间与排水距离的平方成正比，故减少排水距离是缩短固结时间的最有效方法。其固结原理都是相同的，即随着超孔隙水压力逐渐消散，增加土体的有效应力，技术上均能满足设计要求。经比较，在同等的地基处理范围内，地基处理深度约10m的梅花形布置，普通砂井（$\phi 300$）的间距为2m，排水板的间距为1.5m时，计算土体固结成90%固结度所需要的时间约为半年，均可满足施工进度要求。两者优缺点比较见表19.4-3。

表 19.4-3　　　　　　　　　　　　两种排水固结法对比表

固结方法	优　点	缺　点
塑料板排水固结法	1. 机械化施工简单、快捷；可在超软弱软土层上施工； 2. 排水带断面尺寸小，插板时对地基扰动小； 3. 滤水性好，排水畅通，适应地基变形能力强	1. 能作为排水通道，与地基不能结合形成复合地基； 2. 固结时间较砂井排水长
普通砂井排水固结法	1. 排水通道大，固结快； 2. 与地基结合形成复合地基，提高地基承载力	1. 采用冲击成桩或振动成桩，这样造成对原旧堤扰动过大； 2. 非机械化施工，劳动强度强，质量不易保证，易产生颈缩。因此，现阶段采用塑料排水板法对软土进行固结

3）深层搅拌法。深层搅拌法处理软土的固化剂可选用水泥，也可用其他有效的固化材料，它是用于加固饱和软土地基的一种新方法。通过特制的搅拌机械，在地基深处将软土和固化剂强制搅拌，利用固化剂和软土之间所产生的一系列物理化学反应，使软土硬结成具有整体性、水稳定性和一定强度的复合地基。

4）土工织物铺垫。在地基表面先铺一层土工织物，在其上再铺设排水垫层。这种方法可以减少土石料大量挤入表层软土中，使排水通道保持良好，有利于孔隙水压力的消散，从而提高了地基承载力和地基的稳定性。

5）松木桩处理地基。打桩时上部可先开挖至基础的埋深后再打。桩的材料必须用松木，因松木含有丰富的松脂，这些松脂能很好地防止地下水和细菌对其的腐蚀，价格也较为便宜。松木桩适宜在地下水以下工作，对于地下水位变化幅度较大或地下水具有较强腐蚀性的地区，不宜使用松木桩。

实践证明，短木桩处理软弱地基时，有施工方便、经济效益明显的优点，它可避免大量的土方开挖，因而用松木桩处理软弱地基在经济和技术上是可行的，它不失为一种处理软弱地基的有效手段。但松木桩大量使用可对环境造成较大破坏，不利于生态，在使用上应注意其用量。

（2）本工程软土地基处理方法。由于本工程堤防区域内地基基础为淤泥质基础，且厚度不均，临河修筑砌石挡墙时，必须进行基础处理。

由于堤后道路加高帮宽量较小，因此，砌石挡墙下采用抛石挤淤及松木桩联合处理的方案，以提高地基承载力、减少地基沉降。根据当地工程经验，松木桩采用间距 0.5m×0.5m；经边坡稳定分析，堤防基础下应布置 4 排间距桩，松木桩桩长为 6m 时，可贯穿最危险滑弧 2m 左右，保证堤防安全；为保持开挖边坡稳定及增加沿岸房屋的安全性，在放坡处设一排松木排桩支护。

19.4.6 边坡稳定分析

19.4.6.1 典型断面选取

清流滘涌总长 1437.60m。根据地形特征、运用情况和地质条件，共选取了四个典型断面进行边坡稳定计算，桩号为右岸 0＋197.77、左岸 0＋597.32、左岸 1＋300、右岸 1＋300。

19.4.6.2 计算工况与荷载组合

清流滘涌工程为 4 级建筑物。河涌边坡根据《堤防工程设计规范》（GB 50286—98）和《水利水电工程边坡设计规范》（SL 386—2007）的要求，其抗滑稳定应包括正常运用条件和非常运用条件下两种情况。综合两个规范要求，结合本工程具体情况，其水位组合、计算方法及安全系数取值见表 19.4－4。

表 19.4－4　　　　　　　　计算工况、计算方法及要求的安全系数

计　算　工　况			计算边坡	计算方法	要求安全系数
正常情况	设计最高水位（1.00m）		临水坡	摩根斯坦	1.15
	预排涝低水位（－0.50m）		临水坡	摩根斯坦	1.15
	景观水位（0.20m）				
	水位骤降	1.00～0.20m 骤降			
		0.20～－0.50m 骤降			
非常情况	多年平均最低潮位－1.60m（三沙口站）		临水坡	摩根斯坦	1.05

堤防稳定计算作用荷载主要有自重、水压力和堤坝车辆及人群荷载。堤坝车辆及人群荷载按 6kN/m² 考虑，两岸分布宽度均为 3.5m；房屋荷载在稳定计算时按集中荷载考虑，荷载值根据相关规范取每平方米 17kPa，折合为集中荷载时根据计算断面处房屋面积分别考虑，加载位置依据房屋位置而定。

19.4.6.3 松木桩抗剪力计算

基于 m 法的单桩理论，采用桥梁博士 3.0 软件计算单个松木桩抗滑力。桩顶端为碎石垫层和格宾笼石，为柔性基础，桩顶端最大位移 3cm 时，不影响上部结构的正常运行，因此，松木桩能够提供的抗力仅考虑桩端产生 3cm 位移时能提供的抗力，在位移分析时不考虑滑弧以上土体作用。参数选取：松木桩弹性模量 $E＝9000N/mm^2$，地基系数 $m＝4500kN/m^4$。单桩抗滑力对照见表 19.4－5。

表 19.4-5

序　号	单桩滑弧以下长度/m	单桩抗滑力/kN
1	4.0	1.5
2	3.5	1.4
3	3.0	1.1
4	2.5	0.9
5	2.0	0.6
6	1.5	0.5

依据表 19.4-5 差值算出各滑出点单桩抗滑力,加载到 HH-slope 程序中。查询建筑材料强度表,松木桩横纹纹抗剪强度一般大于 6.3MPa,以此推算直径 10cm 的松木桩抗剪断剪力一般大于 49kN,远远大于松木桩在抗滑稳定计算中所提供的抗滑力,故松木桩不会有被剪断的危险。

19.4.6.4　土的抗剪指标选用情况

各土层物理力学指标根据本报告地质章节中力学指标建议值选取,根据工程经验,地质报告中淤泥质黏土的力学指标建议值 c 仅为 $2\sim4$ kPa, ϕ 仅为 $2°\sim4°$,建议值下限明显偏低。根据规范规定对于强度很低的软土,宜用十字板强度指标 c_u,因此,在作稳定分析时将淤泥质黏土的力学指标按地质所提供的十字板剪切指标平均值 $c_u=9.4$ kPa 考虑,具体指标选取见表 19.4-6。

表 19.4-6　　　　　　　　　清流滘涌岩土物理力学指标汇总表

层号	岩　性	天然状态下物性指标					饱和快剪	
		含水率 w /%	湿密度 ρ /(g/cm³)	干密度 ρ_d /(g/cm³)	比重 G_s	孔隙比 e	黏聚力 c /kPa	摩擦角 φ /(°)
①	填土(黏性土)	48.0	1.73	1.18	2.73	1.35	6	10
②-1	淤泥质黏土	68	1.58	0.94	2.70	1.88	$C_u=9.4$	
②-2	淤泥质砂壤土						5	12
②-3	淤泥质粉质黏土	50	1.63	1.09	2.71	1.50	6	8
③	黏土	41	1.78	1.27	2.72	1.18	7	11

19.4.6.5　计算方法及结果分析

土堤的边坡稳定计算采用黄河勘测规划设计有限公司与河海大学工程力学研究所编制的《土石坝边坡稳定分析系统 HH-Slope》进行计算。因堤基存在软土层,故采用摩根斯坦法进行计算。在计算时,首先不考虑桩的抗剪作用,计算出最危险滑动面,再根据滑动面所处位置,查表 19.4-5,加上桩的抗剪力,通过 HH-Slope 的"指定滑面"来计算抗滑安全系数;并重新让其搜索最危险滑弧,调整抗剪力大小及位置,经反复试算确定最低的抗滑稳定安全系数,计算结果见表 19.4-7。

　　　　　　　　　　　　稳定计算结果汇总表

计　算　工　况		计算边坡	规范要求 K	右岸 0＋197.77		左岸 0＋597.32	左岸 1＋297.34	右岸 1＋297.34	
				无桩	有桩	无桩	无桩	有桩	无桩
正常工况	预排涝低水位（－0.50m）	临水坡	1.15	1.23	1.36	1.29	1.22	1.21	1.14
	上游景观水位（0.20m）	临水坡	1.15	1.22	1.39	1.23	1.11	1.25	1.13
	水位骤降 0.20～－0.50m 骤降	临水坡	1.15	1.09	1.16	1.11	1.14	1.20	1.06
	1.00～0.20m 骤降	临水坡	1.15	1.06	1.22	1.29	1.2	1.26	1.08
非常工况	多年平均最低潮位－1.60m	临水坡	1.05	1.03	1.21	1.27	1.22	1.29	1.02

由表 19.4－7 可以看出：在无松木桩作用时，具体典型断面在非常工况下，计算结果不满足规范要求，加上松木桩作用后，所有计算结果均达到了规范要求值。由于计算时，将滑弧搜索范围扩大到了临水边坡，未出现局部边坡稳定问题。

19.4.7　浆砌石挡墙稳定计算

19.4.7.1　计算方法、计算工况及参数

清流滘涌边坡防护主要采用浆砌石挡墙结构。挡墙顶高程 1.60m，挡墙高 1.4m，浆砌石挡墙的稳定计算采用理正岩土计算中的重力式挡墙计算程序，挡墙类型为一般挡土墙。

计算工况：

（1）建成无水期。

（2）设计最高水位 1.0m。

（3）水位骤降 1.0m 骤降至 0.2m。

计算工况及水位组合见表 19.4－8。

表 19.4－8 　　　　　　　　　　　　计算工况及水位组合表

计　算　工　况		墙前水位/m	墙后水位/m
基本组合	完建无水期	—	—
	设计最高水位	1.00	1.00
	水位骤降	0.20	1.00

计算工况为完建无水期时，计算工况为设计最高水位和水位骤降时挡墙类型为浸水地区挡土墙，墙后填土为黏土。

挡墙下基础类型：换填土式基础，墙底基础换填为格宾笼石和碎石垫层，并打松木桩进行支护。换填部分尺寸：厚 0.8m，宽 2.0m，换填基础内摩擦角 45°，换填格宾笼石及抛石平均容重 21.00kN/m³，应力扩散角 45°，换填土修正后承载力 150.00kPa。

地基及建筑材料物理力学参数见表 19.4－9。

表 19.4 - 9 地基及建筑材料物理力学参数表

编号	参 数 名 称	数 值	
		水上	水下
1	墙后填土（黏土）容重/(kN/m³)	17.64	7.8
2	墙后填土（黏土）黏聚力 c/kPa	15	
3	墙后填土（黏土）内摩擦角/(°)	15	
4	墙后填土（黏土）等效内摩擦角/(°)	35	
5	砌体容重/(kN/m³)	23	
6	水容重/(kN/m³)	10.0	
7	地面活载/(kN/m³)	景观平台 3.0，道路 6.0	
8	墙底与水平面夹角/(°)	0	
9	墙底摩擦系数	0.35	
10	基底摩擦系数	0.25	
11	②-1淤泥质粉质黏土的允许承载力/kPa	60	

表 19.4 - 9 中部分数值由清流溶涌地质勘查报告中取得。由于墙底基础换填为格宾笼石和抛石，并打松木桩进行支护。墙底摩擦系数查《水工挡土墙设计》表 3 - 1 可取 0.35～0.40，结合理正程序建议值，同时考虑到松木桩支护，偏于安全考虑将墙底摩擦系数取为 0.35。

②-1淤泥质粉质黏土的允许承载力为 50～70kPa，考虑到基础采用松木桩处理，偏于安全考虑地基承载力取淤泥质粉质黏土的允许承载力中间值 60kPa。

19.4.7.2 计算成果及结论分析

挡墙稳定计算结果见表 19.4 - 10。

表 19.4 - 10 挡墙稳定计算结果表

建成无水期工况				
项目	数值		规范要求安全系数	备注
抗滑稳定安全系数 K_c	2.29		1.2	5级堤防
抗倾稳定安全系数 K_0	11.68		1.4	
基底最大压应力 σ_{max}/kPa	30.07	$\eta=1.12$	1.5	松软地基
基底最小压应力 σ_{min}/kPa	26.80			

墙趾处地基承载力：压应力=26.80kPa。
墙踵处地基承载力：压应力=30.07kPa。
地基平均承载力验算满足：压应力=28.44≤150.00kPa。
换填土基础下地基承载力验算满足：扩散后压应力=30.86≤60.00kPa。

最高水位工况

项目	数值		规范要求 安全系数	备注
抗滑稳定安全系数 K_c	2.21		1.2	5级堤防
抗倾稳定安全系数 K_0	10.35		1.4	
基底最大压应力 σ_{max}/kPa	23.18	$\eta=1.01$	1.5	松软地基
基底最小压应力 σ_{min}/kPa	22.96			

墙趾处地基承载力：压应力＝22.96kPa。
墙踵处地基承载力：压应力＝23.18kPa。
地基平均承载力验算满足：压应力＝23.07＜150.00kPa。
换填土基础下地基承载力验算满足：扩散后压应力＝28.21＜60.00kPa

水位骤降工况

项目	数值		规范要求 安全系数	备注
抗滑稳定安全系数 K_c	1.40		1.2	5级堤防
抗倾稳定安全系数 K_0	7.78		1.4	
基底最大压应力 σ_{max}/kPa	28.25	$\eta=1.31$	1.5	松软地基
基底最小压应力 σ_{min}/kPa	21.58			

墙趾处地基承载力：压应力＝28.25kPa。
墙踵处地基承载力：压应力＝21.58kPa。
地基平均承载力验算满足：压应力＝24.92＜150.00kPa。
换填土基础下地基承载力验算满足：扩散后压应力＝29.12≤60.00kPa

工程为4级堤防，挡土墙级别也应为4级。查《水工挡土墙设计规范》（SL 379—2007）得知，土质地基的4级挡土墙在基本组合下的抗滑稳定安全系数 $K_c \geq 1.2$，特殊组合下不小于1.05；基本组合下抗倾稳定安全系数 $K_0 \geq 1.4$，特殊组合下不小于1.3；松软地基在基本组合下最大应力与最小应力之比不大于1.5，特殊组合下不大于2.0。从计算结果可以看出，挡墙抗滑、抗倾、基底应力均满足规范要求。

19.5 穿堤建筑物设计

现状河涌两岸存在18个水窦，其中大部分水窦运行良好。河涌整治时，在不影响居民房屋安全的前提下，需将运行状况较差的、有影响的水泵及水窦拆除重建，同一位置的多个水窦予以合并重建。依据以上原则，穿堤建筑物设计包括：拆除水窦11座、新建双孔水窦1座、单孔水窦5座、单孔泵闸2座、单孔涵闸1座。重建规模依据原规模并征求当地群众的意见确定。

19.5.1 穿堤涵窦及泵闸设计

清流滘涌堤防沿线分布有18座水窦，主要位于支涌入河口、鱼塘出水口等处。水窦主要功能为涝水时向清流滘排水泄洪，正常情况下引水浇灌农田及满足鱼塘用水要求。清流滘堤岸整修后，影响了部分水窦的正常运行，因此需要对其进行改建处理。

现有水窦一般采用的是混凝土管式或箱式结构，部分是当地居民自行修建，施工质量差，且部分水窦运行时间较久，破损现象严重，如果处理不彻底，势必成为堤防的安全隐患。因此，本次设计在不影响居民房屋安全的前提下，废弃的水窦予以拆除，现运行中的水窦尽量考虑拆除重建，其重建规模以不小于现状规模为准。现状设有水泵的水窦，为便于今后管理及运行，尽量合并建筑物的功能并简化建筑物形式，将其改建为轴流式水泵的小型泵闸。在同一位置存在两个或者多个水窦的合并改建为一个泵闸，改建后的泵闸过流能力以不小于原有水窦为准，对于拆除将会危及居民房屋安全的不予拆除，保留原状。据上原则，拆除后改建为 3m×2m 单孔涵闸的有 1 座、1m×1m 单孔泵闸的有 2 座、双孔函窦 1 座、单孔水窦 5 座。现状水闸、水窦位置、规模及处理措施见表 19.5-1。

表 19.5-1 清流滘穿堤水窦统计表

序号	桩号	位置	底高程 /m	直径或（长×宽） /(m×m)	处理措施	型式	孔口尺寸 /(m×m)
TLC1	0+119.23	左岸	−0.074	1.4×0.77	拆除新建	双孔水窦	1×1
TLC 2	0+199.1	右岸	−1.39	0.75×1	拆除新建	单孔水窦	1×1
TLC 3	0+404	左岸	−1.75	1.8×1	拆除新建	单孔涵闸	3×2
TLC 4	0+418.59	左岸	−0.45	1.8×1.8			
TLC 5	0+418.7	右岸	−1.61	0.7×1	拆除新建	单孔泵闸	1×1
TLC 6	0+486.11	右岸	−1.37	1.2×2	保留		
TLC 7	0+498.31	右岸	0.8	$\phi=0.4$	保留		
TLC 8	0+498.31	右岸	−1.2	0.9×0.8	保留		
TLC 9	0+656.02	右岸	−1.57	0.7×0.8	拆除新建	单孔水窦	1×1
TLC 10	0+662.48	左岸	0.9	$\phi=0.55$	拆除新建	单孔水窦	1×1
TLC 11	0+658.2	右岸	0.74	$\phi=0.3$	拆除新建	单孔水窦	1×1
TLC 12	0+752.22	右岸	−1.33	0.7×0.7	保留		
TLC 13	0+884.06	左岸	−0.42	$\phi=0.5$	保留		
TLC 14	0+893.32	右岸	0.58	$\phi=0.5$	拆除新建	单孔泵闸	1×1
TLC 15	0+893.32	右岸	−1.36	0.7×0.7			
TLC 16	1+238.09	左岸	0.23	0.8×0.45	保留	单孔	
TLC 17	1+238.09	左岸	−1.77	1.85×1	保留	单孔	
TLC 18	1+354.95	左岸	−1.5	0.7×0.7	拆除新建	单孔水窦	1×1

注 表中高程为珠基高程。

19.5.1.1 泵闸设计

小泵闸主要功能为：发生涝水时，当支涌水位高于清流滘涌水位时，开闸向支涌外排水泄洪，当清流滘涌同时遭遇高水位，且其水位高于支涌水位时，关闸挡支涌外水位并同时用泵机抽排。正常情况下引水浇灌农田及满足鱼塘用水要求。

本次泵闸设计采用水闸与泵机相结合的结构型式。采用 1m×1m 平面铸铁钢闸门，手摇螺杆启闭机启闭。泵机采用所拆除泵机，并由其相应权利人运行及维护。

泵闸由进口导墙段、闸室段、涵洞段、河涌侧导墙段及防冲护砌段组成。

泵闸闸室结构型式采用胸墙式，在闸室的一侧布置集水池，集水池前端设置拦污栅，集水池靠闸室侧壁设预埋铁件布置安装轴流式微型水泵。为满足泵机排水管的布置要求，与泵机对应位置的闸室侧壁埋设排水管，以便从集水池向闸室排水。

泵闸位于清流滘涌防护堤上，闸顶高程不低于两侧围堤顶高程。同时，闸顶高程需满足闸门布置要求。闸室长度根据闸室稳定计算及闸门布置要求确定，本次设计单孔泵闸闸室长为 3.5m。闸顶设手动螺杆启闭机。考虑景观及运用要求，在闸顶设凉亭。

泵闸底坎高程及洞底高程根据现有水窦底部高程确定，考虑到涵洞顶高程不能高于堤顶路面高程，桩号位于 0+418.7 处闸底高程定位 −1.60m（珠基高程）；桩号位于 0+893.32 处闸底高程定位 −1.40m。

闸孔总净宽根据水闸排涝流量、运行要求确定，本次设计泵闸闸孔尺寸采用单孔 1m×1m（高×宽）结构形式。

闸底板、闸墩厚度根据受力条件、闸孔净宽等因素，经计算并结合闸门埋件构造要求确定，泵闸底板厚 0.8m，边墩厚 0.5m。

考虑到地基承载力及控制沉降变形等要求，闸室基础地基采用水泥土深层搅拌桩处理，单根桩长 10.0m，桩径 0.6m，正方形布桩，桩距 1.1m。涵洞进、出口导墙基础地基采用松木桩，桩尾径不小于 0.1m，间距 0.5m，正方形布置。桩顶铺设厚 30cm 碎石压顶，并且将其夯实，使碎石嵌入松木桩顶部土层中。

涵洞段采用预制混凝土管，宽 1.0m，高 1.0m，顶板厚 0.3m，底板厚 0.3m，侧墙厚 0.3m。

两岸连接采用八字墙结构，上、下游导墙与泵闸平顺连接，导墙采用浆砌石。进、出口段护底采用厚 0.5m 散抛石护底。泵闸周围回填料采用筑堤料，不得使用淤泥土。回填土应分层碾压夯实，压实度不低于 0.90。

19.5.1.2 泵闸建筑设计

（1）泵闸建筑设计指导思想主要包括以下几个方面：

1）根据地方规划及景观设计要求，实事求是，因地制宜，合理确定建筑地域及文化属性。

2）以人为本，功能至上，强调实用性、技术性，减少空间浪费。

3）结构形式经济合理，安全可靠，满足国家规范要求。

（2）泵闸建筑设计构思主要有以下内容：由于闸前视野和景观良好，考虑到其功能单一、体量较小的特点，将"亭"的概念运用到设计中，利用景观植物造景以弱化工程的人工化迹象，使其更具自然特色。营造出"风雨萧萧，江上风雨亭"的美好意境。

单孔泵闸。景亭台面约有 30.25m²，檐高 3.0m；屋面为金黄色，屋顶采用单坡式，四角微翘，适合南方多急雨的气候特征；局部采用仿自然石材进行装饰，下部设置"美人靠"护栏，使设计更具人性化。引进"亭"的设计理念后，其不但由单一功能的水闸变成为景观的一员（景亭），而且功能更具多元化（可用、可观、可游）。

19.5.1.3 结构设计

泵闸各部位混凝土材料：闸室底板、闸墩、进水池、箱涵均为 C25 混凝土，闸室上部结构采用 C30 混凝土。素混凝土垫层采用 C10。上下游翼墙为 M7.5 浆砌石，护底为散抛石。

泵闸结构设计的主要内容有闸室抗滑稳定计算、闸室基底应力计算、闸室底板和边墩结构计算、泵闸、箱涵及挡墙基础处理。

(1) 闸室稳定计算。

1) 荷载组合和计算工况。作用在闸室上的主要荷载有：闸室自重和永久设备自重、水重、静水压力、扬压力、浪压力、土压力等。

①闸室自重：闸室自重包括闸体自重及永久设备重、闸体范围内的水重等。

②静水压力：按相应计算工况下上下游水位计算。

③土压力：土压力按静止土压力计算。

④扬压力：扬压力为浮托力及渗透压力之和，根据流网法计算各工况渗透压力。

⑤浪压力：风浪的影响可忽略不计。

据《水闸设计规范》(SL 265—2001) 的有关规定，结合本工程的具体情况，共选取两种不利设计工况：

①施工完建期：上、下游无水。

②挡清流溇侧水位：清流溇最高水位 1.00m，支涌取正常运用水位 0.20m。

泵闸计算工况和荷载组合见表 19.5-2。

表 19.5-2   泵闸计算工况和荷载组合表

荷载组合	计 算 工 况	荷 载				
		自重	扬压力	土压力	水压力	静水压力
基本组合 1	完建期	√		√		
基本组合 2	清流溇最高水位 1.00m 塘正常运用水位	√	√	√	√	√

2) 稳定及应力计算。

①抗滑稳定计算。抗滑稳定计算采用以下公式：

$$K_c = f \sum G / \sum H$$

式中 K_c——闸室抗滑稳定安全系数；

    f——闸室基底面与地基之间的摩擦系数；

    $\sum G$——作用在闸室上全部竖向荷载；

    $\sum H$——作用在闸室上的全部水平向荷载。

②闸室基底应力计算。基底应力按材料力学偏心受压公式进行计算，当结构布置及受力情况对称时，按下式计算：

$$p_{min}^{max} = \frac{\sum G}{A} \pm \frac{\sum M}{W}$$

式中 $\sum G$——作用在闸室上全部竖向荷载；

    $\sum M$——作用在闸室上的全部竖向和水平向荷载对基础底面垂直水流方向的形心轴的力矩；

A——闸室基底面的面积；

W——闸室基底面对于该底面垂直水流方向的形心轴的面积矩。

根据上述特征水位，按照闸内外侧经常出现的工况和不利组合进行基本组合和特殊组合，计算结果见表19.5-3。

表19.5-3 泵闸闸室稳定应力计算结果表

荷载组合	P_{min} /kPa	P_{max} /kPa	基底应力允许值 /kPa	不均匀系数 P_{max}/P_{min}	不均匀系数允许值 P_{max}/P_{min}		抗滑稳定安全系数	抗滑稳定安全系数允许值	
					基本组合	特殊组合		基本组合	特殊组合
基本组合1	92.02	106.66	70	1.159	2.00		∞	1.20	
基本组合2	71.86	94.52	70	1.315	2.00		2.97	1.20	

根据计算，水闸抗滑稳定满足要求，但基础承载力不满足规范要求，闸基为淤泥质粉质黏土，承载力为70kPa左右，为流塑—软塑状态，不能作为天然地基持力层。软土层塑性区的存在，使地基产生不同程度的压缩和变形，容易导致不均匀沉陷或地基失效，必须进行基础处理。

（2）闸室结构计算。闸室结构尺寸确定需满足结构受力条件及闸门埋件布置要求，泵闸闸室的边墩厚0.5m，底板厚0.8m。内力计算按照《水闸设计规范》（SL 265—2001）采用弹性地基梁法，以工作闸门为界分为上游段和下游段，计算时分别在上、下游段截取单宽的U形板条，计算程序采用《灌区建筑物的水力计算与结构计算》中的水闸稳定计算及底板计算（弹性基础梁法）。

计算荷载包括侧向土压力、水重、静水压力等，根据水闸控制运用方式，计算工况与稳定计算工况相同。清流滘泵闸闸室内力计算成果表见表19.5-4。

表19.5-4 清流滘泵闸闸室内力计算成果表

项 目	基本组合1	基本组合2
底板门槛上游最大弯矩/(kN·m)		72.62
底板门槛下游最大弯矩/(kN·m)		66.39
闸墩上游最大弯矩/(kN·m)	85.02	
闸墩下游最大弯矩/(kN·m)	79.33	

注 弯矩以底板底部受拉为正。

最终确定清流滘泵闸闸室的闸墩及底板受力钢筋配筋面积均为1289mm²，选用5ф18。

挡墙基础处理：

根据工程布置，进、出口段翼墙高度根据地形高度确定，由于翼墙不高，挡墙结构采用重力式浆砌石挡墙。因基础为淤泥质软土，易出现不均匀沉陷或地基失效，不能作为天然地基持力层，施工时必须进行基础处理。

19.5.1.4 地基处理设计

根据地质勘察及工程布置，清流滘涌泵闸基础为海陆交互相沉积的软土层，为流塑-

软塑状态，根据工程经验其天然孔隙比一般大于 1.0，天然含水率与液限接近，并具有抗剪强度低、压缩性高以及触变性和流变性等特点，容易产生（不均匀）沉降和变形问题。因此，须进行基础处理。

根据当地成熟的施工技术及施工工期的要求，采用水泥土搅拌桩法。水泥土搅拌桩设计及计算：

（1）水泥土搅拌桩采用湿法加固。

单桩竖向承载力特征值 R_a 计算

$$R_a = u_p \sum_{i=1}^{n} q_{si} l_i + \alpha q_p A_p$$

$$R_a = \eta f_{cu} A_p$$

式中　f_{cu}——与搅拌桩桩身水泥土配比相同的室内加固土试块在标准养护条件下 90d 龄期的立方体抗压强度平均值，kPa；根据《广东省建筑地基处理技术规范》（DBJ 15—38—2005）表 8.1.6-8 的规定，各龄期的淤泥水泥土试块抗压强度所查的数据，水泥掺量 18% 时，90d 龄期的 f_{cu} 值约为 1200kPa；

　　　　η——桩身强度折减系数，湿法取 0.3；

　　　　u_p——桩的周长，m；

　　　　n——桩长范围内所划分的土层数；

　　　　q_{si}——桩周第 i 层土的侧阻力特征值；

　　　　l_i——桩长范围内第 i 层土的厚度，m；

　　　　q_p——桩端地基土未经修正的承载力特征值；

　　　　α——桩端天然地基土的承载力折减系数，取 0.4。

应使由桩身材料强度确定的单桩承载力大于（或等于）由桩周土和桩端土的抗力所提供的单桩承载力，单桩承载力特征值 114.31kPa，桩端土承载力为 140kPa，取小值 114.31kPa。

（2）复合地基承载力计算：

$$f_{sp,k} = m \frac{R_a}{A_p} + \beta(1-m) f_{s,k}$$

式中　$f_{sp,k}$——复合地基承载力特征值，kPa；

　　　　m——面积置换率；

　　　　A_p——桩的截面积，m²；

　　　　$f_{s,k}$——桩间土天然地基承载力特征值；

　　　　β——桩间土承载力折减系数，由于桩端土未经修正的承载力特征值大于桩周土的承载力特征值，依据规范建议值，取 0.3；

　　　　R_a——单桩竖向承载力特征值。

复合地基承载力特征值为 110kPa。

（3）水泥搅拌桩复合地基变形计算。复合地基变形 s 的计算，包括搅拌桩群体的压缩变形 s_1 和桩端下未加固土层的压缩变形 s_2 两部分。

$$s_1 = \frac{(p_z + p_{z1}) l}{2 E_{sp}}$$

$$E_{sp} = mE_p + (1-m)E_s$$

式中 p_z——搅拌桩复合土层顶面的附加压力值，kPa；

p_{z1}——搅拌桩复合土层底面的附加压力值，kPa；

E_{sp}——搅拌桩复合土层的压缩模量，kPa；

E_p——搅拌桩的压缩模量，可取 $(100\sim120)f_{cu}$，kPa；

E_s——桩间土的压缩模量，kPa。

$$s_2 = \varphi_s \sum_{i=1}^{n} \frac{p_z}{E_{si}} (z_i\alpha_i - z_{i-1}\alpha_{i-1})$$

式中 φ_s——沉降计算经验系数；

p_z——水泥土搅拌桩桩端处的附加压力，kPa；

n——未加固土层计算深度范围内所划分土层数；

E_{si}——搅拌桩桩端下第 i 层土的压缩模量，MPa；

z_i，z_{i-1}——桩端至第 i 层土、第 $i-1$ 层土底面一小距离，m；

α_i，α_{i-1}——桩端到第 i 层土、第 $i-1$ 层土底面范围内的平均附加应力系数。

根据计算，设计采用桩径 0.6m 的水泥土搅拌桩，正方形布置，间距 1.1m，桩长 10m。处理后的复合地基承载力为 121.74kPa。

根据计算处理后基底最大沉降量 15.21mm，《水闸设计规范》（SL 265—2001）的要求：天然土质地基上水闸地基最大沉降量不宜超过 15cm，相邻部位沉降差不宜超过 5cm，符合规范要求。

19.5.2 穿堤涵闸设计

清流滘涌堤防沿线分布没有水闸，根据工程布置需新增一座水闸位于清流滘涌左岸桩号 0+404.00 现状水闸位置，规模及处理措施见表 19.5-5。

表 19.5-5 　　　　　　　　　石楼镇清流滘穿堤涵闸规模及处理措施表

序号	水闸编号	位置	内底珠基高/m	直径或（宽×高）/(m×m)	处理措施	形式	孔口尺寸/(m×m)
1	TLC03	左岸	−1.75	1.8×1	拆除合建	单孔涵闸	2×3
1	TLC04	左岸	−0.45	1.8×1.8			

19.5.2.1 涵闸水工设计

穿堤涵闸设计采用水闸与涵洞相结合的结构形式。根据水闸尺寸，改建单孔 2m×3m 的小涵闸 1 个。采用 2m×3m 平面铸铁钢闸门，手摇螺杆启闭机启闭。

涵闸由进口导墙段、闸室段、涵洞段、清流滘涌侧导墙段及防冲护砌段组成。

涵闸主要功能为排水，闸室结构型式采用胸墙式，在闸室的后侧设置涵洞。

涵闸位于清流滘涌防护堤上，闸顶高程既不低于两侧围堤顶高程。同时，又需满足闸门运用要求，确定为 3.05m（珠基高程）。闸室长度根据闸室稳定计算及闸门布置要求确定，单孔涵闸闸室长度为 3.5m。闸顶设手动螺杆启闭机。考虑景观及运用要求，在闸顶设计凉亭。

涵闸底坎高程及洞底高程根据现有水窦底部高程基本保持一致，定为−1.75m（珠基高程）。

闸孔总净宽根据水闸排涝流量、运行要求确定，并尽量不小于现状净尺度；闸孔宽度根据闸的地基条件、运用要求、闸门结构型式等因素，进行综合分析确定。涵闸采用单孔宽度为 3.0m 结构形式，闸孔高度为 2.0m。

闸底板、闸墩厚度根据受力条件、闸孔净宽等因素，经计算并结合闸门埋件构造要求确定，涵闸底板厚 0.8m，边墩厚 0.8m。

考虑到地基承载力及控制沉降变形等要求，闸室基础、涵洞地基及出口导墙地基均采用水泥土深层搅拌桩处理，单根桩长 10.0m，桩径 0.6m，正方形布桩，桩距 1.1m。支涌侧导墙基础采用松木桩，桩尾径不小于 0.1m，间距 0.5m，正方形布置。桩顶铺设 0.1m 厚碎石压顶，并且将其夯实，使碎石嵌入松木桩顶部土层中。

涵洞段采用现浇箱涵。单孔箱涵宽 3.0m，高 2.0m，顶板厚 0.35m，底板厚 0.45m，侧墙厚 0.3m。

水闸两岸连接采用八字墙结构，上、下游导墙与涵闸平顺连接，导墙采用浆砌石。进、出口段护底采用厚 0.5m 格宾石笼护底防冲。涵闸周围回填料采用筑堤料，不得使用淤泥土。回填土应分层碾压夯实，压实度不低于 0.90。

19.5.2.2　涵闸建筑设计

（1）涵闸建筑设计指导思想主要包括以下几个方面。

1）根据地方规划及景观设计要求，实事求是，因地制宜，合理确定建筑地域及文化属性。

2）以人为本，功能至上，强调实用性、技术性，减少空间浪费。

3）结构形式经济合理，安全可靠，满足国家规范要求。

（2）涵闸建筑设计构思主要有以下内容：由于闸前视野和景观良好，考虑到其功能单一、体量较小的特点，将"亭"的概念运用到设计中，利用景观植物造景以弱化工程的人工化迹象，使其更具自然特色。营造出"风雨潇潇，江上风雨亭"的美好意境。

景亭台面约有 40.15m²，檐高 3.50m；屋面为金黄色，屋顶采用单坡式，四角微翘，适合南方多急雨的气候特征；局部采用仿自然石材进行装饰，下部设置"美人靠"护栏，使设计更具人性化。引进"亭"的设计理念后，其不但由单一功能的水闸变成为景观的一员（景亭），而且功能更具多元化（可用、可观、可游）。

19.5.2.3　结构设计

涵闸各部位混凝土材料：闸室底板、闸墩、箱涵均为 C25 混凝土，闸室上部结构采用 C30 混凝土。素混凝土垫层采用 C10。上下游翼墙为 M7.5 浆砌石，护底为格宾石笼。

涵闸结构设计的主要内容有闸室抗滑稳定计算、闸室基底应力计算、闸室底板和边墩结构计算、涵闸、箱涵及挡墙基础处理。

（1）闸室稳定计算：

1）荷载组合和计算工况。作用在闸室上的主要荷载有：闸室自重和永久设备自重、水重、静水压力、扬压力、浪压力、土压力等。

①闸室自重：闸室自重包括闸体自重及永久设备重、闸体范围内的水重等。

②静水压力：按相应计算工况下上下游水位计算。

③土压力：土压力按静止土压力计算。

④扬压力:扬压力为浮托力及渗透压力之和,根据流网法计算各工况渗透压力。

⑤浪压力:风浪的影响可忽略不计。

根据《水闸设计规范》(SL 265—2001)的有关规定,结合本工程的具体情况,共选取两种不利设计工况:

①施工完建期:上、下游无水。

②挡清流滘侧水位:清流滘最高水位1.00m,支涌取正常运用水位0.2m。

涵闸计算工况和荷载组合见表19.5-6。

表 19.5-6   涵闸计算工况和荷载组合

荷载组合	计 算 工 况	荷 载				
		自重	扬压力	土压力	水压力	静水压力
基本组合1	完建期	√		√		
基本组合2	清流滘最高水位1.00m 支涌正常运用水位	√	√	√	√	√

2)稳定及应力计算。

①抗滑稳定计算。抗滑稳定计算采用以下公式:

$$K_c = f \sum G / \sum H$$

式中　K_c——闸室抗滑稳定安全系数;

　　　f——闸室基底面与地基之间的摩擦系数;

　　　$\sum G$——作用在闸室上全部竖向荷载;

　　　$\sum H$——作用在闸室上的全部水平向荷载。

②闸室基底应力计算。基底应力按材料力学偏心受压公式进行计算,当结构布置及受力情况对称时,按下式计算:

$$P_{min}^{max} = \frac{\sum G}{A} \pm \frac{\sum M}{W}$$

式中　$\sum G$——作用在闸室上全部竖向荷载;

　　　$\sum M$——作用在闸室上的全部竖向和水平向荷载对基础底面垂直水流方向的形心轴的力矩;

　　　A——闸室基底面的面积;

　　　W——闸室基底面对于该底面垂直水流方向的形心轴的面积矩。

根据上述特征水位,按照闸内外侧经常出现的工况和不利组合进行基本组合和特殊组合,计算结果见表19.5-7。

表 19.5-7   涵闸闸室稳定应力计算结果表

工况	P_{min} /kPa	P_{max} /kPa	基底应力允许值 /kPa	不均匀系数 P_{max}/P_{min}	不均匀系数允许值 P_{max}/P_{min}		抗滑稳定安全系数	抗滑稳定安全系数允许值	
					基本组合	特殊组合		基本组合	特殊组合
基本组合1	65.5	96.89	70	1.481	2.00		∞	1.20	
基本组合2	64.58	72.36	70	1.126	2.00		2.45	1.20	

根据计算，水闸抗滑稳定满足要求，但基础承载力不满足规范要求，闸基为淤泥质粉质黏土，承载力为70kPa左右，为流塑—软塑状态，不能作为天然地基持力层，软土层塑性区产生不同程度的压缩和变形，容易导致不均匀沉陷或地基失效，必须进行基础处理。

（2）闸室结构计算。闸室结构尺寸确定需满足结构受力条件及闸门埋件布置要求，涵闸闸室的边墩厚为0.8m，底板厚0.8m。内力计算按照《水闸设计规范》（SL 265—2001）采用弹性地基梁法，以工作闸门为界分为上游段和下游段，计算时分别在上、下游段截取单宽的U形板条，计算程序采用《灌区建筑物的水力计算与结构计算》中的水闸稳定计算及底板计算（弹性基础梁法）。计算荷载包括侧向土压力、水重、静水压力等，根据水闸控制运用方式，计算工况与稳定计算工况相同。程序内力计算成果见表19.5-8。

表 19.5-8   清流滘涵闸闸室内力计算成果表

项　　目	基本组合 1	基本组合 2
底板门槛上游最大弯矩/(kN・m)		89.2
底板门槛下游最大弯矩/(kN・m)		77.4
闸墩上游最大弯矩/(kN・m)	92.6	
闸墩下游最大弯矩/(kN・m)	93.1	

注　弯矩以底板底部受拉为正。

最终确定清流滘涌涵闸闸室的闸墩及底板受力钢筋配筋面积均为 $1489mm^2$，选用 $5\phi20$。挡墙基础处理根据工程布置，进、出口段翼墙高度根据地形实际确定，由于翼墙不高，挡墙结构采用重力式浆砌石挡墙。因基础为淤泥质软土，不能作为天然地基持力层。基础土层易出现不均匀沉陷或地基失效，必须进行基础处理。

19.5.2.4　地基处理设计

根据地质勘察及工程布置，清流滘涌涵闸基础为海陆交互相沉积的软土层，为流塑-软塑状态，根据工程经验其天然孔隙比一般大于1.0，天然含水率与液限接近，并具有抗剪强度低、压缩性高以及触变性和流变性等特点，容易产生（不均匀）沉降和变形问题。因此，须进行基础处理。

根据当地成熟的施工技术及施工工期的要求，采用水泥土搅拌桩法。水泥土搅拌桩设计及计算：

（1）水泥土搅拌桩采用湿法加固。单桩竖向承载力特征值 R_a 计算：

$$R_a = u_p \sum_{i=1}^{n} q_{si} l_i + \alpha q_p A_p$$

$$R_a = \eta f_{cu} A_p$$

式中　　f_{cu}——与搅拌桩桩身水泥土配比相同的室内加固土试块在标准养护条件下90d龄期的立方体抗压强度平均值，kPa；根据《广东省建筑地基处理技术规范》（DBJ 15—38—2005）表8.1.6-8，各龄期的淤泥水泥土试块抗压强度所查的数据，水泥掺量18%时，90d龄期的 f_{cu} 值约为1200kPa；

　　　　η——桩身强度折减系数，湿法取0.3；

u_p——桩的周长，m；

n——桩长范围内所划分的土层数；

q_{si}——桩周第 i 层土的侧阻力特征值。

l_i——桩长范围内第 i 层土的厚度，m；

q_p——桩端地基土未经修正的承载力特征值；

α——桩端天然地基土的承载力折减系数，取 0.4。

应使由桩身材料强度确定的单桩承载力大于（或等于）由桩周土和桩端土的抗力所提供的单桩承载力。单桩承载力特征值 114.45kPa，桩端土承载力为 140kPa，取小值 114.45kPa。

（2）复合地基承载力计算：

$$f_{sp,k}=m\frac{R_a}{A_p}+\beta(1-m)f_{s,k}$$

式中　$f_{sp,k}$——复合地基承载力特征值，kPa；

m——面积置换率；

A_p——桩的截面积，m^2；

$f_{s,k}$——桩间土天然地基承载力特征值；

β——桩间土承载力折减系数，由于桩端土未经修正的承载力特征值大于桩周土的承载力特征值，依据规范建议值，取 0.3；

R_a——单桩竖向承载力特征值；

A——地基加固面积。

复合地基承载力特征值 $f_{spk}=115$kPa。

（3）水泥搅拌桩复合地基变形计算。复合地基变形 s 的计算，包括搅拌桩群体的压缩变形 s_1 和桩端下未加固土层的压缩变形 s_2 两部分。

$$s_1=\frac{(p_z+p_{z1})l}{2E_{sp}}$$

$$E_{sp}=mE_p+(1-m)E_s$$

式中　p_z——搅拌桩复合土层顶面的附加压力值，kPa；

p_{z1}——搅拌桩复合土层底面的附加压力值，kPa；

E_{sp}——搅拌桩复合土层的压缩模量，kPa；

E_p——搅拌桩的压缩模量，可取 $(100\sim120)f_{cu}$，kPa；

E_s——桩间土的压缩模量，kPa。

$$s_2=\varphi_s\sum_{i=1}^{n}\frac{p_z}{E_{si}}(z_i\alpha_i-z_{i-1}\alpha_{i-1})$$

式中　φ_s——沉降计算经验系数；

p_z——水泥土搅拌桩桩端处的附加压力，kPa；

n——未加固土层计算深度范围内所划分土层数；

E_{si}——搅拌桩桩端下第 i 层土的压缩模量，MPa；

z_i，z_{i-1}——桩端至第 i 层土、第 $i-1$ 层土底面一小距离，m；

α_i，α_{i-1}——桩端到第 i 层土、第 $i-1$ 层土底面范围内的平均附加应力系数。

根据计算，设计采用桩径 0.6m 的水泥土搅拌桩，正方形布置，间距 1.1m，桩长 10m。处理后的复合地基承载力为 121.98kPa。

根据计算处理后基底最大沉降量 15.36mm，符合规范要求。

涵闸布置见图 19.5 - 1。

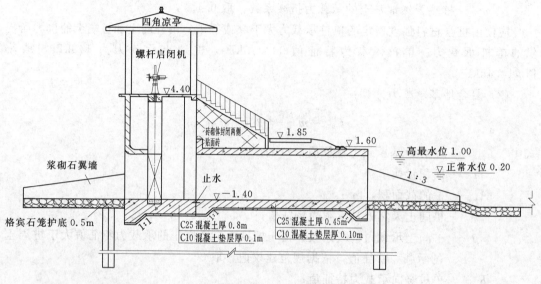

图 19.5 - 1　涵闸布置简图

19.6　建筑材料设计

19.6.1　土料

堤身填土土料质量应满足设计及规范要求。不得擅自将其他料随意用作填筑料，以保证填筑质量。土料不得用淤泥质土，宜采用亚黏土，黏粒含量 15%～30%，回填料要求有机质含量小于 1%。内河涌堤身回填土压实度不小于 0.90。

19.6.2　石料

（1）碎石垫层。碎石垫层料采用二级配，粒径分成 5～20mm 和 20～40mm，最大粒径为 40mm。垫层料由市场采购，可由天然砂砾料中筛选而得，亦可用开采加工的人工石料。超径颗粒含量不应大于 3%，逊径颗粒含量不应大于 5%，针片状颗粒含量不应大于 10%。加工好的垫层料中小于 0.1mm 的颗粒含量应小于 5%。

经压实后的碎石垫层相对密度应不小于 0.7。

（2）砌石工程。砌石体的石料可由市场采购，砌石材质应坚实新鲜，无风化剥落层或裂纹，石材表面无污垢、水锈等杂质，用于表面的石材，应色泽均匀。

砌石料外形规格如下：

毛石：毛石应呈块状，中部厚度不应小于 15cm。规格小于要求的毛石，可以用于塞缝，但其用量不得超过该处砌体重量的 10%。

料石：按其加工面的平整度分为细料石、半细料石、粗料石和毛料石四种。料石各面加工要求应符合《砌体工程施工质量验收规范》（GB 50203—2002）的有关规定。

用于浆砌石的粗料石（包括条石和异形石）应棱角分明、各面平整，其长度应大于50cm，块高大于25cm，长厚比不大于3，石料外露面应修琢加工，砌面高差应小于5mm。砌石应经过试验，石料容重大于25kN/m³，湿抗压强度大于100MPa。

（3）格宾填充石料。格宾填充石料应采用抗风化的片石、卵石或块石，粒径以100～200mm为宜，密实碎石粒径选用30～80mm。

19.6.3 混凝土

工程混凝土工程主要使用部位情况如下：

（1）河涌工程。浆砌石挡墙下垫层采用C15现浇混凝土。

（2）穿堤泵闸及涵闸工程。平台和梁混凝土采用C30，底板、闸墩及洞身段混凝土采用C25，抗渗等级为W4；挡墙连接段压顶混凝土采用C20，垫层混凝土采用C10。

19.6.4 水泥混凝土路面

（1）路面。路面采用C30及以上级别混凝土，其28d水泥混凝土的弯拉强度标准值不低于4.0MPa。

（2）基层。基层一般分上基层和下基层，上基层采用8%的水泥稳定石屑，下基层采用石灰稳定土，厚度均为15cm。上基层的压实度（重型击实）应达到97%，7d浸水无侧限抗压强度应达到2.5MPa；下基层的压实度（重型击实）应达到93%，7d浸水无侧限抗压强度应达到0.7MPa。

19.6.5 土工格栅

根据内河涌工程的特点，该工程采用双向拉伸聚丙烯土工格栅，选用型号为TGSG30—30，相关参数：单位面积质量为400g/m²，每延米纵横向抗拉强度不小于30kN/m，纵向屈服伸长率13%，横向屈服伸长率16%，纵横向5%伸长率时的拉伸力不小于15kN/m，纵向2%伸长率时的拉伸力不小于11kN/m，横向2%伸长率时的拉伸力不小于13kN/m。土工格栅产品质量执行标准为《土工合成材料 塑料土工格栅》（GB/T 17689—1999）。

19.6.6 格宾网

格宾网笼主要用作生态挡墙基础和涵闸护底，主要技术指标如下：

（1）加强型复合箱体箱身结构选用110m×140m网孔，线径（p）4.0mm（裸锌钢丝线径为3.0mm）。箱身布设加强筋，加强筋网线径：（p）4.2mm（裸锌钢丝线径为：3.2mm），将加强筋用尼龙树脂固筋卡与网锁死或机械编织，达到牢固。

（2）箱盖网选用70mm×90mm网孔，线径（p）3.6（裸锌钢丝线径为2.6mm），编织网框线径为（p）4.2（裸锌钢丝线径为3.2mm）。

（3）箱体材质为高镀锌钢丝（或镀钒钢丝），镀锌钢丝参数为：线径为2.6mm高镀锌钢丝单根强度大于420MPa，镀锌量大于250g/m²；线径为3.0mm高镀锌钢丝单根强度大于440MPa，镀锌量大于260g/m²；线径为3.2mm高镀锌钢丝单根强度大于460MPa，镀锌量大于260g/m²；镀钒钢丝参数为：钢丝抗拉强度420MPa，伸长率不小于10%；网面钢丝直径φ2.7/φ3.7mm，公差±0.06mm，最小镀层量为245g/m²；为加强构件刚度，钢丝面板边端采用直径为φ3.4/φ4.4mm的边端钢丝，镀层钢丝公差±0.07mm，最小镀层量为265g/m²；绑扎钢丝直径φ2.0/φ3.0mm，公差±0.05mm，最小

镀层量为 $215g/m^2$。

（4）网线外包裹树脂层延伸率大于 200%，符合《合金结构钢丝》（GB/T 3079—1993）和《金属材料室温拉伸试验方法》（GB/T 228—2002）的规定。

（5）网片强度不小于 $28kN/m^2$。

19.7 主要工程量

工程主要工程量见表 19.7-1～表 19.7-2。

表 19.7-1 清流滘涌河涌主要工程量

序号	项 目	单位	工程量	备 注
一	土方			
1	土方开挖	m^3	16285	
2	清基清坡（厚0.30m）	m^3	2097	
3	清淤	m^3	10057	
4	土方填筑	m^3	10276	包含清基清坡
二	石方			
1	浆砌石踏步	m^3	245	
2	干砌石挡墙	m^3	103	
3	浆砌石挡墙	m^3	3347	
4	格宾笼填石	m^3	5515	
5	格宾石笼抛石护脚	m^3	1645	
三	堤顶道路			
1	C30混凝土路面（厚20cm）	m^2	10566	
2	C20混凝土路缘石	m	3974	150mm×350mm×500mm
3	6%水泥稳定碎石层（厚15cm）	m^2	11834	
4	8%石灰稳定土层（厚15cm）	m^2	11834	
5	钢筋	t	27.4	
6	堤顶道路其他材料			
四	其他			
1	土工格栅	m^2	3349	
2	C10素混凝土垫层	m^3	694	浆砌石挡墙基础
3	松木桩（尾径0.1m）	m^3	5407	
4	格宾网	m^2	32065	
5	土工布	m^2	5772	$260g/m^2$
6	椰纤毯	m^2	19476	
7	pvc排水管	m	4561	$\phi75mm$
8	$\phi4$ 钢丝	t	4.3	
9	原浆砌石护坡拆除	m^3	3709	

序号	项　目	单位	工程量	备　注
10	混凝土路面拆除	m³	3774	
五	管理养护设施			
1	百米桩	个	29	
2	公里桩	个	4	
3	工程标示牌	个	3	
六	排水设施			
1	C20 混凝土	m³	33	
2	模板	m²	197	
3	铁艺镂空盖板	m²	19	0.4m×0.4m×0.02m
4	PVC 管	m	536	ϕ200mm
七	木栈道基础			
1	C25 混凝土	m³	190	
2	钢筋	t	16	
3	曲模板	m²	25	
4	直模板	m²	21	

表 19.7 - 2　　　　　　　　清流滘涌穿堤建筑物主要工程量

序号	项　目	单位	工程量	备　注
一	泵闸工程			
1	土方开挖	m³	767.59	
2	土方回填	m³	321.87	
3	C30 混凝土	m³	6.86	平台及梁
4	闸墩 C25 混凝土	m³	77.74	厚 0.8～0.5m
5	底板 C25 混凝土	m³	38.67	厚 0.8m
6	涵洞底板 C25 混凝土	m³	29.86	厚 0.3～0.45m
7	涵洞顶板 C25 混凝土	m³	18.76	厚 0.3～0.35m
8	涵洞侧墙 C25 混凝土	m³	21.04	厚 0.3m
9	C10 素混凝土垫层	m³	25.80	厚 0.1m
10	钢筋	t	19.29	
11	松木桩	m³	96.58	直径 0.1m，长 6m
12	抛石量	m³	70.96	
13	浆砌石	m³	125.71	
14	混凝土搅拌桩	m	913.50	$d=60$，单根长 10m
15	平面模板	m²	775.75	
16	曲面模板	m²	4.13	胸墙处

序号	项 目	单位	工程量	备 注
17	止水	m	22.05	652 橡胶止水带
18	钢丝网拦污栅	m²	7.14	
19	钢爬梯	个	22	塑钢爬梯
20	反滤泡	个	44	
21	PVC 排水管	m	52.49	
22	网片	m²	229.88	格宾网片
23	土工布	m²	79.18	350g/m²
24	聚乙烯闭孔泡沫板	m²	8.36	厚 2cm
25	混凝土踏步 C30	m³	2.29	
26	碎石	m³	47.37	
27	闸顶凉亭	m²	105.68	
28	水窦拆除	个	5	
29	C25 压顶混凝土	m³	2.26	
30	钢盖板	m²	2.10	泵站爬梯盖板
31	砖砌体	m³	1.58	墙厚 0.24m
32	钢管扶手	m	25.26	壁厚 4mm，管径 60mm
33	砖砌体外面砖	m²	6.60	
二	水窦工程			
1	水窦拆除	个	11	
2	新建单孔水窦	个	5	
3	新建双孔水窦	个	1	

20 清流滘涌景观设计

20.1 景观现状分析

清流滘涌两边房屋分布密集，但都没有进行过合理布置，呈无序状态。很多房子建在水边，侵占河道，使河道逐渐在缩小。并且有些生活污水直接排入河道，污染河道，严重破坏水生物的生存环境。河边的种植的树木，杂乱分布，呈不连续状态。种植没有进行合理的植物配置，没有空间效果，并且品种单一，景观效果不佳。

河边狭长的绿地，绿化效果不佳。有的是裸露的土地，有的仅仅作为蔬菜种植基地，没有休闲和健身场地，没有给周围居民提供一个好的生活环境。河道被侵占，河水被污染，使河道生态环境逐渐恶化。

20.2 景观设计依据

(1)《中华人民共和国森林法》。

(2)《中华人民共和国水法》。

(3)《中华人民共和国防洪法》。

(4)《中华人民共和国环境保护法》。

(5)《中华人民共和国水污染防治法》。

(6)《中华人民共和国河道管理条例》。

(7)《中华人民共和国城市绿化管理条例》。

(8)《防洪标准》(GB 5021—94)。

(9)《堤防工程设计规范》(GB 50286—98)。

(10)《公园设计规范》(CJJ 48—92)。

(11)《广州番禺片区发展规划》。

(12)《广州市番禺区水利现代化综合发展规划报告》。

(13)《番禺区水系规划》。

(14)《番禺区土地利用总体规划图》(分镇)。

20.3 景观设计原则

20.3.1 尊重城市、村镇规划

(1)满足村镇用地对河涌景观的要求。

(2)满足其他各种用地对河涌景观的要求。

(3)满足地域文化特性对河涌景观的要求。

（4）满足地域自然特性及形态对河涌防景观的要求。

（5）满足村镇整体景观及旅游规划对河涌景观的要求。

20.3.2　强调与水利工程的结合

（1）景观设计要与整体堤防布置及造型相配合。

（2）景观设计要与水利工程的附属构筑物相配合（如闸房、泵站等）。

（3）景观设计要有利于水利工程正常功能发挥。

要充分考虑现状堤岸两侧地形、地貌（房屋、河涌、坑塘、湿地、滩涂等）及主要控制建筑物特点，对于及节点处理要强化处理，注重方案布局的系统性和整体性。

20.3.3　坚持生态优先原则

坚持生态优先原则主要以生态种植形成对堤防的防护和利用堤防工程本身的措施，提供不同种类的生态栖息地，以达到对生物多样性的保护；背河堤坡种植草皮和灌木形成带，以多元化的配置手法营造宜驻宜游、宜玩宜赏的绿带风景，完成由堤防背水坡到内部建设区的过渡交接。

20.3.4　注重景观设计特色，避免重复

在工程中的景观设计不同于一般的风景旅游区景观设计、更不同于城市公园景观设计，它有明显的自身特点，即以功能为主，结合水利工程，并结合新客运站、生态新农村建设以及旅游等多重需求，要做出特色，避免景观上千景一面、照搬的重复建设。

20.4　景观工程任务与规模

20.4.1　景观工程的内容

（1）在满足水工要求的前提下，改善堤防景观，主要包括堤顶绿化以及临水滨河绿化带设计。

（2）河涌景观改造。

（3）滨水区域园林种植设计，包括景观植物配置、堤顶路边绿化及美化、滨河带绿化及美化和水生植物区绿化。

（4）滨水景观构筑物设计。

（5）景观小品、室外家具等设计。

20.4.2　景观工程与水利工程的衔接

单纯水利工程的堤防侧重功能需要，植根于此的景观工程则侧重于安全时段人们对景观游憩的需求，这就需要通过一些必要的转化措施和添加措施，实现水工与景观两者的协调衔接。

（1）对原有水工设施的景观化改造。即利用水工工程的构筑物安排景观游憩，利用堤防迎水侧格宾石笼作水生植物种植；对于本次工程地形特殊场地加以利用，作为景观节点，设计休闲、健身广场并进行绿化美化。

（2）对景观工程的功能性控制。即利用景观措施对堤防工程本身的功能给予补益，采用生态工程措施、并运用迎水侧格宾石笼种植水生及湿生植物。

20.5　景观生态系统的建立

本次设计总体上围绕着生态这一主题，在满足原有的工程功能的基础上，所有基本景

观和观景设施如观景平台、亲水步道、临水栈道的变化均由此展开；利用堤防工程本身的外围措施如格宾石笼等提供不同种类的生态栖息地，以达到对生物多样性的保护；以多元化的配置手法营造宜驻宜游、宜玩宜赏的种植带风景。

20.6　景观设计

20.6.1　设计理念

（1）生态景观的理念。从生态学的角度全方位审视景观设计，使整个堤防工程成为一个有自身净化及提炼功能的有机体，成为一个充满生机的综合生命体。

（2）科技景观的理念。强调防洪排涝安全，确保交通安全、通畅，使景观摆脱单纯观赏性，同时科技景观的引入使得水利和交通工程与景观工程变得更为融合。

（3）休闲、健身理念。它的引入将使该堤防成为当地居民新的休闲去处，新的带状滨水公园将完美的展现于人面前。

（4）自然的景观设计理念。景观设计中要尽可能地创造一些纯自然的环境，尽可能去除人为的痕迹，以体现返朴归真的人文需求。

（5）保护性开发的景观设计理念。这一理念要贯穿始终，对有村镇居民情节的区域，对有着时间记忆功能的构筑物，对有独特内容的地段进行保护性景观设计。

（6）可持续性景观设计理念。把景观设计作为一个持续的不断完善的过程，要为以后的景观补充性设计留有再创造的余地。同时注重选择节能的产品，设计中注重环境保护。贯彻可持续发展原则并落实到景观设计的每个环节。

20.6.2　景观设计与堤防工程的结合

（1）景观设计要与堤防的造型及整体布置统一考虑，使水利工程与景观工程统一一致，使之既互相配合又互相映衬。

（2）景观的细节及整体设计都要全面维护水利工程正常功能的发挥，景观的植物配置、地面铺装、小品等都要全面维护工程的防潮、排涝等功能的长久发挥，尤其在迎水护坡处理上采用湿生、水生的植物配置。

20.6.3　景观设计与生态旅游功能的结合

本设计紧密结合相关规划。在设计理念、设计风格上取得统一。

（1）居住用地与周边堤防景观的联系是最密切的，对堤防景观的要求也相当高，堤防景观无论从休闲、健身、娱乐、赏景等方面都要满足当地居民居住用地的要求，成为居住区完善自身居住功能的最好保证。

（2）对于有地域文化特性的地段要很好地利用及保护，这样的理念将给予堤防景观更完美的文化特质，堤防景观将成为该地域特性文化的载体。

（3）堤防景观要考虑不同地块的自然特性如湿地区、干地区及干湿接合区等各类型，充分考虑其各自的特性以便与之完美的接合。

（4）堤防景观要与村镇的水陆交通体系完美配合，充分考虑水上交通与陆上交通各自的特点，使景观的细节设计与各交通体系巧妙融合。

20.6.4 景观工程设计

20.6.4.1 景观设计总体构思

（1）充分解读河涌。结合已有的城镇规划。

（2）生态、绿为主线。整个景观设计，始终贯彻生态、绿色这一主题。

（3）景观设计风格。将融入现代元素，展现"自然、质朴、大气、简约"的风格。做出该河涌的特点。

堤防景观是一个动态三维空间景观，具有韵律感和美感，同时又包含一定的社会、文化、地域、民俗等涵义。

20.6.4.2 景观工程布置

（1）景观分类：亲水场地；湿生植物种植区域；河涌景观改造；景观构筑物及小品。

（2）景观工程布置。清流湑涌临河两侧，在有条件的临河场地上设置亲水平台，给人们提供休息观景场地。在有滩地的地方结合周边环境设置木栈道和湿生水生种植带。

河道交通方面，结合场地实际情况，在河道堤岸两侧设下堤踏步，沿河道两侧每隔约100m交错布置，满足当地村民长期以来形成的近水亲水的生活需求。

为了确保安全亲水，踏步临水处设置2m的安全防护区，周边用锁链栏杆防护，并在踏步近端处设置警示牌，禁止游人下水。

临河侧堤顶则根据所处的不同地段，可分别尽可能地种植护坡草、小乔木、灌木等，形成一道生态的、绿色的风景线。

20.6.4.3 景观设计说明

河道景观设计以自然、生态、休闲、观光等为主。

工程由于居民房屋临河而建，有的房屋占领河道，建在河道边，阻碍了滨河绿化带的连续。但我们在现状的环境条件下，因地制宜，在有条件的临河场地上设置亲水平台，给人们提供休息和观景平台，和周围绿地、道路、房屋结合，形成了该河涌特有的河道生态景观，突显景观灵活性和河道的多姿多彩。

亲水平台的设置。根据堤顶道路和河道岸线的合理布置，结合临河房屋的拆迁情况，确定河道可以绿化的范围。在有条件的绿地场地上合理、有序地布置亲水平台，给周围居民提供可以休息、健身、观景、娱乐的休息平台。平台上有树池坐凳、景观亭子、休息长坐凳等景观小品，可以给居民提供多种休闲和健身方式。场地的分散布置可以满足大部分临河居民的休闲健身，增加河道的舒适性与景观性，实现河道的多功能性。

滩地上的木栈道。在河道转弯的地方，河道相对较宽形成滩地。在滩地上设置木栈道，使人们可以走到河中，去体验河中风景，河道两边风景一览无余，是恰好的观景点。滩地下种植水生植物，美化河道，体现植物的多样性。

河陆交通和安全防护。为实现水上和陆上交通的方便联系，满足人们亲水、用水、行船的要求，在河道两侧沿河道纵向每隔约100m设置亲水台阶，同时考虑人们亲水的安全，在踏步临水处依据有关规范规定设置2m范围的安全防护区，周边用锁链栏杆防护，并在踏步近端处设置警示牌，禁止游人下水。既可以满足人们的亲水愿望，又能保障人们的安全，体现以人为本的设计宗旨。

植物选择和绿化配置。植物选择主要以乔木、灌木为主，辅以彩化地被以及球类造型植物。乔灌类树种选择冠大荫浓、花期长、宜观赏的园林树种，与花城的称谓相互贯通，融为一体。灌木类和地被植物，配置多样化，体现滨河植物物种的丰富性，满足各种季节的观赏需求。绿化配置做到层次分明，合理配置，避免植物虽多，但缺乏空间感和美感。

景观小品设计。对亲水平台上的景观小品及河道栏杆进行景观化精细设计。景观小品应尽量古朴，自然化，能和周围环境融为一体。河道栏杆采用石材透空栏杆，风格简约质朴，防护栏杆采用石材锁链栏杆，符合规划的周边用地性质，与周围环境相结合。场地的铺装主要采用浅灰色花岗岩和其他材质搭配，保持与周围环境的和谐性。

20.7 景观绿化配置

20.7.1 堤防景观推荐植物名录

堤岸绿化带主要以灌木地被为主，沿路种植乔木，间或种植小乔木和彩化植物类，多年平均常水位以上种植小乔木、小灌木和草类，护坡固土，美化堤岸。

（1）所采用植物。

1）乔木类：木棉、腊肠树、无忧树、鸡蛋花等。

2）灌木类：黄金榕球、福建茶、红杜鹃、黄金叶等。

3）地被植物：蝴蝶花等。

（2）行道树。行道树以冠大荫浓、防风护岸、指引交通等原则，选用木棉。

（3）景观节点主要植物。腊肠树、无忧树、鸡蛋花、黄金榕球、福建茶、红杜鹃、黄金叶等。

20.8 景观工程量

清流溶涌景观工程量和种植工程总量见表20.8-1、表20.8-2。

表 20.8-1　　　　　　　　　　清流溶涌景观工程量表

序号	名　　称	规　　格	单位	数量
1	铺装			
	广场铺装花岗岩		m²	931.98
	青灰色花岗岩	300mm×600mm×30mm	m²	167.65
	1:3水泥砂浆	厚30mm	m³	32.99
	C15混凝土	厚150mm	m³	164.95
	素土夯实		m²	1099.63
2	花岗岩道牙			
	封开花岗岩道牙	100mm×250mm×600mm	m³	4.57
	1:3水泥砂浆	厚30mm	m³	0.06
	C15混凝土	厚150mm	m³	7.31
	素土夯实		m²	54.81
3	树池/花池道牙			
	封开花岗岩道牙	150mm×350mm×1000mm	m³	3.08

序号	名　　称	规　　格	单位	数量
	1:3 水泥砂浆	厚 30mm	m³	0.26
	C15 混凝土	厚 150mm	m³	3.52
	素土夯实		m²	23.44
4	方形步石			
	300mm×1000mm 青石板	厚 60mm	m²	2.21
	1:3 水泥砂浆	厚 30mm	m³	0.07
	C15 混凝土	厚 150mm	m³	0.33
	素土夯实		m²	2.21
5	圆形坐凳			
	防腐木	厚 50mm	m²	8.44
	槽钢	50mm×40mm×3mm 通长槽钢	kg	192.67
	螺钉	φ10mm	个	100.00
	钢板	240mm×240mm×5mm	kg	17.00
	钢筋	φ10mm 钢筋锚长 150mm	kg	12.34
	素混凝土压顶	C20	m³	0.13
	青石板	厚 20mm 100mm×200mm	m²	5.67
	1:2.5 水泥砂浆结合层	厚 20mm	m³	0.11
	M7.5 水泥砂浆 MU10 砖砌墙		m³	0.38
	透水砖	200mm×100mm×60mm	m²	3.17
	1:3 水泥砂浆	厚 20mm	m³	0.02
	C15 混凝土垫层	厚 100mm	m³	0.93
	素土夯实		m²	9.29
6	休闲长坐凳			
	防腐木面板	45mm×95mm×1000mm（厚×宽×高）	m²	29.40
	木龙骨	40mm×70mm 通长	m³	0.16
	自攻螺丝		个	537.60
	等边角钢	厚 70mm×8mm	kg	5.14
	螺栓	直径 10mm	个	134.40
	封开花花岗石墩子		m³	6.75
	级配碎石垫层	厚 100mm	m³	1.85
	素土夯实		m²	18.48
7	挡墙矮坐凳		m	7.25
	台山红光面花岗岩压顶	厚 360mm×600mm×50mm	m³	0.13
	米黄色文化石贴面	厚 100mm×200mm×15mm	m²	7.48

序号	名　称	规　格	单位	数量
	水泥砂浆结合层	厚 20mm 1∶2.5M7.5	m³	0.17
	厚 240mm　砖砌墙	M7.5 水泥砂浆 MU10	m³	1.58
	C15 混凝土	厚 120mm	m³	0.31
	级配碎砾石垫层	厚 150mm	m³	0.61
	素土夯实		m²	4.06
8	下堤台阶			
	青灰色机刨花岗岩（踏面）	厚 300mm×600mm×30mm	m²	291.06
	青灰色花岗岩（踢面）	厚 20mm	m²	132.30
	1∶3 干硬性水泥砂浆结合层	厚 20mm	m³	12.70
9	木栈道			
①	防腐木板	45mm×95mm（厚×宽）	m²	134.68
	通长木龙骨	40mm×50mm（厚×宽）	m³	0.46
	木螺丝		个	1804
	1∶3 水泥砂浆	厚 10mm	m³	0.09
②	木栏杆		m	109.01
	硬木柱	120mm×120mm	m³	1.44
	硬木	φ50mm	m	121.66
	硬木	φ30mm	m	110.47
	厚 20mm 硬木栏板		m³	0.58
	硬木板	20mm×80mm	m³	0.16
	螺栓	φ14	个	152
	螺栓	φ10	个	304
	角钢	50mm×4mm×120mm	kg	152.00
10	河道石材栏杆	2.78m 一个单元	m	
	花岗岩石方柱	200mm×200mm×1640mm	m³	35.69
	花岗岩栏板	高 1050mm	m	815.28
	纯水泥浆嵌固		m³	1.55
11	休闲桌椅	石坐凳	组	12
12	成品坐凳		个	82
	封开花剁斧面花岗岩	200mm×400mm×400mm	m³	0.81
	厚 50mm 木条	50mm×80mm×1400mm	m³	0.28
	木横撑	40mm×40mm×400mm	m³	0.01
	沉头螺栓		个	
	木螺丝		个	
	C20 素混凝土	320mm×400mm×600mm	m³	1.94

序号	名　称	规　格	单位	数量
	1：3 水泥砂浆		m³	329.00
13	指示牌		个	10.00
14	下堤台阶安全防护栏杆		m	323.40
	青石方柱	2.00mm×1.08mm	m³	6.75
	直径 10mm 黑色铁环	φ10mm	m	646.80
	纯水泥浆嵌固		m³	0.73
	混凝土墩子	C20	m³	2.12
	钢筋	φ10mm	kg	1.80
15	警示牌	100m 1 个	个	90
16	垃圾桶	100m 1 个	个	30.45
17	整形面积		m²	1225.25

表 20.8－2　　　　　　　　清流滘涌种植工程总量表

序号	名称	规　格	数量	单位	备注
1	木棉	胸径 12cm，高 5～6m，净干高 2m	437	棵	
2	腊肠树	胸径 15cm，高 5～6m	1	棵	
3	无忧树	胸径 12cm，高 5～6m	4	棵	
4	鸡蛋花	地径 5～6cm，高 1.8～2m	98	棵	
5	黄金榕球	地径 5～6cm，高 1.2～1.5m，冠幅 1.2～1.5m	104	棵	
6	福建茶	高 50～60cm，冠幅 30～40cm，16 株/m²	1791.3	m²	
7	红杜鹃	高 50～60cm，冠幅 30～40cm，16 株/m²	2065.35	m²	
8	黄金叶	高 50～60cm，冠幅 30～40cm，16 株/m²	1541.4	m²	
9	蝴蝶花	盆装分栽，16 株/m²	21	m²	
10	绿化整形面积		5937.855	m²	

21 清流滘涌金属结构

清流滘涌整治工程中共有 2 座泵闸，1 座涵闸，金属结构设备主要布置在泵闸和涵闸的进口，承担防洪、排涝和维持清流滘涌水深的任务。

本工程共设平面铸铁闸门 3 套，手动螺杆启闭机 3 台。金属结构工程量约 12.5t，金属结构设备特性及工程量见表 21-1。

表 21-1　　　　广州市番禺区石楼镇清流滘涌整治工程金属结构工程量表

序号	闸门名称	孔口及设计水头 $B \times H - H_s$ /(m×m−m)	闸门型式	孔数/个	扇数/个	闸门 门重 单重/t	闸门 门重 共重/t	闸门 埋件 单重/t	闸门 埋件 共重/t	启闭机 型式	启闭机 容量 /kN	启闭机 扬程 /m	启闭机 数量	启闭机 单重 /t	启闭机 共重 /t
1	工作门	1×1-2.4	铸铁闸门	1	1	1	1	1	1	螺杆机	50/20	1.5	1	1	1
2	工作门	1×1-2.6	铸铁闸门	1	1	1	1	1	1	螺杆机	50/20	1.5	1	1	1
2	工作门	3×2-2.75	铸铁闸门	1	1	3	3	1.5	1.5	螺杆机	120/20	2.2	1	2	2
合计						5		3.5							4

2 座泵闸和 1 座涵闸均为单孔。每孔泵闸和涵闸的进口各设 1 扇工作闸门，共有 3 扇。泵闸和涵闸工作闸门均选用潜孔式平面滑动铸铁闸门，泵闸孔口尺寸 1m×1m，设计水头一孔为 2.4m；另一孔为 2.6m，涵闸泵闸孔口尺寸 3m×2m，设计水头 2.75m。闸门材料均为耐蚀合金铸铁，密封型式为不锈钢刚性止水。工作闸门运用方式为动水启闭，无局部开启要求。平时闸门处于关闭状态，汛期挡清流滘涌洪水，非汛期维持清流滘涌水深，具有双向挡水功能，当内河需要排涝时，闸门全开将内河水排入清流滘涌。

由于闸门位置分散，各闸距离较远，启闭设备选用侧摇式手动螺杆启闭机。闸门锁定由螺杆启闭机兼顾。该机设有启闭高度显示，采用不锈钢螺杆，具有手摇轻便灵活，防腐防锈能力强的特点。

22 清流滘涌施工组织设计

22.1 工程概况

清流滘涌位于广州市番禺区石楼镇，番禺区位于广州市南部、珠江三角洲腹地。东临狮子洋，与东莞市隔江相望；西及西南以陈村水道和洪奇沥为界，与佛山市南海区、顺德区及中山市相邻；北隔沥滘水道，与广州市海珠区相接；南及东南与南沙开发区相邻。工程所处位置水、陆路交通方便。

本河涌整治主要施工项目有河道清淤、土方开挖、土方回填、抛石、格宾笼石、松木桩、混凝土路面施工、泵闸施工、水窦施工、景观工程等。主要工程量见表22.1-1及表22.1-2。

表 22.1-1　　　　　　　　清流滘涌整治主要工程量表

序号	项　　目	单位	工程量
一	土方工程		
1	清基、清坡	m³	2097
2	土方开挖	m³	16285
3	清淤土方	m³	10057
4	土方回填	m³	10276
二	石方工程		
1	浆砌石（踏步）	m³	245
2	浆砌石（挡墙）	m³	3347
3	干砌石挡墙	m³	103
4	格宾笼填石	m³	5515
5	格宾石笼抛石护脚	m³	1645
三	堤顶道路工程		
1	路面混凝土	m³	10566
2	水泥稳定碎石	m³	11834
3	石灰稳定土	m³	11834
4	钢筋	t	27.4
5	混凝土路缘石	m³	3974
四	护坡护脚及基础工程		
1	土工格栅	m²	3349

序号	项　目	单位	工程量
2	混凝土垫层	m³	694
3	土工布	m²	5772
4	格宾石笼网片	m²	32065
5	松木桩	m³	5407
6	PVC 排水管	m	4561

表 22.1-2　　　　　　　清流滘涌水窦工程主要工程量表

序号	项　目	单位	工程量
一	涵闸或泵闸工程		
1	拆除涵闸	个	1
2	拆除泵闸	个	2
3	新建涵闸	个	1
4	新建泵闸	个	2
二	水窦		
1	拆除水窦	个	11
2	新建水窦	个	6

22.2　施工条件

22.2.1　水文气象条件

番禺位于北回归线以南，属于南亚热带湿润大区闽南—珠江区，海洋对当地气候的调节作用非常明显。工程地区多年平均气温 21.9℃，最高气温一般出现在 7—8 月，历年最高气温 37.5℃，最低气温出现在 12 月至次年 2 月，历年最低气温为 −0.4℃。

该地区每年 4—6 月为前汛期，降雨以锋面雨为主，暴雨量级不大，局地性很强，时程分配比较集中，年最大暴雨强度往往发生在该时段内。7—8 月为后汛期，受热带天气系统的影响，进入盛夏季节，降雨以台风雨为主，降雨时程分配较均匀，降雨范围广，总量大。番禺区的洪水主要来自西江、北江和流溪河，因此区内洪水受流域洪水特性所制约，具有明显的流域特征。

番禺区位于珠江三角洲中部河网区，河道属感潮河道，汛期受来自流溪河、北江、西江洪水的影响，又受来自伶仃洋的潮汐作用，洪潮混杂，水流流态复杂。

22.2.2　地形地质条件

清流滘涌属于天六涌排涝区，河涌整治工程范围为清流西闸 0+000.00～1+437.60，与天六涌相接，全长 1437.6m。地类以田、塘为主，主要种植香蕉等农作物及温室苗圃，河涌两侧建有比较连续的居民住宅。

区内地层结构自上而下可分为：第①层为第四系全新统人工填土（Q₄^ml），浅黄色、棕红色，上部为碎块石，含砂砾，第②-1层为第四系全新统海陆交互相沉积（Q_4^{mc}）淤泥质黏土，第②-2层为第四系全新统海陆交互相沉积（Q_4^{mc}）淤泥质砂壤土，第②-3层为第四系全新统海陆交互相沉积（Q_4^{mc}）淤泥质粉质黏土，第③层为第四系上更新统冲积（Q_3^{al}）粉质黏土，第④层为第四系上更新统冲积（Q_3^{al}）淤泥质粉质黏土，第⑤层为第四系上更新统冲积（Q_3^{al}）中粗砂和细砂，第⑥层为第四系残积土（Q^{el}），母岩为棕红色泥岩、泥质砂岩，第⑦层为白垩系（K）黏土岩、泥质粉砂岩。

工程区地下水埋深一般为 0.5～2.5m，其主要补给来源为大气降水，旱季时局部地段接受地表水的补给。地下水动态变化复杂，除受大气降水、蒸发、地形地貌条件影响外，还受外江潮水涨落和河涌水位影响较大。环境水，属中性、属极硬水。地表水对混凝土无腐蚀性。

22.2.3　对外交通

本工程区公路发达，可通过当地公路直达施工现场。工程位于中小河涌，一般不具备通航条件，施工所需各种材料和设备可由陆路运输进场，部分物资也可水路运达施工区附近码头再转运进场。

22.2.4　水、电供应

施工期间的生活用水和生产用水，与当地供水部门取得联系，将附近接水口延伸至施工现场，施工用电可与当地有关部门联系解决。当工区附近无引接条件时由施工企业自备柴油发电机供电。

22.2.5　主要建材供应

工程所需的主要建材包括土料、砂石料、块石、水泥、钢筋、木材等，其中水泥、钢筋、木材等可就近在广州番禺区的市场上采购；土料、砂石料、块石料购买当地商品料，经水陆路运输至工区。工程所需现浇混凝土购买商品混凝土，预制混凝土可市场购买成品预制件或现场预制。

22.3　施工导流、度汛

河涌沿线堤身布置的两座泵闸和一个涵闸进行全部拆除并重建，对年久失修的 11 座水窦进行拆除，新建 6 座水窦。穿堤建筑物的施工需要围堰挡水，堰顶高程一般与两岸地形同高，上下游边坡 1∶2，其中涵闸或泵闸堰顶宽 3m，水窦堰顶宽 1m。

围堰和导流明渠临建工程量见表 22.3-1。

表 22.3-1　　　泵闸、涵闸及水窦施工围堰和导流明渠临建工程量表

序号	项　　目	单　位	数　　量
一	施工围堰		
1	砂土袋填筑	m³	2680
2	土工膜（200/0.5）	m²	1546
二	施工导流明渠		
1	土方开挖	m³	2100
2	土方回填	m³	2100
3	松木桩（长 4m，尾径 8cm）	根	2000

河涌工程需跨汛期施工时，为防止施工工期内出现超标准洪水影响已建工程的安全及影响工程施工进度，需考虑超标准洪水或暴雨情况出现的度汛措施。加强同上级防汛主管部门的联系，确保信息的通畅，并设置专门的防台防汛办公室，加强对台风、气、潮水等观测和预报。水上施工时，必须注意天气情况，一旦台风来临，船舶立即进入安全地带避风，台风过后再继续施工。

22.4　主体工程施工

本条河涌主要施工项目有河道清淤、土方开挖、土方回填、抛石护脚、格宾笼石挡墙、混凝土施工、松木桩施工、砌石施工等。

22.4.1　基础处理

本工程挡墙基础采用施打松木桩、桩顶抛石挤淤法处理。采用船上装小型柴油打桩机水上施打，宜在高潮位时施工。施打一段随即开挖基槽一段，之后应立即抛石挤淤，填筑格宾笼石，防止回淤。

22.4.2　河涌清淤

本工程河涌现状条件复杂，河底清淤工程量较大且施工难度高。根据当地工程经验和河涌现状，初步拟定以下三种方案：

方案一：水上挖掘机配小型泥驳和自卸船驳清淤法

即利用组装在船舶上的小型挖掘机水上挖泥清淤法。本法适用于在水深条件合适的段落，或利用每日涨潮的时段施工。由挖掘机挖出的淤泥卸入自行泥驳内，由泥驳转运至外江上的大型自卸运泥船驳，再由自卸船驳运至指定的弃泥区。

方案二：绞吸式挖泥船配泥驳和自卸船驳清淤法

利用小型泥驳可以方便进出河段的特点，由绞吸式挖泥船挖泥直接卸入泥驳内，由泥驳转运至外江上的自卸船驳，再由自卸船驳运至弃泥区。

方案三：绞吸式挖泥船配管道输泥清淤法

在堤岸外侧设置临时弃泥区，由挖泥船配合输泥管道直接吹泥至临时弃泥区，再由大型泥浆泵集中吹泥至外江自卸泥驳内运至指定区域弃泥。此方案施工效率高、费用低，但征地面积较大，同时弃泥对周围环境影响大，需考虑适当的环保措施。

施工时应根据河涌不同段落的水文、地形特点，由施工单位因地制宜地选择合适的施工方案，本次设计以方案一为主，部分考虑采用方案二。

22.4.3　钢板桩施工

本工程多处河涌距离建筑物较近，为保证开挖边坡稳定，减少对建筑物的不利影响，考虑采用钢板桩临时支护，使用打桩机进行打桩、拔除，循环使用。

钢板桩施工前要严格定位，确保打桩区无其他杂物，之后在此区域旁边假设导向装置，确保钢板桩竖直打设，特别是最初的前几块钢板桩要确保精度以起到样板作用，每完成一段，测量校正一次，确保在同一直线上。

22.4.4　其他施工方法

（1）土方开挖、回填。土方开挖采用 1.0m³ 反铲挖掘机在岸上进行开挖，由 5t 自卸汽车运至指定弃渣区。对于可以重新利用的土方，选择合适场地临时堆放。

回填土首先考虑利用现场开挖土。部分回填土和中粗沙采用外购商品料，水路或陆路将土、沙料运至工地附近临时码头再转运至施工现场或直接运至工地现场。填筑采用推土机铺料平整，履带拖拉机碾压（或平碾压实），压不到的边角部位采用蛙式打夯机夯实。土方填筑分层施工。土料摊铺分层厚度按 0.3～0.5m 控制，土块粒径不大于 50mm。铺土要求均匀平整，压实一般要求碾压 5～8 遍，压实度应满足设计要求。

（2）松木桩。松木桩应新鲜、无霉变、腐烂或蛀虫等现象，松木桩应圆直，弯曲较大的松木不能使用，桩长允许偏差应控制在规范许可范围内。采用小型柴油打桩机施打，注意对桩头的保护。

（3）抛石。抛石根据不同条件可用驳船和人工抛石相结合。抛石的原材料质量要符合要求：块石应无风化，对有可能遭受波浪水流冲刷作用的部分需用大石块护面。抛石的范围、厚度应符合设计规定。

（4）格宾笼石。施工时为非汛期，格宾石笼石处水位较低，采用原位安装施工。其制作步骤为：①在铺设之前先组合各独立单元；②铺展格宾单元并将其连接；③用石块填充；④加盖并用钢丝绞合。

施工时应注意以下几点：

1）为避免基床的回淤，须及时安装格宾笼石，安装前检查基床是否受扰动。

2）检查安装位置，其偏差应不超过允许范围，特别是堤岸线应顺直。

3）安装时要求承包人做到使构件底面与基床顶面平行，避免一个角先触地而挫坏基床。

（5）土工布。土工布施工要人工滚铺，布面要平整，并适当留有变形余量，且须采取相应的措施避免在安装后，土壤、颗粒物质或外来物质进入土工布层。土工布的缝合必须连续进行。在重叠之前，土工布必须重叠最少 150mm。最小缝针距离织边（材料暴露的边缘）至少是 25mm。任何在缝好的土工布上的"漏针"必须在受到影响的地方重新缝接。

（6）土工格栅。人工铺设，土工格栅横向铺设时，将强度高的方向垂直于路堤轴线方向布置。土工格栅的纵向拼接采用搭接法，搭接宽度不小于 30cm。铺设时绷紧，拉挺，避免折皱、扭曲或坑洼。

（7）混凝土施工。混凝土采用商品混凝土，模板采用钢模板，钢筋在现场加工。预制混凝土在预制场预制。商品混凝土运至现场后，由人工采用斗车转料入仓。

（8）砌石工程施工。砌石采用人工砌筑。砌体强度按设计要求，砌筑施工要满足《堤防工程施工规范》（SL 260—2014）的要求。

22.5　施工总布置

22.5.1　施工交通

本工程区当地公路发达，可通过现有公路到达施工现场。工程位于中小河涌，受沿线跨涌桥涵等设施的影响，一般不具备全线通航条件，施工所需各种材料和设备可由陆路运输进场，部分物资也可水路运达施工区附近码头再转运进场。

施工期场内交通主要在工程永久征地范围内布置临时道路，有条件的段落可利用现状堤顶路或经改建后使用。

根据工程布置，重建和新建水窦6个，新建泵闸和涵闸3个；新建临时道路总长约0.7km，沿河涌两岸布置，与原有道路连接两个施工仓库和施工管理区；道路路面采用砂石路面宽6m。施工道路和水窦特性详见表22.5-1、表22.5-2。

表22.5-1　　　　　　　　清流滘涌整治工程施工道路特性表

公路名称	起 止 点	长度/km	备 注
河涌施工道路	分散布置于河道两侧	约0.7	砂石路面宽6m，临时，新建

表22.5-2　　　　　　　　　水窦临建工程量表

项目	项 目	单位	数 量
1.涵闸	砂土袋填筑	m^3	1600
	土工膜	m^2	847
	土方开挖	m^3	2100
	松木桩	根	2000
2.水窦	砂土袋填筑	m^3	1080
	土工膜	m^2	699

22.5.2　施工布置

施工总布置遵循因地制宜、方便施工、安全可靠、经济合理、易于管理的原则。针对本工程的特点，河涌工程施工工厂、仓库等生产设施及生活设施可集中布置于河涌中段。施工生活设施可根据实际条件现场布置，也可就近租用当地村民住房，这里暂按现场设置考虑。经规划，清流滘涌拟布置两处施工管理、生活及仓库设施区，总建筑面积1120m²，总占地面积1740m²。

除施工管理及生活设施外，其余施工临时设施、堆场、综合加工厂等均靠近工作面，布置在工程永久征地范围内，不新增占地。内涌清淤渣料的临时弃泥（转运）区是施工现场场地布置的难点，施工单位应根据现场场地条件和所采取的弃泥方式合理布置，施工工序安排以先清淤后筑堤为原则，清淤渣料的临时转存地利用堤防永久征地范围内场地。

经初步规划，本工程施工临建量见表22.5-3，施工占地见表22.5-4。

表22.5-3　　　　　　　　清流滘涌整治工程施工临建量表

序号	名 称	单位	数 量
1	新建道路（砂石路面，宽6m）	km	0.7
2	水窦、泵闸及水窦围堰	个	9×2
3	导流明渠	个	3
4	临时房屋建筑工程		
1)	施工仓库	m^2	120
2)	办公及生活、文化福利建筑	m^2	1000

表 22.5 - 4	清流滘涌整治工程施工临时占地面积表		
序号	名 称	单位	数 量
1	施工管理及生活区	m²	1500
2	施工仓库	m²	240
3	新建道路	m²	5600
	合计	m²	7340

22.5.3 土石方平衡及弃渣

本工程清基及土方开挖总量约 2.1 万 m³，清淤 1.0 万 m³，总填筑量 1.7 万 m³。经平衡计算，可利用量约 0.3 万 m³，总弃渣量约 3.9 万 m³，其中弃淤泥 1.0 万 m³。

土石方平衡应最大限度地利用开挖土料和拆除的石料，以减少外购土石料量及弃渣场占地和工程投资。由于工程所处地区的特殊性，堤后无护堤地，无现场弃渣条件。同时也不考虑另外征用弃渣场。全部渣土、淤泥等均运往业主指定的位置弃置。

22.6　施工总进度

22.6.1　编制原则及依据

（1）编制原则。根据工程布置形式、建筑物特征尺寸、水文气象条件，编制施工总进度本着积极稳妥的原则，尽可能利用非汛期进行土方施工。施工计划安排留有余地，做到施工连续、均衡，充分发挥机械设备效率，使整个工程施工进度计划技术上可行，经济上合理。

（2）编制依据。

1）《水利水电工程施工组织设计规范》（SL 303—2004）。

2）《广东省海堤工程设计导则》（试行）2005 年。

3）《广东省水利水电建筑工程预算定额》（试行）2006 年 2 月。

22.6.2　施工总进度计划

（1）施工准备期。准备期安排 1 个月，利用第一年 10 月。准备期主要完成以下工作：临时生活区建设、水电及通信设施建设、施工工厂设施建设、场内施工道路修建等。

（2）主体工程施工期。准备工程完成后，河涌工程分段同时施工，各区段基本施工程序为：清淤、清基清坡、土方开挖→基础处理→挡墙施工→堤身土方填筑→堤顶路面及其他设施施工；泵闸和水窦施工与河涌工程同时进行，平行作业；主体工程施工期约 7 个月。堤基处理是堤防施工中的重点和难点，占用的直线工期也较长；松木桩施工从第一年 12 月初开始至第二年 4 月初完成，历时 4 个月，随后分段进行土方填筑至第二年 5 月完成。同时进行格宾笼石、浆砌石、混凝土工程等施工；最后进行堤顶道路等施工。至第二年 5 月底工程竣工。

泵闸工程、水窦工程处于本工程的非关键线路上，与河涌工程平行施工，但须在汛前完成。

经计算，主体工程高峰施工强度为：土方开挖 0.6 万 m³/月、土方填筑 0.3 万 m³/月、混凝土 0.2 万 m³/月，砌石 0.7 万 m³/月。

（3）工程完建期。工程完建期安排 15d，主要进行场区清理及验收等工作。

22.6.3 关键工序及高峰人数

施工总工期 8.5 个月，其中施工准备期 1 个月，主体工程施工期 7 个月，工程完建期 0.5 个月。根据施工总进度计划分析，施工临时道路→钢板桩施工→堤防工程的清基清坡、土方开挖→基础处理→挡墙施工→堤身土方填筑→堤顶道路施工是其关键线路。

关键线路工序必须按计划规定的时间完工，否则将影响甚至延误整个工程的工期，其他工序可在施工时段允许范围内进行调整、合理安排，以使工程资源需求均衡。

本工程全区主体工程高峰期施工人数约为 200 人，总劳动量约 4.1 万工日。

22.7 主要技术供应

22.7.1 建筑材料

工程所需主要建筑材料包括商品混凝土约 $3149m^3$、块石料约 $11349m^3$、钢筋 63t、木材约 $5524m^3$、土料外购总量约 1.7 万 m^3。

上述材料均可在广州市场或周边地市采购。

22.7.2 主要施工设备

工程所需主要施工机械设备，施工机械设备见表 22.7 - 1。

表 22.7 - 1　　　　　　　　　　　主要施工机械设备表

序号	机 械 名 称	型号及特性	数量
1	水上船载挖掘机	$0.6m^3$	2 台
2	自卸船驳	$500m^3$	1 艘
3	挖掘机	$1m^3$	4 台
4	推土机	74kW	3 台
5	履带拖拉机	74kW	4 台
6	自卸汽车	5t	10 辆
7	蛙式打夯机	2.8kW	6 台
8	柴油打桩机	3.5t	4 台
9	汽车起重机	20t	2 台
10	灰浆搅拌机		2 台
11	深层搅拌机	SJB30	1 台
12	回转钻机	G - 4	2 台
13	混凝土泵车	HBT20	2 台

23 清流滘涌建设工程征地移民

23.1 概述

23.1.1 流域概况

清流滘涌位于广州市番禺区石楼镇，番禺区位于广州市南部、珠江三角洲腹地，东临狮子洋，与东莞市隔江相望；西与佛山市南海区、顺德区及中山市相邻；北与广州市海珠区相接；南滨珠江出海口，外出南海。区府设在市桥镇。全区南北长 77.6km，东西宽 30km，总面积 1313.8km²。

23.1.2 工程概况

清流滘涌位于广州市番禺区石楼镇，工程所处位置水、陆路交通方便。本工程包括河涌整治、穿堤建筑物及其景观工程，其中河涌整治主要施工项目有河道清淤、土方开挖、土方回填、抛石、格宾笼石、松木桩、混凝土路面施工等，穿堤建筑物包括 2 座泵闸、1 座涵闸和 6 个涵窦。

23.1.3 自然和社会经济概况

石楼镇位于番禺区西北部，总面积 52km²，下辖 17 个村委会、4 个居民委员会。全镇总人口 13.8 万人，其中常住人口 60504 人（农业人口 39712 人），外来人口 78407 人。2007 年全镇实现 GDP59.3 亿元；完成工业总产值 182.5 亿元；农业总产值 4.24 亿元；居民年人均可支配收入 19243 元，农民年人均纯收入 9476 元。

23.2 工程用地范围

清流滘涌河道整治工程建设用地范围按照河道整治建设用地和施工组织设计的施工总布置图分为永久征地和施工临时用地。共需用地 18.08 亩，其中工程部分中永久征地 5.77 亩，临时用地 1.3 亩；临时用地包括施工管理及生活设施占地、施工道路等共 11.01 亩。

23.3 工程用地实物调查

23.3.1 调查依据

(1)《水利水电工程建设征地移民设计规范》（SL 290—2009）。

(2)《水利水电工程建设征地移民实物调查规范》（SL 442—2009）。

(3) 清流滘涌河道整治平面布置图。

(4) 清流滘涌河道整治施工总布置图。

23.3.2　调查原则

（1）按照对国家负责、对集体负责、对移民负责和实事求是的原则，进行调查。

（2）实物调查应遵循依法、客观、公正的原则，实事求是地反映调查时的实物指标状况。

（3）实物调查需由项目主管部门或者项目法人会同建设征地区所在地的地方人民政府共同进行。

23.3.3　调查内容及方法

根据 SL 290—2009 和 SL 442—2009 的要求，结合清流滘涌河道整治工程征地范围的实际情况，调查项目涉及农村调查和社会经济调查。

23.3.3.1　农村调查

农村调查的内容涉及土地，房屋及附属物，零星树木等。

（1）土地部分。土地涉及耕地、园地、鱼塘地和建设（住宅）用地。

1）土地利用现状的分类。根据《土地利用现状分类标准》（GB/T 21010—2007）进行工程征地范围内的土地分类。本工程土地分为农用地和建设用地：农用地为耕地；建设用地为住宅用地。

2）土地计量标准和单位。土地面积采用水平投影面积，以亩计（1 亩 = 666.7m²）。

3）调查方法。土地面积利用 1∶1000 实测的土地利用现状地形图，在国土、林业等部门的参与下实地调查地类界线和行政分界，根据订正的图纸以集体经济组织或土地使用部门为单位量图计算各类土地面积。

（2）房屋及附属设施。

1）房屋及附属建筑物分类。

①房屋按结构类型和工程征地范围内的实际情况分为：主房为砖混结构和砖瓦（木）结构，杂房为棚房。本工程只涉及砖混结构。

②房屋建筑面积计算及计量单位。房屋面积调查以房屋的建筑面积计算，计量单位以平方米计算。

③房屋调查方法。以户为单位，进行全面调查统计。

2）附属设施。附属设施主要调查内容包括：围墙、厕所等。围墙按立面面积，以平方米计；厕所以个计。

（3）零星树木。零星林木系指林地园地以外的零星分散生长的树木。调查方法为逐户统计。

23.3.3.2　社会经济调查

社会经济调查主要收集番禺区 2006—2008 年的统计年鉴和农业生产统计年报以及农业综合区划、林业区划、水利区划、土地详查等有关资料。

23.3.4　工程建设征地范围内实物指标

清流滘涌河道整治工程建设用地范围共用土地 18.08 亩。工程部分：永久征地 5.77 亩，其中耕地 4.44 亩，园地（甘蔗）0.19 亩，塘地 0.74 亩，建设用地（住宅）为 0.4 亩；临时用地主要是耕地为 1.3 亩。主房（砖混结构）102.89m²，主房（砖木结构）31.04m²，围墙 126.16m²，厕所 2 个，鱼类面积 7.4 亩，零星果树木 1457 棵。施工部分为临时用地（耕地）11.01亩。其实物指标见表23.3-1。

表 23.3-1　　　　　　　　清流滘涌工程征（用）地实物指标汇总表

| 序号 | 项目 | 单位 | 合计 | 工程用地 | | | 施工用地 |
				小计	永久征地	临时用地	临时用地
1	土地	亩	18.08	7.07	5.77	1.30	11.01
(1)	耕地	亩	16.75	5.74	4.44	1.30	11.01
(2)	园地（甘蔗）	亩	0.19	0.19	0.19		
(3)	塘地	亩	0.74	0.74	0.74		
(4)	建设用地（住宅）	亩	0.40	0.40	0.40		
2	拆迁房屋	m²	133.93	133.93	133.93		
(1)	主房（砖混结构）	m²	102.89	102.89	102.89		
(2)	主房（砖木结构）	m²	31.04	31.04	31.04		
3	附属建筑物						
(1)	砖围	m²	126.16	126.16	126.16		
(2)	厕所	个	2	2	2		
4	鱼类面积	亩	7.40	7.40	7.40		
5	零星树木	棵					
6	大王椰树	棵	1457	568	463	105	889

23.4　移民安置规划

23.4.1　规划基准年与设计水平年

以移民实物调查年份为移民安置规划的基准年（即2008年）。移民安置规划设计水平年依据主体工程建设总进度确定。根据清流滘涌河道整治工程施工总进度计划，主体工程计划2010年4月开工，计划2010年12月中旬完工，工期8.5个月，确定清流滘涌河道整治工程规划水平年为2010年。

23.4.2　移民安置规划

根据业主的意见，清流滘涌移民安置去向和安置方式由番禺区人民政府参照《广州市番禺区人民政府征用土地办公室颁发的〈关于国家、省重点项目村民住宅房屋拆迁补偿安置工作指导意见〉》的确定，安置后使移民生活水平达到或超过原有水平。

23.5　工程建设征地移民补偿投资概算

23.5.1　编制的依据

23.5.1.1　法律法规依据

（1）《大中型水利水电工程建设征地补偿和移民安置条例》，2006年7月，国务院第471号令（以下简称《条例》）。

（2）《中华人民共和国耕地占用税暂行条例》国务院第511号令及中华人民共和国财政部、国家税务总局颁发的《中华人民共和国耕地占用税暂行条例实施细则》（第49号令，2008年2月26日）。

（3）广东省实施《中华人民共和国土地管理法》办法（2008 修正）。

（4）《广东省财政厅关于印发〈广东省耕地开垦费征收使用管理办法〉的通知》（粤财农 [2001] 238 号）。

（5）《广东省林地管理办法》1998 年粤府令第 35 号修改。

（6）《关于 2005—2007 年种植业可用耕地三年平均年产值的复函》（番统函 [2008] 6 号）。

（7）《关于印发〈广州市番禺区征用土地补偿费用计算暂行办法〉的通知》（番府 [2001] 89 号）。

（8）《关于印发〈广州市番禺区征用土地补偿费用计算暂行办法〉中青苗及地上附着物补偿标准进行调整的通知》（番府 [2007] 69 号）。

（9）《关于国家、省重点项目村民住宅房屋拆迁补偿安置工作的指导意见》广州市番禺区人民政府征用土地办公室（2008 年 9 月）。

23.5.1.2 规程规范依据

《水利水电工程建设征地移民设计规范》（SL 290—2009）。

23.5.1.3 有关资料

（1）清流滘涌河道整治工程实物调查成果。

（2）有关统计资料、物价资料和典型调查资料。

23.5.2 原则

（1）工程建设用地范围内实物的补偿办法和补偿标准，根据国家和地方政府相关法律、法规、条例、办法、规程规范及技术标准等进行编制。

（2）工程建设征地范围内实物，按补偿标准给予补偿。

（3）概算编制按 2008 年第三季度物价水平计算。

23.5.3 概算标准的确定

23.5.3.1 土地补偿补助标准

根据有关规定，土地补偿补助标准按照补偿补助倍数乘以耕地被征收前三年平均年产值确定。

（1）征收土地补偿费。土地分为耕地和住宅用地等。

1）耕地。根据《关于 2005—2007 年种植业可用耕地三年平均年产值的复函》（番统函 [2008] 6 号），2005—2007 年农作物平均产值为 8652.85 元/亩，按照《大中型水利水电工程建设征地补偿和移民安置条例》的规定，耕地土地补偿倍数区 10 倍，安置补偿倍数取 6 倍，共为 16 倍，经计算，2008 年耕地补偿为 138445.6 元/亩。

2）园地补偿费。园地补偿补助倍数与耕地相同，为 16 倍。根据《关于 2005—2007 年种植业可用耕地三年平均年产值的复函》（番统函 [2008] 6 号），统一拟取柑橘橙的平均年产值为 5506.86 元/亩，园地补偿补助标准为 88109.76 元/亩。

3）鱼塘地。参考《关于印发〈广州市番禺区征用土地补偿费用计算暂行办法〉的通知》（番府 [2001] 89 号）的规定，鱼塘地在市桥镇、钟村镇等属于一类地区，土地补偿费取耕地前三年平均产值的 12 倍，安置补偿费取耕地前三年平均产值的 6 倍，共 18 倍。结合《关于 2005—2007 年种植业可用耕地三年平均年产值的复函》（番统函 [2008] 6 号）测算的农作物前三年平均产值为 8652.85 元/亩，故鱼塘地补偿补助标准为 155751.3 元/亩。

4）建设（住宅）用地。根据《广东省实施〈中华人民共和国土地管理法〉办法》（2003 年修正）第三十条规定，征用农民集体所有非农业建设用地的，土地补偿费按邻近其他耕地的补偿标准补偿。取 10 倍。

按照《关于印发〈广州市番禺区征用土地补偿费用计算暂行办法〉中青苗及地上附着物补偿标准进行调整的通知》（番府［2007］69 号）中的安置补助倍数，拟取 6 倍。经计算，住宅用地补偿补助标准为 138445.6 元/亩。

（2）征用耕地补偿费。根据《广东省实施〈中华人民共和国土地管理法〉办法》（2008 年修正）第三十七条规定：临时使用农用地的补偿费，按该土地临时使用前三年平均年产值与临时使用年限的乘积数计算。

1）耕地补偿费。征用耕地根据使用期影响作物产值给予补偿。该工程的临时占地期限根据施工组织设计的进度计划为 8.5 个月，按 1 年进行计算，计算单价为 8652.85 元/亩。征用耕地的土地补偿费用为征用耕地面积与相应征用土地补偿费单价之积。

2）耕地复垦费。

①复垦工程。《广东省实施〈中华人民共和国土地管理法〉办法》（2003 年修正）第二十五条：因挖损、塌陷、压占等造成土地破坏的，用地单位和个人应当按有关规定进行复垦，由市、县人民政府土地行政主管部门组织验收，没有条件复垦或复垦不符合要求的，应当缴纳土地复垦费。按照番禺区国土房产部门土地复垦基金收费标准，耕地为 8 元/m²，折合 5333.6 元/亩。

②恢复期补助。参照其他工程标准拟定，按耕地 1000 元/亩补助

23.5.3.2 房屋及附属建筑物补偿费

（1）主房（砖混结构）补偿标准。根据《关于印发〈广州市番禺区征用土地补偿费用计算暂行办法〉中青苗及地上附着物补偿标准进行调整的通知》（番府［2007］69 号）规定，并结合工程实际调查情况，混合结构房屋按照四等装修标准计费，考虑广州市物价增长情况，增长幅度取 7%，砖混结构补偿标准为 1043.25 元/m²，取 1044 元/m²。

（2）主房（砖木结构）补偿标准。《关于印发〈广州市番禺区征用土地补偿费用计算暂行办法〉中青苗及地上附着物补偿标准进行调整的通知》（番府［2007］69 号）规定，并结合工程实际调查情况，砖木结构房屋按照一等装修标准计费，考虑广州市物价增长情况，增长幅度取 7%，砖混结构补偿标准为 888.1 元/m²，取 888 元/m²。

（3）附属建筑物补偿标准。结合调查情况分析并参照相近区域附属建筑物补偿标准分析确定该工程附属建筑物补偿标准见表 23.5-1。

表 23.5-1　　　　　　　　　清流滘涌河道整治工程附属物补偿标准

项　　目	单　　位	补偿标准/元
砖围	m²	115.4
厕所	个	992

23.5.3.3 搬迁运输费用

根据广州市番禺区人民政府征用土地办公室于 2008 年 9 月下发的《关于国家、省重

点项目村民住宅房屋拆迁补偿安置工作的指导意见》规定，搬迁补助费以户为单位，支付被拆迁户一次性搬迁补助费 3000 元，同时每户可获得临时安置补助费 30000 元。

23.5.3.4 其他补偿费

（1）青苗补偿费。根据《关于 2005—2007 年种植业可用耕地三年平均年产值的复函》（番统函〔2008〕6 号），耕地的青苗补偿费为 4326.43 元/亩。

（2）鱼类补偿费。《关于印发〈广州市番禺区征用土地补偿费用计算暂行办法〉中青苗及地上附着物补偿标准进行调整的通知》（番府〔2007〕69 号）规定，鱼类按综合平均价 6000 元/亩，考虑广州市物价增长情况，增长幅度取 7%，按照 6420 元/亩补偿。

（3）苗木、果树补偿费。《关于印发〈广州市番禺区征用土地补偿费用计算暂行办法〉中青苗及地上附着物补偿标准进行调整的通知》（番府〔2007〕69 号）规定：苗木、果树的补偿标准取番禺区统计局当年的区种植业可用耕地三年平均年产值的 5 倍。2006—2008 年农作物平均产值为 8652.85 元/亩，2008 年补偿标准为 43264.25 元/亩。

（4）零星树补偿费。参照广州市道路扩建工程办公室《关于印发 82 号文修改定稿的通知》，大王椰子取胸径 9～20cm 之间，2004 年每棵为 1000 元，考虑广州市物价增长情况，增长幅度取 7%，平均每棵为 1311 元。

23.5.3.5 其他费用

其他费用包括勘测规划设计费、实施管理费、技术培训费、监理监测费。

（1）前期工作费：按直接费的 2.5% 计列。

（2）勘测规划设计费：按直接费的 3% 计列。

（3）实施管理费：按直接费的 3% 计列。

（4）技术培训费：农村部分补偿费 0.5% 计列。

（5）监督评估费：按直接费的 1.5% 计列。

（6）咨询服务费：按直接费的 0.2% 计列。

23.5.3.6 基本预备费

本阶段，按直接费和其他费用之和的 8% 计列。

23.5.3.7 有关税费

（1）耕地占用税：根据《中华人民共和国耕地占用税暂行条例》（国务院第 511 号令）及中华人民共和国财政部、国家税务总局颁发的《中华人民共和国耕地占用税暂行条例实施细则》（国务院第 49 号令），广东省取 30 元/m² （折合 20001 元/亩）计列。本工程临时占地耕地占用税由于在复垦达标后全额退还，故不计入移民投资，由业主从工程预备费中暂时预交。原枢纽运行管理范围内的耕地不计列土地占用税。

（2）耕地开垦费：根据《广东省财政厅关于印发〈广东省耕地开垦费征收使用管理办法〉的通知》（粤财农〔2001〕378 号）第四条规定，耕地开垦费按如下标准缴纳（按每平方米计）：广州市辖区（不含所辖县级市、县）为 20 元；按照国土资源部、国家经贸委、水利部国土资发〔2001〕355 号文件规定：以防洪、供水（含灌溉）效益为主的工程，所占压耕地，可按各省、自治区、直辖市人民政府规定的耕地开垦费下限标准的 70% 收取。本工程主要以防洪为主，故耕地开垦费应缴纳 14 元/m²，折合 9333.8 元/亩。工程建设征地为原枢纽运行管理范围内的不计列土地开垦费。

23.5.4 建设工程征地移民补偿投资概算

根据工程征（用）地范围内的实物调查成果，按确定的补偿补助标准计算，清流滘涌河道整治工程征（用）移民总投资为 397.02 万元。其中移民补偿补助费为 318.91 万元；其他费用 34.1 万元；基本预备费 28.24 万元；有关税费 15.74 万元。概算详表见 23.5-2。

表 23.5-2　　　　　　清流滘涌河道整治工程建设征地移民补偿概算表

序号	项　　目	单位	数量	单价/元	合价/万元
一	农村移民补偿费				318.91
1	土地补偿补助费				98.62
1.1	征收土地				80.17
1.1.1	耕地	亩	4.44	138445.6	61.43
1.1.2	园地（甘蔗）	亩	0.19	88109.76	1.67
1.1.3	塘地	亩	0.74	155751.3	11.53
1.1.4	住宅用地	亩	0.40	138445.6	5.54
1.2	征用土地	亩			18.45
1.2.1	耕地	亩	12.31	8652.85	10.65
1.2.2	复垦工程	亩	12.31	5333.6	6.57
1.2.3	恢复期补助	亩	12.31	1000	1.23
2	房屋补助费				15.16
2.1	主房	m²			13.50
2.1.1	砖混结构	m²	102.89	1044	10.74
2.1.2	砖木结构	m²	31.04	888	2.76
2.2	附属物				1.66
2.2.1	围墙	m²	126.16	115.4	1.46
2.2.2	厕所	个	2	992	0.2
3	其他补偿费				198.53
3.1	青苗补偿	亩	4.44	4326.43	1.92
3.2	鱼类面积	亩	7.40	6420	4.75
3.3	苗木、果树	亩	0.19	43264.25	0.82
3.4	零星树木				191.04
3.5	大王椰树	棵	1457	1311	191.04
4	搬迁补助费用				6.60
4.1	搬迁补助费	户	2	3000	0.60
4.2	临时安置补助费	户	2	30000	6.00
二	其他费用				34.1
1	前期工作费	%		2.5	8.0
2	勘测设计科研费	%		3	9.6

序号	项　目	单位	数量	单价/元	合价/万元
3	实施管理费	%		3	9.6
4	技术培训费	%		0.5	1.6
5	监督评估费	%		1.5	4.8
6	咨询服务费	%		0.2	0.6
第一～第二合计					353.03
三	基本预备费	%		8	28.24
四	有关税费				15.74
1	耕地占用税				10.73
2	永久征地	亩	5.37	20001	10.73
3	耕地开垦费	亩	5.37	9333.8	5.01
五	补偿投资总计				397.02

24 清流滘涌水土保持设计

24.1 编制依据

(1)《中华人民共和国水土保持法》(1991 年 6 月)。

(2)《中华人民共和国水土保持法实施条例》(国务院第 120 号令，1993 年 8 月)。

(3)《中华人民共和国防洪法》(国务院 1997 年 8 月)。

(4)《中华人民共和国河道管理条例》(国务院 1988 年 6 月)。

(5)《广东省实施〈中华人民共和国水土保持法〉办法》(广东省人大常委会，1993 年 9 月)。

(6)《水利水电工程等级划分及洪水标准》(SL 252—2000)。

(7)《开发建设项目水土保持技术规范》(GB 50433—2008)。

(8)《开发建设项目水土流失防治标准》(GB 50434—2008)。

(9)《土壤侵蚀分类分级标准》(SL 190—2007)。

(10)《水土保持监测技术规程》(SL 277—2002)。

(11)《水土保持工程设计概(估)算编制规定》(水利部水总 [2003] 67 号文)。

(12)《关于开发建设项目水土保持咨询服务费用计列的指导意见》(水利部、保监 [2005] 22 号函)。

(13)《广东省水土保持补偿费征收和使用管理暂行规定》(广东省人民政府 1995 年 11 月 13 日发布)。

(14)《划分国家级水土流失重点防治区的公告》(水利部 [2006] 2 号)。

(15)《关于划分水土流失重点防治区的公告》(粤政发 [2000] 47 号)。

24.2 项目区水土保持现状

根据广东省第二次土壤侵蚀遥感调查成果，番禺区总侵蚀面积为 1451.31hm²，其中自然侵蚀为 630.90hm²，人为侵蚀为 820.41hm²。区内自然水土流失主要分布在境内北部和东部地势较高、肥力较差的农田区；人为水土流失主要分布在石料丰富的南沙、黄阁地区和建设项目开发量较大的大石、钟村、南村、市桥等开发区。

依据广东省人民政府水土流失"三区"划分公告，项目建设区属于重点监督区。根据《土壤侵蚀分类分级标准》(SL 190—2007)，项目区属于南方红壤丘陵区，该区土壤允许流失量为 500t/(km²·a)。

项目区地貌属于珠江三角洲冲积平原，地势低平，四面环水，在外营力的作用下，水土流失主要为水力侵蚀，侵蚀类型以面蚀为主。由于区域气候适宜，植被覆盖度高，水土流失轻微，土壤侵蚀模数约为600t/(km²·a)左右，属于轻度侵蚀。随着的区域的产业结构、经济结构的调整，项目区的经济林、果林、苗圃、花卉、药材等经济作物种植面积逐年增加，起到了很好的水土保持作用，使区域生态环境得到明显改善，进一步促进和推动了水土保持建设。

24.3　工程占地及土石方平衡

清流滘涌整治工程占地面积1.11hm²，其中永久占地0.38hm²，临时占地0.73hm²。永久占地为主体工程占地，临时占地包括施工道路占地0.56hm²、施工管理及生活设施区占地0.17hm²。

工程建设占地情况见表24.3-1。

表24.3-1　　　　　　　　清流滘涌整治工程建设占地情况表　　　　　　　单位：hm²

占地性质	工程分类	面积	耕地	园地	塘地	建设用地
永久占地	主体工程	0.38	0.30	0.01	0.05	0.03
	小计	0.38	0.30	0.01	0.05	0.03
临时占地	施工管理及生活设施区	0.17	0.17			
	施工道路	0.56	0.56			
	小计	0.73	0.73			
合计		1.11	1.03	0.01	0.05	0.03

主体工程清基及土方开挖总量约3.1万m³，其中清淤1.0万m³，总填筑量1.7万m³。经平衡计算，可利用量约0.3万m³，总弃渣量约3.9万m³，其中弃淤泥1.0万m³。填筑料采取开挖利用和外购的方式，土石方平衡最大限度地利用开挖土料，减少外购土料量及弃渣场占地和工程投资。由于工程建设区的特殊性，无弃渣条件。同时也不考虑另外征用弃渣场。全部渣土、淤泥等均运往业主指定的位置弃置。

24.4　水土流失预测

24.4.1　预测时段

根据工程施工特点，项目区水土流失主要发生在工程建设期和自然恢复期，因此，水土流失预测时段相应划分为工程建设期和自然恢复期两个预测时段。由于该工程施工简单，施工准备期很短，建设期包括施工准备期和非常工况，工程施工结束后即进入自然恢复期。

建设期：根据主体工程设计，主体工程施工期约8.5个月，因此，建设期水土流失预测时段确定为1年。

自然恢复期：施工结束后，植被恢复措施逐渐发挥作用，表层土体结构逐渐稳定，水土流失亦逐渐减少，经过一段时间恢复可达到新的稳定状态。根据广东惠州东江水利枢纽工程监测资料及结合当地自然因素分析确定，施工结束一年后项目区的植被能够逐渐恢复至原来状态。因此，自然恢复期水土流失预测时段为1年。

24.4.2 预测内容

根据《开发建设项目水土保持方案技术规范》（GB 50433—2008）的规定，结合该工程项目的特点，水土流失分析预测的主要内容有：①扰动原地貌和破坏植被面积预测；②可能产生的弃渣量预测；③损坏和占压的水土保持设施数量预测；④可能造成的水土流失量预测；⑤可能造成的水土流失危害预测。

24.4.3 扰动原地貌破坏植被面积

根据主体工程设计，结合项目区实地踏勘，对工程施工过程中占压土地的情况、破坏林草植被的程度和面积进行测算和统计得出：本工程建设扰动地表总面积 1.11hm^2，其中耕地 1.03hm^2、园地 0.01hm^2、塘地 0.05hm^2、建设用地 0.03hm^2。

24.4.4 弃土弃渣量

工程弃土弃渣量的预测主要采用分析主体工程施工组织设计的土石方开挖量、填筑量、土石方调配、挖填平衡及水土保持专业的分析等，以充分利用开挖土石方为原则。本工程弃土弃渣主要来源于清基清淤、基础开挖料等，产生弃渣约 4.88 万 m^3，其中土方及清淤 3.13 万 m^3，石方 0.75 万 m^3。均运往业主指定位置弃置。

清流滘涌整治工程清基及土方开挖总量约 3.13 万 m^3，其中清淤 1.0 万 m^3，总填筑量 1.72 万 m^3。经平衡计算，可利用土方量约 0.33 万 m^3，总弃渣量约 3.9 万 m^3，其中弃淤泥 1.0 万 m^3，土石方平衡见表 24.4-1。

表 24.4-1 **土 石 方 平 衡 表** 单位：万 m^3

名　　称	开　挖	填　筑	利　用	借　方	弃　渣
土方及清淤	3.13	1.72	0.33	1.68	3.90
石方	0.75	1.13		1.13	0.75

24.4.5 损坏水土保持设施面积

损坏和占压水土保持设施预测是在主体工程对项目区进行土地类型调查的基础上，结合水土保持调查，分别确定工程建设损坏各类水土保持设施量。据调查，本工程损坏水土保持设施量为塘地 0.05hm^2。

24.4.6 可能造成的水土流失量

可能造成水土流失量的预测以资料调查法和经验公式法进行分析预测为主。经验公式法所采用的参数通过与本工程地形地貌、气候条件、工程性质相似的工程项目类比分析中取得，其计算公式为：

$$W = \sum_{i=1}^{n} (F_i \times M_i \times T_i)$$

式中　W——施工期、自然恢复期扰动地表所造成的总水土流失量，t；

　　　F_i——各个预测时段各区域的面积，km^2；

　　　M_i——各预测时段各区域的土壤侵蚀模数，$t/(\text{km}^2 \cdot a)$；

　　　T_i——各预测时段各区域的预测年限，a；

　　　n——水土流失预测的区域个数。

根据广东省第二次土壤侵蚀遥感调查成果，区域水土流失侵蚀类型主要以水力侵蚀为主，属于轻度水力侵蚀，侵蚀模数背景值平均为 600t/(km^2·a) 左右。

工程扰动后的建设期土壤侵蚀模数和自然恢复期土壤侵蚀模数的确定，采取类比工程和实地调查相结合的方法，选择广东惠州东江水利枢纽工程作为类比工程，其类比工程的地形、地貌、土壤、植被、降水等主要影响因子与本工程相似，具有可比性。

通过经验公式预测，工程建设可能产生的水土流失总量为 107t，扣除背景值流失量 15t，施工期和自然恢复期预测新增水土流失量 92t。预测水土流失量汇总见表 24.4-2。

表 24.4-2　　　　　　　　　　　预测水土流失量汇总表　　　　　　　　　　单位：t

水土流失防治区	背景流失量	预测水土流失量		水土流失总量	新增水流失量
		施工建设期	自然恢复期		
主体工程	5	27	2	34	30
施工导流明渠	2	10	1	13	11
施工道路	7	40	6	53	46
施工管理及生活设施	2	5	1	8	6
合计	15	82	11	107	92

24.4.7　水土流失危害预测

工程建设过程中不同程度的扰动破坏了原地貌、植被，降低了水土保持功能，加剧了土壤侵蚀，对原本趋于平衡的生态环境造成了不同程度破坏，如果不采取有效的水土保持防治措施，将对区域土地生产力、生态环境、水土资源利用、防洪（潮）工程等造成不同程度的危害。

24.5　水土流失防治方案

24.5.1　防治原则

贯彻"预防为主，全面规划，综合防治，因地制宜，加强管理，注重效益"的水土保持工作方针，体现"谁造成水土流失，谁负责治理"的原则。同时，依据国家有关法规和技术规范，结合工程建设特点、水土流失状况拟定相应的防治措施，使水土保持工程与主体工程"同时设计、同时施工、同时投产使用"，及时、有效地控制工程建设过程中的水土流失，恢复和改善项目区生态环境。

24.5.2　防治目标

项目区位于广东省境内的重点监督区，根据工程建设规模，结合项目区水土保持生态环境治理情况，本项目参照开发建设项目水土流失Ⅰ级防治标准，即通过水土保持本方案的实施，方案设计水平年拟达到以下六项指标。具体防治目标见表 24.5-1。

表 24.5-1　.　　　　　　　　　水土流失防治目标表

指标 时段	扰动土地治理率/%	水土流失总治理度/%	水土流失控制比	拦渣率/%	林草植被恢复率/%	林草覆盖率/%
设计水平年	95	95	0.8	95	97	25

24.5.3 防治责任范围

根据"谁开发、谁保护、谁造成水土流失、谁负责治理"的原则，凡在建设过程中造成水土流失的，都必须采取措施进行治理。依据《开发建设项目水土保持技术规范》（GB/T 50433—2008）的规定，工程水土流失防治责任范围包括项目建设区和直接影响区。

（1）项目建设区。项目建设区范围包括建（构）筑物占地和施工临时占地，面积1.11hm²，其中永久占地0.38hm²，临时占地0.73hm²。

（2）直接影响区。直接影响区是指工程施工期间对未征、租用土地造成水土流失影响的区域。本项目直接影响区范围根据工程施工对堤围两侧的影响，确定堤围两侧征地范围以外2m内为直接影响区。

因此，本工程水土流失防治责任范围面积1.15hm²，其中项目建设区面积1.11hm²，直接影响区面积0.03hm²。项目建设水土流失防治责任范围见表24.5-2。

表24.5-2 项目建设水土流失防治责任范围表 单位：hm²

项　　目	项 目 建 设 区			直接影响区	合计
	永久占地	临时占地	小计		
主体工程	0.38		0.38	0.01	0.40
施工管理及生活区		0.17	0.17	0.01	0.18
施工道路		0.56	0.56	0.02	0.58
合计	0.38	0.73	1.11	0.03	1.15

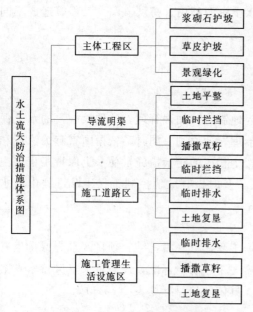

图24.5-1 水土流失防治措施体系图

24.5.4 防治分区及防治措施

根据项目区地形地貌特点和工程类型及功能划分为三个分区，即主体工程区、施工管理及生活区、施工道路区。弃土弃渣由临时码头转运至指定的弃渣场弃置，由业主负责另行设计防护。

通过对主体工程设计的分析，主体工程中具有水土保持功能的措施基本能够满足水保要求，为避免重复设计和重复投资，本方案根据主体工程施工情况，有针对性的新增土地复垦、临时排水沟、临时拦挡、绿化等水土保持措施，水土流失防治措施体系见图24.5-1。

24.6 水土保持措施设计

24.6.1 工程措施

（1）人工平整。采用人工平整方式对导流明渠开挖的临时堆放土方进行整治。开挖土方堆放高度1.5m，堆宽20m，边坡比1：1。工程量见表24.6-1。

248

（2）土地复垦措施。施工区临时占用耕地在施工完成后采用推土机平整至顶面坡度小于5°，然后进行翻耕施肥，恢复耕作功能。

24.6.2 植物措施

（1）施工管理及生活设施区：区域空闲地撒播草籽临时绿化，绿化面积按10%计算，按65kg/hm²撒播，草籽选用紫花苜蓿。

（2）施工结束，对施工道路区撒播草籽进行植被恢复，防止表层裸露风化侵蚀，造成水土流失。撒播草籽选用紫花苜蓿或狗芽根。

24.6.3 临时措施

（1）临时排水沟。施工道路区、施工管理及生活设施区设置纵向排水沟。排水沟与周边沟渠相结合，对路面汇水进行疏导，防止道路两侧地面的侵蚀。排水沟采用土沟形式、内壁夯实，断面采用梯形断面，断面底宽0.40m，沟深0.40m，边坡比1：1。施工结束临时排水沟回填平整进行复耕。临时排水沟设计见图24.6-1。

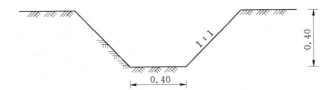

图24.6-1 临时排水沟设计图（单位：m）

（2）临时拦挡。施工道路区中设置0.46hm²的表土临时堆放区，导流明渠开挖地带设置0.02hm²的表土临时堆放区，为防止和减小降雨和径流造成的水土流失，对临时堆存的剥离表土采取临时拦挡措施。临时拦挡措施采用填筑袋装土布设在表土的四周，袋装土土源直接取用临时堆存表土，袋装土按照三层摆放，为保证稳定，底层袋装土应垂直堆土堆料放置，单个装填土袋长0.8cm、宽0.5cm、高0.25cm。

24.6.4 水土保持措施工程量

工程新增水土保持措施主要包括土地复垦、撒播草籽、临时排水沟、临时拦挡等。具体工程量见表24.6-1。

表24.6-1 新增水土保持措施工程量汇总

序号	措 施 类 型	单位	导流明渠临时堆土	管理施工生活设施区	施工道路区	合计
一	工程措施					
1	土地复垦	hm²	0	0.17	0.56	0.73
2	人工场地平整	m³	2100			2100
二	植物措施					
1	撒播草籽草	hm²	0.14	0.17	0.56	0.87
三	临时措施					
1	排水沟	m³		65	634	699
2	临时拦挡	m³	30		155	184

24.7 水土保持监测

根据《水土保持监测技术规程》（SL 227—2002）的要求，该项目水土保持监测主要是对工程施工中水土流失量及可能造成的水土流失危害进行监测；方案实施后主要监测各类防治措施的水土保持效益。

24.7.1 监测时段与频率

水土保持监测时段主要为工程建设期。工程建设期内雨季 4—9 月，2 月监测 1 次，非雨季每 6 个月监测 1 次；24h 降雨量不小于 50mm 增加监测次数。

24.7.2 监测内容

水土保持监测的具体内容要结合水土流失 6 项防治目标和各个水土流失防治区的特点，主要对施工期内造成的水土流失量及水土流失危害和运行期内水土保持措施效益进行监测。主要监测内容如下：

（1）项目区土壤侵蚀环境因子状况监测，内容包括：影响土壤侵蚀的地形、地貌、土壤、植被、气象、水文等自然因子及工程建设对这些因子的影响；工程建设对土地的扰动面积，挖方、填方数量及面积，弃土、弃石、弃渣量及堆放面积等。

（2）项目区水土流失状况监测，内容包括：项目区土壤侵蚀的形式、面积、分布、土壤流失量和水土流失强度变化情况，以及对周边地区生态环境的影响，造成的危害情况等。

（3）项目区水土保持防治措施执行情况监测，主要是监测项目区各项水土保持防治措施实施的进度、数量、规模及其分布状况。

（4）项目区水土保持防治效果监测，重点是监测项目区采取水保措施后是否达到了开发建设项目水土流失防治标准的要求。监测的内容主要包括水土保持工程措施的稳定性、完好程度和运行情况；水土保持生物措施的成活率、保存率、生长情况和覆盖度；各项防治措施的拦渣、保土效益等。

为了给项目验收提供直接的数据支持和依据，监测结果应把项目区扰动土地治理率、水土流失治理度、土壤流失控制比、拦渣率、植被恢复系数和林草植被覆盖率等衡量水土流失防治效果的指标反映清楚。

24.7.3 监测点布设及监测方法

根据本工程可能造成水土流失的特点及水土流失防治措施，初步拟定 1 个监测点，监测方法采取巡测。

24.8 水土保持投资概算

24.8.1 编制原则

水土保持投资估算按照现行部委颁布的有关水利工程概算的编制办法、费用构成及计算标准，并结合工程建设的实际情况进行编制。主要材料价格及建筑工程单价与主体工程一致，水土保持补偿费按照广东省相关规定计算，人工费按六类地区计算。

24.8.2 编制依据

（1）《开发建设项目水土保持工程概（估）算编制规定》（水利部水总［2003］67

号）。

(2)《开发建设项目水土保持工程概算定额》(水利部水总［2003］67号)。

(3)《关于开发建设项目水土保持咨询服务费用计列的指导意见》(水保监［2005］22号)。

(4)《工程勘察设计收费管理规定》(国家计委、建设部计价格［2002］10号文)。

(5)《建设工程监理与相关服务收费管理规定》(发改办价格［2007］670号)。

24.8.3 费用构成

根据《开发建设项目水土保持工程概（估）算编制规定》和《关于开发建设项目水土保持咨询服务费用计列的指导意见》,水土保持方案投资估算费用构成为:①工程费(工程措施、植物措施、临时工程);②独立费用;③基本预备费;④水土保持设施补偿费组成。

其中独立费用包括建设管理费、工程建设监理费、勘测设计费、水土保持监测费和水土保持设施竣工验收费。

(1)建设管理费。按工程措施投资、植物措施投资和临时工程投资三部分之和的2%计算。

(2)工程建设监理费。工程建设监理费按照监理工程师8万元/(人·年)计算。本工程设计安排1个监理工程师,监理期为1.5年。

(3)勘测设计费。勘测设计费参照《工程勘察设计收费管理规定》(国家计委、建设部计价格［2002］10号文)计取。

(4)水土保持监测费。水土保持监测费按每人每年8万元计算。本工程设计安排1人监测,监测期为1.5年。

(5)水土保持设施竣工验收费。根据《关于开发建设项目水土保持咨询服务费用计列的指导意见》结合工程实际情况计取。

(6)基本预备费按表24.8-1中的第一至第四部分之和的3%计算。

24.8.4 概算结果

本工程新增水土保持设计总投资为55.98万元,其中工程措施费3.22万元,植物措施费0.44万元,临时工程措施费1.56万元,独立费用49.10万元,基本预备费1.63万元,水土保持设施补偿费0.02万元。

广州番禺清流滘涌整治水土保持投资概算见表24.8-1。

表24.8-1　　　　　　广州番禺清流滘涌整治水土保持投资概算表　　　　　　单位:万元

序号	工程和费用名称	单位	工程量	工程单价	投资
第一部分	工程措施				3.22
1	场地整治				0.25
	导流明渠临时堆土	m³	2100	1.17	0.25
2	土地复垦				2.98
	管理施工生活设施区	hm²	0.17	4.08	0.69
	施工道路区	hm²	0.56	4.08	2.28

251

序号	工程和费用名称	单位	工程量	工程单价	投资
第二部分	植物措施				0.44
1	导流明渠临时堆土撒播	hm²	0.14	0.02	0.002
	草籽	kg	9.10	60.00	0.05
2	施工导流明渠区	hm²	0.00	0.02	0.00
	草籽	kg	0.00	60.00	0.00
3	管理施工生活设施区	hm²	0.17	0.79	0.13
	草籽	kg	3.65	60.00	0.02
4	施工道路区	hm²	0.56	0.02	0.01
	草籽	kg	36.40	60.00	0.22
第三部分	临时工程				1.56
1	排水沟	万 m³	0.07	4.01	0.28
2	临时拦挡	m³	184.28	65.53	1.21
3	其他临时工程	%	3.66	2.00	0.07
第一至第三部分总和					5.23
第四部分	独立费用				49.10
1	建设管理费	%		2	0.10
2	工程建设监理费				12.00
3	勘测设计费				15.00
4	水土保持监测费				12.00
5	水土保持设施竣工验收费				10.00
第一至第四部分合计					54.33
第五部分	基本预备费	%		3	1.63
第六部分	水土保持设施补偿费				0.02
总投资					55.98

24.8.5 效益分析

水土保持各项措施的实施，可以预防或治理开发建设项目因工程建设造成的水土流失，这对于改善当地生态经济环境，保障防洪（潮）排涝工程安全运营都具有极其重要的意义。水土保持各项措施实施后的效益，主要表现为生态效益、社会效益和经济效益。

24.9 实施保证措施

为贯彻落实《中华人民共和国水土保持法》，建设单位应切实做好水保工程的招投标工作，落实工程的设计、施工、监理、监测工作，要求各项任务的承担单位具有相应的专业资质，尤其要注意在合同中明确承包商的水土流失防治责任，并依法成立方案实施组织领导小组，联合水行政主管部门做好水土保持工程的竣工验收工作。

　　水土保持工作实施过程中各有关单位应切实做好技术档案管理工作，严格按照国家档案法的有关规定执行。水土保持设施所需费用，应从主体工程总投资中列支，并与主体工程资金同时调拨。建设单位应按照水土保持工程分年投资计划将资金落实到位，并做到专款专用，严格控制资金的管理与使用，确保水土保持措施保质保量按期完成。

25 清流滘涌环境保护设计

25.1 设计依据

25.1.1 法律法规和技术文本

(1)《中华人民共和国环境保护法》(1989 年 12 月)。

(2)《中华人民共和国水土保持法》(1991 年 6 月)。

(3)《中华人民共和国水污染防治法》(2008 年 6 月 1 日)。

(4)《中华人民共和国大气污染防治法》(2000 年 4 月)。

(5)《中华人民共和国固体废物污染环境防治法》(1995 年 10 月)。

(6)《中华人民共和国环境噪声污染防治法》(1996 年 10 月)。

(7)《中华人民共和国土地管理法》(1998 年 8 月)。

(8)《建设项目环境保护设计规定》(1987 年 3 月)。

(9)《建设项目环境保护管理条例》(1998 年 11 月)。

(10)《水利水电工程初步设计报告编制规程》(DL 5021—93)。

(11)《广东省建设项目环境保护管理条例》(1994 年 9 月)。

(12)《广东省珠江三角洲水质保护条例》(1999 年 1 月)。

(13)《广东省实施〈中华人民共和国环境噪声污染防治法〉办法》(1997 年 12 月)。

(14)《广东省环境保护条例》(2005 年 1 月)。

(15)《广东省固体废物污染环境防治条例》(草案修改稿)(2004 年 5 月)。

(16)《广州市环境保护条例》(1997 年 9 月)。

(17)《广州市环境噪声污染防治规定》(2001 年 10 月)。

(18)《广州市水环境功能区区划》(1993 年 6 月)。

(19)《广州市固体废物污染防治规定》(2001 年 6 月)。

(20)《水电水利工程环境保护设计规范》(DL/T 5402—2007)。

25.1.2 设计原则

环境保护设计应针对工程建设对环境的不利影响，进行系统分析，将工程开发建设和地方环境规划目标结合起来，进行环境保护措施设计，力求项目区工程建设、社会、经济与环境保护协调发展。为此，环境保护设计遵循以下原则：

(1)预防为主、以管促治、防治结合、因地制宜、综合治理的原则。

(2)各类污染源治理，经控制处理后相关指标达到国家规定的相应标准。

(3)减轻施工活动对环境的不利影响，力求施工结束后项目区环境质量状况较施工前有所改善。

(4) 环境保护措施设计切合项目区实际，力求做到：技术上可行，经济上合理，并具有较强的可操作性。

25.1.3　设计标准

　　(1)《生活饮用水卫生标准》(GB 5749—2006)。

　　(2)《地表水环境质量标准》(GB 3838—2002)优于Ⅴ类标准。

　　(3)《污水综合排放标准》(GB 8978—1996)二级排放标准。

　　(4)《环境空气质量标准》(GB 3095—1996)二级标准。

　　(5)《声环境质量标准》(GB 3096—2008)2类标准。

　　(6)《建筑施工场界噪声限值》(GB 12523—90)。

25.1.4　环境保护目标及环境敏感点

　　工程的环境保护目标为：

　　(1) 生态环境：项目区生态系统功能、结构不受到影响。

　　(2) 下游水体不因工程修建而使其功能发生改变。

　　(3) 最大程度减轻施工区废水、废气、固废和噪声对环境敏感点的影响。

　　(4) 施工技术人员及工人的健康得到保护。

　　本工程主要的环境敏感点：清流村是主要的声环境和大气环境敏感点。

25.1.5　环境影响分析

　　(1) 有利影响。工程对河道进行清淤、对河岸进行整治有利于改善河涌两岸人民的生活环境，提高防洪排涝能力，对当地经济、社会发展有积极的作用。

　　(2) 主要不利影响。

　　1) 生态环境影响。本工程共占压土地18.08亩，临时占地12.31亩，均为耕地；永久占地5.77亩，其中占用耕地4.44亩，鱼塘0.74亩，苗圃0.24亩，甘蔗园0.19亩，住宅用地0.40亩。工程施工开始后，工程永久占地和临时占地上的植被将被铲除。工程区均为人工植被，没有原生植被，因此施工仅造成少量的生物量损失，对陆生生态系统影响不大。

　　对浮游生物的影响：清淤中将影响浮游植物的光合作用，使浮游植物的种类和生物量减少。而以浮游植物为食的浮游动物也相应地减少，水生生态系统初级生产力明显下降。但这种影响是暂时的，工程结束后藻类的密度和种类将很快恢复。

　　对底栖生物的影响：清淤活动将对河道底栖生物造成较大影响。清淤后新的底栖生态系统建立前，整个河道生态系统比较脆弱，很容易引发水华等情况。

　　对鱼类影响：清淤后河道内浮游生物量减少，底栖生物数量急剧下降，将导致河道内以浮游生物和底栖生物为饵料的鱼类受到明显影响；施工结束后，随着浮游生物和底栖生物的种类、密度的恢复，鱼类种类和数量可逐步得到恢复，加之工程区未发现鱼类"三场"分布，未发现珍稀鱼类和其他保护物种，工程建设对鱼类影响较小。工程对鱼类的影响是暂时的、可逆的。

　　2) 水环境影响。工程采用商品混凝土，不产生混凝土废水。施工期间的废污水主要是施工人员生活污水和机械车辆冲洗废水。

　　生活污水主要来自施工人员的日常生活产生的污水，经过处理后达标排放对清流涌涌水环境影响不大。

机械车辆冲洗废水中 SS 和石油类物质含量较高，直接排放会对水环境造成一定不利影响，但经过隔油和沉淀处理后排放，对水环境影响较小。

3）环境空气影响。施工期间大气污染物主要是施工机械、车辆排放的 CO、NO_x、SO_2 及碳氢化合物以及车辆运输产生的扬尘，交通道路穿过清流村，施工期间交通运输产生的扬尘将对周围居民带来一定影响。

4）噪声环境影响。交通道路穿过清流村，施工活动产生的噪声将对生活区内的人员造成一定的影响。通过有效的环保措施，不利影响可以得到消减。

5）固体废物影响。工程固体废物有生产弃渣和施工人员生活垃圾。生产弃渣按施工设计定点堆放，生活垃圾及时清运，采取这些措施后，固体废物对环境影响很小。

6）占地影响。工程共占压土地 18.08 亩，临时占地 12.31 亩，均为耕地；永久占地 5.77 亩。占地将由建设单位给予补偿，当地政府进行土地调整，保证占地影响人口的生活水平不会降低。

7）人群健康。施工区气候湿热，易孳生蚊虫。在施工期间，由于施工人员相对集中，居住条件较差，易引起传染病的流行。施工期间易引起的传染病有：流行性出血热、疟疾、流行性乙型脑炎、痢疾和肝炎等。应加强卫生防疫工作，保证施工人员的健康。

（3）综合分析。清流溹涌整治工程对环境的不利影响主要集中在施工期。施工活动对施工区生态、水、大气、声环境将产生一定的不利影响；工程建设对改善清流溹涌两岸人民生活环境、提高防洪排涝能力、保证周围居民生命财产安全有积极的作用。

工程建设对环境的影响是利弊兼有，且利大于弊。工程产生的不利影响可以通过采取措施进行减缓。从环境保护角度出发，没有制约工程建设的环境问题，工程建设是可行的。

25.2 环境保护设计

25.2.1 水污染控制

施工人员产生的生活污水中含有的主要污染物为 BOD_5、COD、N、P 等，由于施工区无污水排放管网和设施，施工及管理人员生活污水须经过处理，达标后方能排入清流溹涌。工程施工区高峰期人数为 200 人，按高峰期用水量每人每天 $0.12m^3$ 计，废水排放率以 80％计，每天产生生活污水约 $19.2m^3$，在施工区设置环保厕所，粪便采用无害化肥田处理方式，生活污水采用 WSZ - AO 生活污水处理一体化装置进行处理。

本工程采用商品混凝土，基本不产生混凝土废水。

生产废水主要是机械车辆冲洗废水，废水中 SS 和石油类浓度较高，需要经隔油、沉淀处理方能排放。在施工机械停放场周围布置集水沟，并在适当的地方设沉沙滤油池，隔油板前设置塑料小球作为过滤材料，冲洗废水经集水沟收集进入沉沙滤油池处理，处理后回用。机械车辆冲洗废水处理流程及收集系统见图 25.2 - 1。

25.2.2 大气环境保护

（1）交通道路要经常洒水，无雨天要求每天洒水不少于 4 次。洒水路段长 2km，用 2.5t 洒水车进行洒水，按照时速 15km/h、每月洒水天数 25d 计算，总计需要约 283 个

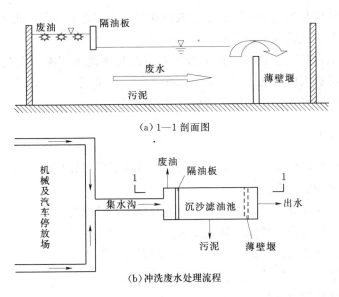

（a）1—1 剖面图

（b）冲洗废水处理流程

图 25.2-1　机械车辆冲洗废水处理流程及收集系统示意图

台时。

（2）进场设备尾气排放必须符合环保标准。

（3）运输物料和弃渣的车辆要做好铺盖，防止物料和弃渣洒落在道路上形成扬尘。

25.2.3　噪声控制

（1）在临近居民区的施工道路两侧设置临时隔声屏障，高 2m，长 2000m。

（2）合理进行场地布置，使高噪声场区远离居民区。

（3）临近居民区的施工场地应合理安排工作时间，禁止夜间和午休时间作业。

（4）在高噪音环境下作业的施工人员实行轮班制，控制作业时间，并配备耳塞等劳保用品。

25.2.4　生态环境保护措施

（1）在营区和施工区设置生态保护警示牌和环境保护宣传栏，在施工人员中加强生态保护宣传教育工作。

（2）施工结束后向河涌内投放螺类、河蚬等底栖生物，加速底栖动物种群的恢复。

（3）加强施工期间的环境管理，合理安排施工用地，尽可能少的破坏土壤环境，防止碾压和破坏施工范围之外的植被，减少人为因素对植被的破坏。

（4）工程完工后，对临时施工场地及时平整，恢复植被。

25.2.5　固体废弃物处置

固体废弃物主要包括工程产生的弃渣和施工人员产生的生活垃圾。

生活垃圾的处理处置：施工期高峰人数 200 人，按照每人每天产生 1kg 生活垃圾计算，每天最多产生生活垃圾 0.2t，总工日 5.0 万个，约产生生活垃圾 50t。在施工区域放置垃圾桶，并对垃圾进行集中收集，运往番禺区垃圾处理场进行处理。

25.2.6　人群健康保护

（1）组织对营区进行灭蚊蝇和灭鼠活动。

（2）施工单位应与当地卫生医疗部门取得联系，由当地卫生部门负责施工人员的医疗保健和急救及意外事故的现场急救与治疗。

（3）为保证工程的顺利进行，保障施工人员的身体健康，施工人员进场前应进行体检，传染病人不得进入施工区。

（4）施工现场应设置环保厕所，粪便应及时清理。

25.3 环境管理

工程的环境保护措施能否真正得到落实，关键在于环境管理规划的制定和实施。

25.3.1 环境管理目标

根据有关的环保法规及工程的特点，环境管理的总目标为：

（1）确保本工程符合环境保护法规要求。

（2）以适当的环境保护措施充分发挥本工程潜在的效益。

（3）实现工程建设的环境、社会与经济效益的统一。

25.3.2 环境管理机构及其职责

25.3.2.1 环境管理机构设置

工程建设管理单位配环境管理工作人员，安排专业环保人员负责施工中的环境管理工作。为保证各项措施有效实施，环境管理工作人员应在工程筹建期设置。

25.3.2.2 环境管理工作人员职责

（1）贯彻国家及有关部门的环保方针、政策、法规、条例，对工程施工过程中各项环保措施执行情况进行监督检查。结合本工程特点，制定施工区环境管理办法，并指导、监督实施。

（2）做好施工期各种突发性污染事故的预防工作，准备好应急处理措施。

（3）协调处理工程建设与当地群众的环境纠纷。

（4）加强对施工人员的环保宣传教育，增强其环保意识。

（5）定期编制环境简报，及时公布环境保护和环境状况的最新动态，搞好环境保护宣传工作。

25.3.3 环境监理

为防止施工活动造成环境污染，保障施工人员的身体健康，保证工程顺利进行，聘一名环境监理工程师开展施工区环境监理工作。环境监理工程师职责如下：

（1）按照国家有关环保法规和工程的环保规定，统一管理施工区环境保护工作。

（2）监督承包人环保合同条款的执行情况，并负责解释环保条款。对重大环境问题提出处理意见和报告，并责成有关单位限期纠正。

（3）发现并掌握工程施工中的环境问题。对某些环境指标，下达监测指令。对监测结果进行分析研究，并提出环境保护改善方案。

（4）协调业主和承包人之间的关系，处理合同中有关环保部分的违约事件。

（5）每日对现场出现的环境问题及处理结果进行记录，每月提交月报表，并根据积累的有关资料整理环境监理档案。

25.4 环境监测

为及时了解和掌握工程建设的环境污染情况，需开展相应的环境监测工作，以便及时采取相应的保护措施。针对本项目特点，环境监测主要进行水是环境、大气环境、声环境的监测。

（1）废污水监测。

监测断面布设：营地的生活污水排放口。

监测内容为：生活污水监测悬浮物、BOD_5、COD_3 项。

监测频率：每季度监测 1 次，共 3 次。

（2）地表水监测。

断面布设：0+400 断面和 0+1000 断面各 1 个

监测项目：SS、BOD_5、COD_{Cr}、DO、总磷、总氮 6 项。

监测频率：每季度监测 1 次，共 3 次。

（3）声环境监测。噪声监测点设置在清流村，每季度监测 1 次，共 3 次。

（4）大气监测。监测布点和频率可与噪声相同，监测项目 NO_2、TSP。

25.5 环境保护投资概算

25.5.1 环境保护概算编制依据

（1）国家及行业主管部门和省（自治区、直辖市）主管部门发布的有关法律、法规及技术标准；

（2）水利水电工程环境保护设计概（估）算编制规程；

（3）根据水利水电工程特点，应依据的其他规定。

25.5.2 环境保护投资概算

本工程的环境保护投资包括环境监测费、环境保护临时措施、独立费用、基本预备费，工程环境保护投资为 46.12 万元，其中环境监测费 5.25 万元，仪器安装 20.00 万元，环境保护临时措施 4.86 万元，独立费用 13.4 万元，基本预备费 2.61 万元，见表25.5-1~表 25.5-5。

表 25.5-1　　　　　　清流滘涌整治工程环境保护投资概算表　　　　单位：万元

工程和费用名称	建筑工程费	植物工程费	仪器设备及安装费	非工程措施费	独立费用	合计
第一部分　环境保护措施						
第二部分　环境监测				5.25		5.25
一、水质监测				3.15		3.15
二、环境空气监测				1.65		1.65
三、噪声监测				0.45		0.45
第三部分　仪器设备			20.00			20.00
一、污水处理			6.00			6.00

工程和费用名称	建筑工程费	植物工程费	仪器设备及安装费	非工程措施费	独立费用	合计
二、噪声控制			14.00			14.00
第四部分 环境保护临时措施	2.00			2.86		4.86
一、废污水处理	2.00					2.00
二、扬尘控制				1.56		1.56
三、噪声控制						0.00
四、生活垃圾处理				0.58		0.58
五、人群健康保护				0.50		0.50
六、生态环境保护				0.22		0.22
第五部分 独立费用					13.40	13.40
一、建设管理费					5.00	5.00
二、环境监理费					5.40	5.40
三、科研勘测设计咨询费					3.00	3.00
第一至第五部分合计						43.51
基本预备费						2.61
环境保护总投资						46.12

表 25.5－2　　　　　清流滘涌整治工程环境监测投资概算表

序号	工程或费用名称	数量	单价/元	合计/万元	说　明
一	水质监测			3.15	
1	地表水监测	6	3500	2.10	每季度监测1次
2	施工期污水监测	3	3500	1.05	每季度监测1次
二	环境空气监测	3	5500	1.65	每季度监测1次
三	噪声监测	3	1500	0.45	每季度监测1次
	合　计			5.25	

表 25.5－3　　　　　清流滘涌整治工程环境保护仪器设备及安装表

序号	工程或费用名称	单位	数量	单价/元	合计/万元	说　明
1	污水处理				6.00	
	一体化生活污水处理装置	个	1	60000	6.00	
2	噪声防治				14.00	
	临时隔声屏障	段	28	5000	14.00	每段50m长，高2m
	合　计				20.00	

表 25.5-4　　　　　清流滘涌整治工程环境保护临时措施投资概算表

序号	工程或费用名称	单位	数量	单价/元	合计/万元	说　明
一	废污水处理				2.00	
1	环保厕所	个	2	5000	1.00	施工区和生活区各设置一个
2	沉沙滤油池	个	1	10000	1.00	
二	扬尘控制				1.56	
	施工场地、道路洒水	台·时	283	55	1.56	
三	固体废物处理				0.58	
1	垃圾箱	个	4	200	0.08	
2	生活垃圾处理费	t	50	100	0.50	
四	人群健康保护				0.50	
1	灭蚊蝇、灭鼠	处	1	1000	0.10	
2	施工人员体检	人	40	100	0.40	施工人员的20%
五	生态环境保护				0.22	
1	警示牌、宣传栏	个	1	200	0.02	
2	投放螺类、河蚬	次	1	2000	0.20	
	合计				4.86	

表 25.5-5　　　　　清流滘涌整治工程环境保护独立费用投资概算表

序号	工程费用	单位	数量	单价/元	合计/万元
一	建设管理费				5.00
1	环境管理经常费				2.00
2	环境保护设施竣工验收费				1.00
3	环境保护宣传费				2.00
二	环境监理费	人·月	9	6000	5.40
三	科研勘测设计咨询费				3.00
	环境保护勘测设计费				3.00
	合计				13.40

26 清流滘涌工程管理

26.1 编制依据

(1)《堤防工程管理设计规范》(SL 171—96)。

(2)《水利工程管理单位定岗标准》。

(3)《堤防工程设计规范》(GB 50286—98)。

(4)《广东省海堤工程设计导则》(试行)等。

26.2 工程概况

本工程位于广州市番禺区,番禺区位于广州市南部、珠江三角洲腹地,东临狮子洋,与东莞市隔江相望;西及西南以陈村水道和洪奇沥为界,与佛山市南海区、顺德区及中山市相邻;北隔沥滘水道,与广州市海珠区相接;南及东南与南沙开发区相邻。本次设计针对清流滘涌整治工程。

26.3 管理机构的设置及人员编制

本工程建成后仍由原管理所负责管理,具体负责该工程的日常维护、运行管理等事宜。该所属番禺区水利局管辖。

管理所规模和人员编制本着精简高效的原则进行设置。根据《水利工程管理单位定岗标准》及类似工程实际管理现状,清流滘涌工程管理人员维持原编制不变。

26.4 主要管理设施

(1)工程管理区及保护区范围。根据《中华人民共和国水法》及《堤防工程管理设计规范》(SL 171—96),划定距河涌堤防外坡脚线 10m 以内为堤防管理范围。

为保证工程安全,除上述管理区之外,划定管理范围外 50m 为工程保护范围。

(2)交通及通信设施。

1)交通。为了满足河涌给过流和抗洪抢险需要,需要对部分河涌进行加宽处理,两岸部分道路需要重新规划。

根据管理机构的级别和管理任务的大小,按规定配置必需的交通工具,由管理所统一考虑。

2)通信。应充分利用原有通信系统,完善系统功能,增加相关设施。

(3)工程观测。工程竣工后,应做好工程的各项观测工作,及时监测工程运用期存在的问题。根据规范要求及工程实际运用情况,主要应对洪(潮)位、建筑物等观测。

（4）生物工程。保护堤防安全和生态环境的生物工程，主要有护堤地、草皮护坡等项目。

护堤地宜种植适宜于当地土壤气候条件、材质好、生长快、经济效益高、与城市规划相协调的树种。

护坡用的草皮，以选用适合当地土壤气候条件，根系发育、生命力强的草种为宜。

（5）道路管理养护设施。为了保证行车安全、指示方向和便于管理，在堤顶道路沿线设置公里桩4个、百米桩29个、工程标示牌3个，警示牌85个、道路标线等设施。

26.5　工程年运行管理费测算

为保证本工程能正常发挥作用，根据有关规范及文件，参照本地区已建类似工程每年运行管理费用的统计资料，对本工程的年运行管理费（包括工程观测费用）进行初步测算，供主管部门决策参考。

工程年运行管理费主要包括运行期各年所支出的职工工资及福利费、材料、燃料及动力费、工程维护费、防汛抢险费、管理及其他直接费用。工程年运行费按国民经济评价投资的3％估算，正常运行期年运行费为98.09万元。流动资金按照年运行费用的15％估算为14.71万元。

27 清流滘涌设计概算

27.1 水利工程建筑安装费用计算方法

27.1.1 编制依据

（1）《广东省水利水电工程设计概（估）算编制规定》（试行）（粤水基［2006］2号）。

（2）《广东省水利水电建筑工程概算定额》（粤水基［2006］2号）。

（3）《广东省水利水电设备安装工程概算定额》（粤水基［2006］2号）。

（4）《施工机械台班费定额》（粤水基［2006］2号）。

（5）《关于调整我省地方水利工程部分费用标准及砌石工程等概预算定额（试行）》（粤水建管［2009］462号）。

（5）2009年广东省水利水电工程定额次要材料价格表。

（6）补充定额采用（2006）广州市市政工程综合定额及广州市园林建筑绿化工程综合定额。

27.1.2 基础价格

（1）人工预算单价。根据粤水基［2006］2号文规定，人工预算单价为30.92元/工日（九类工资区）。

（2）材料预算价格。采用2009年第四季度价格水平，根据广东省水利厅粤水建管［2009］462号文规定，本工程主要材料按限价进入工程单价，主要材料预算价与限价之差列入相应部分。

主要材料限价：

水泥　330元/t　　　柴油　4500元/m³　　商品混凝土　220元/m³

钢筋　3500元/t　　　砂　　40元/m³

块石　50元/m³　　　碎石　60元/m³

（3）施工电、风、水预算价格。施工电价为0.86元/(kW·h)；风价为0.15元/m³；水价为3.97元/m³。

27.1.3 费率标准

（1）其他直接费：建筑工程2.0%；设备安装工程2.7%。

（2）现场经费费率见表27.1-1。

（3）间接费费率见表27.1-2。

（4）企业利润：按直接工程费和间接费之和的7%计算。

表 27.1－1 建筑工程现场经费费率表

序号	工程类别	计算基础	现场经费/%	备　注
1	土方开挖工程	直接费	5	
2	土石方填筑工程	直接费	6	
3	混凝土工程	直接费	7	钢筋取 2%
4	模板工程	直接费	7	
5	钻孔灌浆及锚固工程	直接费	5	
6	疏浚工程	直接费	3	
7	其他工程	直接费	5	
8	绿化工程	直接费	4	
9	设备安装工程	人工费	40	

表 27.1－2 建筑工程间接费费率表

序号	工程类别	计算基础	现场经费/%	备　注
1	土方开挖工程	直接工程费	4	
2	土石方填筑工程	直接工程费	5	
3	混凝土工程	直接工程费	3	钢筋取 3%
4	模板工程	直接工程费	5	
5	钻孔灌浆及锚固工程	直接工程费	5	
6	疏浚工程	直接工程费	3	
7	其他工程	直接工程费	5	
8	绿化工程	直接工程费	3	
9	设备安装工程	人工费	40	

（5）税金：按直接工程费、间接费和企业利润之和的 3.27％计算。

27.2　景观工程建筑安装费用计算方法

27.2.1　编制原则和依据

（1）采用《广东省园林建筑绿化工程建筑工程计价办法》计算（粤建价字［2005］149 号文）。

（2）《广东省园林建筑绿化工程综合定额》（2006 年）。

（3）《广州市建设工程造价管理文件》穗建造价［2009］1 号文件。

（4）财政部、国家发改委财综［2008］78 号文。

27.2.2　费率标准和计价方法

根据穗建造价［2009］1 号文件规定，采用广州地区园林建筑绿化工程定额计价程序表计算建筑安装费用。

（1）定额分部分项工程费按∑工程量×综合基价计列。

（2）人工费调整根据穗建造价［2009］1 号执行，人工日工资单价按 58 元计算，其差额部分只计取税金。

（3）材料差价按照《广州地区建设工程材料指导价格及厂商报价》（2009年第4季度）进行调整，其差额部分只计取税金。

（4）机械价差：机械台班价格按《2009年第4季度广州地区建设工程机械台班指导价格》调价差，其差额部分只计取税金。

（5）措施项目费包括安全防护、文明施工措施项目费和其他措施项目费，其中：安全防护、文明施工措施项目分按定额子目和按系数计算，按系数计算措施项目费的园林建筑部分以分部分项工程费为计算基础，乘以3.16%计算；绿化部分按人工费为计算基础，乘以7.45%计算。平安卡费用园林建筑工程按分部分项工程费乘以0.01%计算；绿化工程按人工费乘以0.06%；按标准不足1500元的按1500元计算。

工程保险费、工程保修费、预算包干费分别按分部分项工程费的0.04%、0.1%、2%计算。

（6）其他项目费：总承包服务费以分部分项工程费和措施项目费之和为计费基数，按3%计算。

（7）规费：以分部分项工程费、措施费、其他项目费之和作为计费基数按费率标准计算。

社会保险费：根据《关于我省各级社会保险费统一由地方税务机关征收的通知》（粤府〔1999〕71号）规定，社会保险费由地方税务机关征收，按3.31%计算；

住房公积金：按1.28%计算；

意外伤害保险费：按0.1%计算。

（8）利润：按人工费合计的35%计列。

（9）税金：按3.41%计列。

广州地区园林建筑绿化工程定额计价程序见表27.2-1。

表27.2-1　　　　　　　广州地区园林建筑绿化工程定额计价程序表

序号	费用名称	计算基础	费率/%
1	分部分项工程费		
1.1	定额分部分项工程费	Σ（工程量×子目基价）	
1.1.1	定额人工费		
1.2	价差		
1.2.1	人工价差		
1.2.2	材料价差		
1.2.3	机械价差		
1.3	利润	(1.1.1＋1.2.1)×费率	35.00
2	措施项目费		
2.1	安全防护、文明施工措施费		
2.1.1	按定额子目计算措施项目费		
2.1.1.1	定额人工费		

序号	费 用 名 称	计 算 基 础	费率/%
2.1.2	价差		
2.1.2.1	人工价差		
2.1.2.2	材料价差		
2.1.2.3	机械价差		
2.1.3	利润	(2.1.1.1＋2.1.2.1)×利润率	35.00
2.1.4	按系数计算措施项目费	园建 1×3.16%， 绿化 (1.1.1＋1.2.1)×7.45%	
2.1.5	平安卡费用	园建：1×0.01%，绿化：人工费×0.06%	
2.2	其他措施项目费		
2.2.1	按定额子目计算措施项目费		
2.2.1.1	定额人工费		
2.2.2	价差		
2.2.2.1	人工价差		
2.2.2.2	材料价差		
2.2.2.3	机械价差		
2.2.3	利润	(2.2.1.1＋2.2.2.1)×费率	35.00
2.2.4	措施其他项目费		
2.2.4.1	工程保险费	1×费率	0.04
2.2.4.2	工程保修费	1×费率	0.10
2.2.4.3	预算包干费	1×费率	2
2.2.4.4	其他费用	按实际发生计算	
3	其他项目费	总承包服务费（1＋2）×费率	3.00
4	规费		
4.1	社会保险费	(1＋2＋3)×费率	3.31
4.2	住房公积金	(1＋2＋3)×费率	1.28
4.3	意外伤害保险费	(1＋2＋3)×费率	0.10
5	不含税工程造价	1＋2＋3＋4	
6	税金	按税务部门规定计算	3.41
7	含税工程造价	5＋6	

27.3 概算编制

27.3.1 建筑工程

建筑工程投资按设计工程量乘工程单价进行计算。

27.3.2 安装工程

（1）设备费由设备原价、运杂费、采购保管费等组成。

（2）安装费按设计设备数量乘安装单价计算。

27.3.3 临时工程

（1）临时交通工程。按设计数量乘扩大工程指标进行计算。

（2）临时房屋建筑工程。施工仓库按 200 元/m²，临时房屋按 250 元/m² 计算。

（3）其他临时工程。其他临时工程按直接工程费和间接费之和的 2% 计入工程单价中。

27.3.4 独立费用

（1）建设管理费：执行广东省水利厅粤水基 [2006] 2 号文。

（2）工程建设监理费：《建设工程监理与相关服务收费管理规定》（发改价格（2007）670 号文）。

（3）生产准备费：执行粤水基 [2006] 2 号。

（4）工程勘测设计费：

勘测费：按实物量计算。

设计费：执行国家计委、建设部计价格 [2002] 10 号及有关规定；国家计委 1283 号文前期咨询费规定。

（5）其他。工程定额测定费及工程质量监督费不计；工程保险费按第一至第四部投资合计的 0.45% 计算；招标服务费按广州市番禺区番建设 [2004] 15 号文；第三方强制性检测费按第一至第四部分建安量的 0.3% 计算。

27.4 预备费

（1）基本预备费费率为 6%。

（2）不计取价差预备费。

27.5 概算投资

工程总投资：3515.76 万元。其中建筑工程 2240.75 万元；金属结构设备及安装工程 22.49 万元；临时工程 208.3 万元；独立费用 374.34 万元；基本预备费 170.75 万元；建设及施工场地征用费 397.02 万元；环保 46.12 万元；水保 55.98 万元。

28 清流滘涌国民经济评价

28.1 主要评价依据、方法及参数

28.1.1 主要评价依据

经济评价的主要依据：国家发改委和建设部 2006 年颁布的《建设项目经济评价方法与参数（第三版）》（以下简称《方法与参数》）、水利部 1994 年发布的《水利建设项目经济评价规范》（SL 72—94）等。

28.1.2 主要参数

（1）计算期及折现率。根据本工程的建设安排，计算期取 31 年，其中建设期为 1 年，正常运用期为 30 年。计算基准点选在工程建设期的第一年年初，各项费用和效益均按年末发生。

折现率：依据《方法与参数》，测定社会折现率为 8%。

（2）价格水平和基准年。计算采用 2009 年第四季度价格水平。经济评价基准年为项目建设期的第一年，基准点为基准年年初。

28.2 费用计算

28.2.1 固定资产投资

工程费用主要包括固定资产投资、年运行费和流动资金。根据投资概算结果，本工程静态总投资 3515.76 万元，扣除其中内部转移支付的利润和税金，国民经济评价采用投资为 3269.66 万元。

28.2.2 年运行费

工程年运行费按国民经济评价投资的 3% 估算，正常运行期年运行费为 98.09 万元。

28.2.3 流动资金

流动资金是指维持项目正常运行所需的全部周转金，按照年运行费用的 15% 估算为14.71 万元。

28.3 效益分析

清流滘涌工程属市石围天六涌排涝区，天六涌排涝区位于番禺区石楼镇，集雨面积为3.58km²。石楼镇作为广州新城重点发展区，是集以控制、管理、服务等新型技术产业为主导的现代物流、生态型文化旅游产业、国际化商务办公、居住于一体的新功能区，其中天六涌排涝区规划为都会区。现状条件下，排涝区内河涌的排涝标准为 5～10 年一遇 24h暴雨洪水 3 日排完，已经不能满足该地区的排涝需求，需要适当提高排涝标准，以适应该

地区的经济发展需要。根据《广州城市建设总体战略概念规划纲要》和《广州市番禺区水利现代化规划》，市石围排涝区采用20年一遇24h设计暴雨1天排完的标准。

清流滘涌工程整治范围从清流西闸开始至天六涌交汇处结束，与市桥沥相连，整治长度1437.6m。天六涌排涝区排涝工程建成后，一方面增大河涌过流能力，提高区域的排涝标准；另一方面，排涝工程的开发任务也与城市现代化和建设生态城市的高标准要求相协调。排涝区内河涌整治工程除了排涝需求外，还考虑到该地区的景观要求和生态需要，天六涌排涝区内涌水系将成为景观型河道，并结合水环境治理的需要，加快内外河道水体交换，改善城市水生态环境。因此，综合整治工程效益按照改善了工程保护区内的投资、开发环境带来的土地增值效益计算。对提升城市品位、美化生态景观等社会、环境效益难以量化，该部分暂不做定量计算和评价。

根据规划，经综合整治工程和基础设施配套后，石楼镇区域功能、结构以及土地利用方式会发生变化，天六涌排涝区现状大量田、塘等农作物种植将发展成为以高新农业为主的多方面立体格局。本工程作为未来番禺区的高新农业旅游园区及亚运村的配套工程，实施后将极大改善本地区的投资、开发环境，从而带来土地的增值效益。参照配套设施完善的类似地区土地价值估算，可实现土地增值约50万元/亩，依据综合整治工程保护范围内城市建筑用地规划，经分析计算土地增值面积为1km^2（即1500亩），总土地增值效益为75000万元。按工程建成后10年内土地增值可全部实现，年平均效益为7500万元。由于土地增值效益是由外江堤防、排涝工程与市政配套设施共同带来的，土地增值效益应在它们之间进行分摊，防洪、排涝综合整治工程分摊30%的土地增值效益，则天六涌排涝区排涝工程年效益为2250万元。本地区的排涝任务是天六涌排涝区各排涝片河涌整治、水闸、泵站等排涝工程以及河网水系共同完成的，综合分析清流滘涌的排涝能力以及在排涝系统中的作用，估算该工程效益为830万元/年。

28.4 经济评价指标及结论

根据以上分析的费用、效益，编制本项目国民经济效益费用流量表（见表28.4-1）。计算评价指标为：经济内部收益率17.12%，大于8%的社会折现率；按照8%的折现率计算的经济净现值为1096万元，效益费用比为1.27。

表28.4-1　　　　番禺区石楼镇清流滘涌整治工程国民经济效益费用流量表　　　　单位：万元

年序	费用流量				效益流量			净效益流量
	投资	年运行费	流动资金	小计	土地增值效益	回收流动资金	小计	
1	3270			3270				−3270
2		98	15	113	830		830	717
3		98		98	830		830	732
4		98		98	830		830	732
5		98		98	830		830	732
6		98		98	830		830	732

年序	费 用 流 量				效 益 流 量			净效益流量
	投资	年运行费	流动资金	小计	土地增值效益	回收流动资金	小计	
7		98		98	830		830	732
8		98		98	830		830	732
9		98		98	830		830	732
10		98		98	830		830	732
11		98		98	830		830	732
12		98		98				−98
13		98		98				−98
14		98		98				−98
15		98		98				−98
16		98		98				−98
17		98		98				−98
18		98		98				−98
19		98		98				−98
20		98		98				−98
21		98		98				−98
22		98		98				−98
23		98		98				−98
24		98		98				−98
25		98		98				−98
26		98		98				−98
27		98		98				−98
28		98		98				−98
29		98		98				−98
30		98		98				−98
31		98		98		15	15	−83
评价指标	内部收益率/%			17.12				
	经济净现值/万元			1096				
	效益费用比（$i_0 = 8\%$）			1.27				

28.5 敏感性分析

由于国民经济评价效益和费用指标具有一定的不确定性，通过主要指标的不利变化分析其对国民经济评价指标的影响。敏感性方案计算成果详见表 28.5-1。计算结果表明，在项目投资增加 10% 或效益减少 10% 情况之下，项目的经济内部收益率均大于 8%。表明项目具有一定的抗风险能力。

表 28.5－1   国民经济评价敏感性分析方案成果表

方　　案	国民经济评价指标		
	内部收益率/%	经济净现值/万元	效益费用比
基本方案	17.12	1096	1.27
投资增加 10%	13.69	690	1.15
效益减少 10%	13.33	580	1.14

注　计算经济净现值及效益费用比时采用 8% 的折现率。

28.6　国民经济评价结论

根据经济评价指标分析，石楼镇清流滘涌整治工程内部收益率 17.12%，大于社会折现率 8% 的要求；按照 8% 的折现率，经济净现值 1096 万元，大于 0；效益费用比为 1.27，大于 1，本工程建设在经济上可行。敏感性分析表明项目具有较强的抗风险能力。同时环境效益、社会效益显著，建议工程尽早建设。